Wie Aschenputtel Karriere macht

■ *Cary J. Broussard* entwickelte für die Wyndham Hotels das Women On Their Way®-Programm, das speziell auf die Bedürfnisse und Wünsche weiblicher Business-Traveler eingeht. Sie gilt in den USA als Spezialistin für Marketing speziell für Frauen, aber auch als Expertin in Sachen Frauenkarrieren und Frauennetzwerke.

■ *Anita Bell* ist freie Autorin und hat bereits bei mehreren Ratgebern mitgearbeitet.

Cary J. Broussard
mit Anita Bell

Wie Aschenputtel Karriere macht

Zehn märchenhafte Strategien für kluge Frauen

Aus dem Amerikanischen
von Nicole Hölsken

Campus Verlag
Frankfurt/New York

Die amerikanische Originalausgabe erschien 2005
unter dem Titel *From Cinderella to CEO. How to Master the 10 Lessons of Fairy Tales to Transform Your Work Life*
bei John Wiley & Sons, Inc., Hoboken, New Jersey.

Bibliografische Information der Deutschen Nationalbibliothek.
Die Deutsche Nationalbibliothek verzeichnet diese Publikation in der Deutschen Nationalbibliografie; detaillierte bibliografische Daten sind im Internet unter http://dnb.d-nb.de abrufbar.
ISBN 978-3-593-38421-4

Umschlaggestaltung: R.M.E, Roland Eschlbeck und Rosemarie Kreuzer
Umschlagmotiv: © mauritius
Satz: Campus Verlag GmbH, Frankfurt am Main
Druck und Bindung: Druck Partner Rübelmann GmbH, Hemsbach
Gedruckt auf säurefreiem und chlorfrei gebleichtem Papier.
Printed in Germany

Besuchen Sie uns im Internet: www.campus.de

Inhalt

Danksagung 7

Einleitung 10

1. ***Aschenputtel*** Wie Sie ins Schloss gelangen und sich eine gute Fee suchen 20

2. ***Schneewittchen*** Wie Sie sich mit einem fröhlichen Lied auf den Lippen loyale Verbündete schaffen 47

3. ***Rotkäppchen*** Wie Sie sich den Wolf vom Hals halten 74

4. ***Hänsel und Gretel*** Wie Sie Ihren Weg durch den Wald zu einem neuen Job finden 99

5. ***Das hässliche junge Entlein*** Wie Sie sich Gleichgesinnte suchen, die Ihre Stärken erkennen 126

6. ***Däumelinchen*** Wie Eigeninitiative und persönliche Integrität Sie zum Erfolg führen 151

7. *Dornröschen* Wie Sie Ihre Mitmenschen integrieren und Ihr Potenzial ausschöpfen 175

8. *Die roten Schuhe* Wie Sie im Job die Kontrolle behalten 199

9. *Rapunzel* Wie Sie sich Gehör verschaffen und andere an Ihren Ideen und Leidenschaften teilhaben lassen 226

10. *Die Schöne und das Biest:* Wie Sie Gelegenheiten beim Schopf packen – entscheidungsfreudig und risikobereit wie ein CEO 251

Anhang: Nützliche Netzwerke 279

Register 284

Danksagung

Wo soll ich anfangen? Es ist unmöglich, allen Leuten zu danken, die dieses Buch beeinflusst und mich inspiriert haben. Aber einen Versuch ist es allemal wert. Vor allem möchte ich meine »guten Feen« und Mentorinnen erwähnen, die dieses Buch überhaupt erst ermöglicht haben. Debra Englander, meine Lektorin im John Wiley Verlag – du hast es zum Leben erweckt! Vor vielen Jahren, als Deb noch beim Magazin *Business Week* arbeitete, interviewte sie mich zum Thema weibliche Reisegewohnheiten. Als eine der Ersten hatte sie erkannt, dass das Berufsleben einem allgemeinen Wandel unterliegt, dass es die Frauen sind, die die Wirtschaft verändern und die im Rahmen ihrer Tätigkeit auch immer häufiger Dienstreisen unternehmen. Als sie unseren Buchvorschlag von meiner Agentin bei Sanford J. Greenburger Associates, Faith Hamlin, zugeschickt bekam, erinnerte sich Deb an mich und an mein bahnbrechendes Programm für weibliche Geschäftsreisende, das den Namen Women On Their Way® trägt. Gott sei Dank, Deb, dass es Journalistinnen wie dich gibt, die wissen »was Sache ist«. Du hast uns eine neue Richtung aufgezeigt und das Leben sowie die wirtschaftliche Existenz von Frauen durch deine großartige Schreibe und dein Engagement entscheidend verbessert. Vor allem aber danke ich dir, dass du das Wagnis auf dich genommen hast, *Wie Aschenputtel Karriere macht* zu veröffentlichen. Risikobereitschaft – das zeigt auch dieses Buch – ist der schnellste Weg zum Erfolg. Ich glaube fest daran, dass es die Sache wert ist.

Ein riesiges Dankeschön gilt auch meiner Literaturagentin, Faith Hamlin. Du bist so etwas wie eine hellseherisch begabte Ehestifterin.

In den USA ist Faith *die* Ansprechpartnerin für im Verlagswesen tätige Frauen. Sie glaubt an die Fähigkeiten weiblicher Führungskräfte. Und sie hat immer wieder gezeigt, dass gute Manieren das A und O erfolgreicher Verhandlungsführung sind. Wer sich an einen bestimmten Verhaltenskodex hält, gehört automatisch zu den Gewinnern – und erweist sich als Führungspersönlichkeit.

Claudia Boutote, die ich durch Tamara Gough kennen lernte, machte mich mit Faith bekannt, wofür ich ihr ewig dankbar sein werde. Nachdem Faith mein Exposé gelesen und für gut befunden hatte, sagte sie: »Ich habe die ideale Partnerin für dich und dein Buch!« Der Name dieser Person war Anita Bell.

Insgeheim nenne ich Anita auch gern »Tinker Bell«. Dies ist der englische Name für Peter Pans kleine Fee Glöckchen, und in der Tat scheint sie einen Zauberstift zu besitzen, der ihre ebenso originelle wie skurrile Schreibe beflügelt: Anita spinnt Worte zu Gold. Faith, Anita und Deb: Frauen wie Ihr bringt andere voran, in ihrer Karriere, in ihren Träumen. Ihr tragt dazu bei, dass Frauen und Männer in dieser Welt bessere Arbeitsbedingungen vorfinden. Ich weiß, dass dieses Buch für uns alle vier etwas ganz Besonderes ist. Es ist ein gutes Beispiel für das, was Frauen leisten können, wenn sie zusammenarbeiten. Und Deb Englander brachte einen weiteren Aspekt auf den Punkt: »Die Arbeit an diesem Projekt wird uns viel *Spaß* machen.«

Ein *ganz besonderes* Dankeschön geht an Fred Kleisner, der sich für die Bedeutung der kulturellen Vielfalt in der Hotelbranche einsetzt. Mein Dank gilt auch Dave Johnson, der ein Buch über den Zusammenhang von Märchen und Karriere von Anfang an für eine interessante Lektüre hielt. Und natürlich bedanke ich mich bei Tamara Gough, denn sie hat mich gedrängt, das Buch überhaupt zu schreiben. Nicht zu vergessen sind alle Kollegen bei Wyndham Hotels, die mir genug Freiraum gewährten, um meine Kreativität zu entfalten und mir dennoch Orientierung und Halt boten. Zu ihnen gehören Judy Hendrick, Andrew Jordan, Elizabeth Schroeder und Mark Solls. Natürlich möchte ich auch Mark Chloupek und Robert Solomon nicht unerwähnt lassen: Ihr habt mir Mut gemacht, wenn ich es am meisten brauchte!

Viele Menschen glaubten von vornherein an den Nutzen meines Programms Women On Their Way. Durch ihren Optimismus trugen sie maßgeblich zu seinem heutigen Erfolg bei. An dieser Stelle möchte ich deshalb dem Beratungsausschuss von Women On Their Way besonderen Dank aussprechen, und dabei Adela Cepeda hervorheben. Du bist ein großes Vorbild für uns, nicht nur weil du dich mit Leib und Seele für unser Programm engagierst, sondern auch, weil du ganz genau weißt, wer du bist. Dieses Buch ist für dich.

Durch die Zusammenarbeit mit so vielen klugen Menschen habe ich viel gelernt, wofür ich unendlich dankbar bin. Ich freue mich darauf, weiter mit euch und den Leuten, die in der Zukunft in mein Leben treten, zu lernen und mich weiterzuentwickeln.

Außerdem widme ich dieses Buch meinem lieben Mann Logan René. Danke, dass du mit mir daran glaubst, dass der berühmte Schlusssatz im Märchen »Sie lebten noch lange glücklich und vergnügt…« auch im Alltag Wirklichkeit werden kann. Auch an sämtliche Mitglieder der Familien Jehl, Broussard, McCaas und Mathew – danke für eure Liebe und Unterstützung. Meine lieben Freunde, Mitarbeiter und Kollegen: Bitte klickt www.cinderellaceo.com an, um meine persönlichen Anmerkungen zu jedem von euch zu lesen.

Schließlich danke ich meinen Eltern: Louis, Patsy und Madeleine: Ihr habt mir gezeigt, wie viel Güte man in Märchen finden kann und habt mich gelehrt, dass Güte in jedem Menschen wohnt – auch am Arbeitsplatz.

Im Gedenken an Charles Perrault und die Gebrüder Grimm,
die so viele wunderbare Märchen aufgezeichnet haben.
Und natürlich in Erinnerung an Hans Christian Andersen,
der die Kunst des Geschichten-Erzählens perfektioniert hat.
Diese Autoren waren Meister ihres Faches: Sie sorgten dafür,
dass gute Geschichten lebendig bleiben.

Einleitung

Bei mir ist tatsächlich ein Märchen wahr geworden. Doch wie bei vielen Frauen handelt es sich dabei nicht um eine Realisierung meiner Jungmädchenträume, sondern um eine ganz unerwartete, eigene Variante. Trotzdem – oder gerade deshalb – glaube ich nach wie vor an Märchen!

Ich war schon immer überzeugt davon, dass man die Welt vom Schreibtisch aus verändern kann. Ob als Unternehmerin oder als ehrgeizige Auszubildende: Sie können etwas bewirken, und der Erfolg ist Ihr Lohn.

Meine persönliche Karriere verlief sehr gut (obwohl ich auf meinem Weg mit vielen bösen Wölfen und Zauberern zu kämpfen hatte). In den letzten 20 Jahren meiner Berufstätigkeit gründete ich eine PR-Agentur, war ich stellvertretende Pressesprecherin des US-Senats-Vorsitzenden und engagierte mich durch eine umfassende PR-Kampagne für die Umwelt – doch dies sind nur ein paar Eckdaten meines Werdeganges.

Mein bislang wichtigstes Projekt jedoch – das, bei dem ich ein Märchen wahr werden ließ – begann im Jahre 1995, als ich für die Wyndham International Hotel Company das Programm Women On Their Way (WOTW) ins Leben rief. Ziel dieses Programms war es, Hotels ausschließlich an weibliche Geschäftsreisende zu vermitteln – eine Revolution für die ansonsten ausschließlich von Männern dominierte Reisebranche. Es war ein Wagnis, aber es machte sich bezahlt. Ich wurde zum Senior Vice President befördert und trug dazu bei, dass Wyndham von einer kleinen Hotelkette mit etwa 40 Hotels zu einer der großen Konzerne im Hotel- und Gastronomiegewerbe avancierte. Weibliche Geschäftsreisende bescheren Wyndham und anderen Häusern einen zusätzlichen jährlichen Umsatz von mehreren hundert Millionen Dollars. Der wirtschaftliche Zuwachs für die *gesamte* Reisebranche geht in die Billionen.

Einer der Eckpfeiler des Women On Their Way-Programms sind Partnerschaften mit Organisationen und Zusammenschlüssen, denen die berufliche Entwicklung von Frauen, ihr Werdegang sowie Gesundheitsfragen besonders am Herzen liegen. Schon bald hielt ich im In- und Ausland Vorträge zu diesem Thema und konnte meine Vision, dass jeder die Welt durch seine Arbeit verbessern kann, auch zahllosen anderen Frauen vermitteln.

Im Jahre 2004, als dieses Buch noch in seiner Planungsphase war, hatte ich dienstlich in Deutschland zu tun. In unserer Freizeit besichtigten mein Mann und ich die historischen Sehenswürdigkeiten, die an das Leben und die Literatur der Gebrüder Grimm erinnern. Ich fand es faszinierend, dass die Brüder nicht die eigentlichen Autoren der Geschichten waren. Sie waren auf Reisen gegangen und hatten den Volksmärchen gelauscht, sie gesammelt und aufgezeichnet. Verantwortlich für die mündliche Überlieferung von Märchen waren ausschließlich *Frauen*. Nur sie kannten die Macht, die den alten Geschichten innewohnte.

In den letzten zehn Jahren war ich mehr als die Hälfte meiner Arbeitszeit unterwegs. Ich unterhielt mich mit Frauen aus allen Sparten des Berufslebens, von der Geschäftsführerin bis zur Sachbearbeiterin. Und die Geschichten, die sie über ihren beruflichen Werdegang zu erzählen hatten, waren genauso dramatisch wie die alten Märchen! Kampf und Triumph, Verzweiflung und Hoffnung, Loyalität und Verrat, Elend und Freude – all dem müssen berufstätige Frauen sich stellen. Von all dem wissen sie zu berichten. Was für ein reicher Schatz an Erfahrung und Weisheit!

Die modernen Heldinnen des Arbeitsplatzes werden kritisiert, gedemütigt und ausgestoßen. Sie verirren sich zwar im Wald, doch sie überleben und sind letztlich erfolgreich. Aber natürlich brauchen sie keinen Prinzen, um Einlass ins Schloss gewährt zu bekommen. Karrierefrauen *retten sich selbst* durch harte Arbeit und Beharrlichkeit. Sie sind nicht vollkommen, und sie machen Fehler. Sie sind nicht immer auf der Gewinnerseite und leben auch nicht unbedingt »glücklich und vergnügt bis an ihr Lebensende«, aber sie sind da und sie verschaffen sich Gehör – und ganz sicher tragen sie dazu bei, dass die Welt durch ihr Engagement wieder ein Stück besser wird!

Märchen und das Berufsleben

Märchen sind faszinierend, denn sie enthalten Bedeutungsebenen, die für alle Menschen zu jeder Zeit und an jedem Ort wichtig sind. Ihre tieferen Botschaften sind heute ebenso gültig wie vor 300 Jahren. Je näher man hinschaut, um so mehr sieht man. Und die Lektionen, die diese Geschichten uns erteilen, vermitteln uns entscheidende Informationen über die Arbeit, ebenso wie über die Liebe.

Märchen lehren uns, fleißig und beharrlich und stolz darauf zu sein, wenn wir unser Bestes gegeben haben. Sie erinnern uns daran, unsere Mitmenschen mit Respekt zu behandeln, nicht oberflächlich zu urteilen und mehr als nur unseren materiellen Vorteil zu suchen. Sie demonstrieren, wie wir uns die Hilfe einer Mentorin (der guten Fee) oder die Unterstützung unserer Kollegen (einschließlich der Vögel und Zwerge) sichern und wie wir die Position erlangen, die wir anstreben – sei es nun die der Königin, der Managerin oder der Geschäftsführerin.

Jedem klassischen Märchen liegt eine Verwandlungsgeschichte zugrunde. Vom Aschenbrödel zur Prinzessin, vom hässlichen jungen Entlein zum Schwan, von der Hilflosigkeit zur Macht – diese Geschichten legen Zeugnis davon ab, dass Verwandlung möglich ist. Übertragen auf die heutige Situation bedeutet das, dass Sie aufwachen können: Werden Sie sich bewusst, dass Sie beruflich in eine Sackgasse geraten sind. Entdecken Sie die in Ihnen wohnende Kraft, nutzen Sie sie, und verändern Sie Ihre Situation. Verwandeln sie einen alltäglichen Routinejob in eine interessante Tätigkeit, und legen Sie damit den Grundstein für eine lukrative, kreative, ausgewogene und befriedigende Karriere.

Märchen lehren uns, wie wir in der heutigen, eher unberechenbaren Wirtschaftssituation überleben und die unvermeidlichen Wölfe, vergifteten Äpfel und bösen Zauber des Berufslebens abwehren können. Sie zeigen uns aber auch, wie wir den magischen Schatz, die Belohnung, finden, die sich in den dunklen, verschlungenen Wäldern des Berufslebens verbirgt. Ein modernes Schneewittchen kann die Pläne der bösen Königin oder des hinterhältigen Chefs vereiteln, indem es sich Verbündete schafft. Eine ehrgeizige Schöne, die an sich selbst und ihre Entscheidungen glaubt, kann ein Biest in einen Prinzen verwandeln oder einen Manager in eine wahre Führungspersönlichkeit. Eine Gretel, die mit einer eher kümmerlichen Abfindung in den Wäldern ausgesetzt wurde, kann ihren Weg finden und einen besseren Job ergattern. Eine Rapunzel, die in einem Turm oder in einem schlecht bezahlten Job festsitzt, kann entkommen und ihrer Stimme Gehör verschaffen.

Auch Sie können die Lehren aus den Märchen auf Ihr eigenes Berufsleben anwenden und Ihrer Karriere eine Wendung geben! *Wie Aschenputtel Karriere macht* schenkt Ihnen das Selbstvertrauen, das notwendig ist, um eine ebenso realistische wie leidenschaftliche Vision Ihrer beruflichen Zukunft zu entwerfen. Dieses Buch gibt Ihnen sämtliche notwendige Werkzeuge an die Hand, um Ihre Träume Wirklichkeit werden zu lassen, denn Träume allein genügen nicht. Sie müssen Ihre Vision mit kampferprobten Erfolgsstrategien untermauern. Deshalb habe ich aus meinen zehn Lieblingsmärchen jeweils eine Lektion herausdestilliert, die Ihnen Orientierung geben soll.

Wie Sie aus Märchen lernen können

Entscheiden Sie selbst, welche Vorteile Sie aus der Lektüre dieses Buches ziehen. Natürlich können Sie es von vorn bis hinten durchlesen. Oder Sie wählen Ihr Lieblingsmärchen aus und finden heraus, was es Ihnen zu sagen hat. Oder Sie lesen nur die Kapitel, die konkret auf Ihre beruflichen Probleme eingehen. Im Folgenden gebe ich Ihnen einen Überblick über das, was Sie aus jeder Geschichte lernen können.

Aschenputtel: Wie Sie ins Schloss gelangen und sich eine gute Fee suchen

- Machen Sie sich ein klares Bild davon, wie Sie Ihre berufliche Situation verändern wollen.
- Welche Position innerhalb der beruflichen Hierarchie Sie auch einnehmen: Verhalten Sie sich wie ein guter CEO.
- Gewinnen Sie die Aufmerksamkeit und die Unterstützung eines einflussreichen Mentors.

Schneewittchen: Wie Sie sich mit einem fröhlichen Lied auf den Lippen loyale Verbündete schaffen

- Meistern Sie den Balanceakt: Sorgen Sie für das richtige Image am Arbeitsplatz.
- Seien Sie fleißig und gewissenhaft. Auf diese Weise sichern Sie sich die Loyalität und Unterstützung Ihrer Kollegen. Nehmen Sie neidischen und unfairen Vorgesetzten den Wind aus den Segeln.

Rotkäppchen: Wie Sie sich den Wolf vom Hals halten

- Setzen Sie klare Prioritäten und bleiben Sie ihnen treu.
- Lassen Sie sich nicht vom rechten Weg abbringen – auch nicht durch Ihre Kritiker.
- Überlegen Sie sich ein paar Strategien, mit denen Sie Ihre Feinde abwehren können.

Hänsel und Gretel: Wie Sie Ihren Weg durch den Wald zu einem neuen Job finden

- Verschließen Sie die Augen nicht vor den Alarmsignalen, die Ihnen zeigen, dass Ihr Arbeitsplatz in Gefahr ist.
- Halten Sie sich physisch und psychisch in Form, besonders wenn Sie arbeitslos sind.
- Verbessern Sie Ihre Fähigkeiten zur Jobsuche, und erweitern Sie Ihr Netzwerk, um eine neue Position zu finden.

Das hässliche junge Entlein: Wie Sie sich Gleichgesinnte suchen, die Ihre Stärken erkennen

- Werden Sie sich Ihrer Stärken bewusst und setzen Sie sich große Ziele, auch wenn Sie auf Missbilligung und Zurückweisung stoßen.
- Suchen Sie sich Unterstützung innerhalb Ihrer Firma und Ihrer sozialen Gemeinschaft oder Gemeinde.
- Treten Sie professionellen Organisationen bei, bei denen Sie ebenfalls Hilfe und Rat finden können.

Däumelinchen: Wie Eigeninitiative und persönliche Integrität Sie zum Erfolg führen

- Tun Sie, was Sie für richtig halten, auch wenn Sie keine Erlaubnis dazu haben.
- Ergreifen Sie die Initiative und verfolgen Sie Ihre Ideen bis zur Vollendung.
- Bewahren Sie sich Ihre persönliche Integrität und erkennen Sie die Grenzen der Loyalität.

Dornröschen: Wie Sie Ihre Mitmenschen integrieren und Ihr Potenzial ausschöpfen

- Respektieren Sie kulturelle Unterschiede, und bezichtigen Sie niemanden ungerecht der Diskriminierung.
- Sollten Sie selbst Opfer von Diskriminierungen sein, gehen Sie produktiv damit um.
- Durchschauen Sie die Nuancen von Sexismus und Altersdiskriminierung, und schlagen Sie eine Brücke zu Ihren Mitmenschen.

Die roten Schuhe: Wie Sie im Job die Kontrolle behalten

- Nutzen Sie praxisorientierte Arbeitstechniken, um Ihre Aufgaben zu bewältigen (und Ihrer Überlastung Herr zu werden).
- Werden Sie Experte in Sachen Delegation und Verhandlung.
- Nutzen Sie alternative Arbeitsvereinbarungen, um Familie und Beruf in Einklang zu bringen.

Rapunzel: Wie Sie sich Gehör verschaffen und andere an Ihren Ideen und Leidenschaften teilhaben lassen

- Teilen Sie Ihre Informationen, Ideen und Ressourcen mit anderen.
- Engagieren Sie sich für eine gute Sache, die von Ihrem Unternehmen unterstützt wird – oder rufen Sie selbst ein gemeinnütziges Projekt ins Leben.
- Finden Sie Wege, um sich und Ihren Ideen auf effiziente Weise Gehör zu verschaffen.

Die Schöne und das Biest: Wie Sie Gelegenheiten beim Schopf packen – entscheidungsfreudig und risikobereit wie ein CEO

- Treffen Sie schwierige und unpopuläre Entscheidungen, stehen Sie dazu und fühlen Sie sich wohl dabei.
- Seien Sie die Erste, die das Potenzial erkennt, welches bestimmten Produkten, Dienstleistungen und Menschen innewohnt.
- Lernen Sie, Ihre eigene Risikobereitschaft einzuschätzen, und gehen Sie angemessene berufliche Wagnisse ein.

Märchen sind für Erwachsene

Vielleicht fragen Sie sich jetzt, was die hier aufgelisteten Themen mit Märchen zu tun haben sollen. Um darauf zu antworten, muss ich zunächst einmal einige Mythen aus der Welt schaffen.

Als Erstes sei darauf hingewiesen, dass Märchenheldinnen *nicht* nur herumsitzen und darauf warten, dass irgendein dahergelaufener Prinz sie rettet. Aschenputtel erfüllte pflichtbewusst ihre Aufgaben und zog durch ihr Wohlverhalten die Aufmerksamkeit ihrer guten Fee und Patin auf sich, die ihr wiederum Gelegenheit gab, sich ihren Platz im Palast zu erobern. Schneewittchen inspirierte durch ihr Verhalten die Loyalität ihrer sieben arbeitswütigen Zwerge, sodass diese sie retteten, als schon alles verloren schien. Hänsel und Gretel überlebten nur, weil Gretel genug Mut hatte, ein Risiko einzugehen und die böse Hexe in den Ofen zu stoßen.

Ein weiterer Mythos, der es verdient, zerstört zu werden, besagt, dass Märchen nur für Kinder geeignet sind. Märchen haben eine lange und ehrwürdige Geschichte: Ursprünglich wurden sie ausschließlich mündlich überliefert. Die Zuhörerschaft setzte sich aus sämtlichen Generationen der Großfamilie zusammen. Versionen mit ähnlichen Themen wurden in verschiedenen Kulturen rund um den Erdball erzählt. Märchen sind wie Mythen – überdauernde Geschichten mit allgemeingültiger Bedeutung. Sie sind von jeher für Menschen sämtlicher Altersgruppen und Generationen bestimmt.

Die ersten allgemein bekannten literarischen, also schriftlich festgehaltenen Märchen der westlichen Welt wurden im Jahre 1697 von Charles Perrault herausgegeben, einem französischen Aristokraten, der die Geschichten für eine Zuhörerschaft von gebildeten Höflingen niederschrieb. Seitdem wurden unzählige Versionen für Erwachsene verfasst: Hierzu gehörten politisch korrekte, feministische und homosexuell orientierte Varianten, literarische Gedichte und Romane. In der Unterhaltungsbranche mutierten Märchen zu Opern, Balletten, Theaterstücken und Filmen mit künstlerischem Anspruch für ein reiferes Publikum.

Wie ist es möglich, dass die gleichen Geschichten Menschen sämtlicher Altersgruppen und Kulturen in ihren Bann ziehen, angefangen von der einfachen Landbevölkerung, die sich im 17. Jahrhundert um den Herd herum versammelte, bis hin zur mediengesättigten Generation des dritten Jahrtausends?

Das Geheimnis besteht darin, dass Märchen uns grundlegende menschliche Wahrheiten vermitteln, die sich niemals verändern. Sie sprechen direkt zu unserer Seele, egal wie alt wir sind. Und die »Moral von der Geschicht« behält ihre Bedeutung auch angesichts der gesellschaftlichen und kulturellen Veränderungen, die sich über die Jahrhunderte ergeben. Sie galt in den alten Tagen, als Frauen keine Wahl hatten, und gilt auch heute noch, da die Vielzahl der möglichen Lebensentwürfe geradezu schwindelerregend ist.

Außerdem sind Märchen unterhaltsam und lustig. Und das ist der Grund, warum ich sie zur Vermittlung von Wissen über die Arbeitswelt so geeignet finde. Immerhin sollte unser Beruf uns auch Spaß und Freude bringen. Und es gibt keinen Grund, warum die Lektüre eines Buches über das Arbeitsleben in Arbeit ausarten sollte. Hinzu kommt, dass wir viel schneller lernen und Informationen besser speichern, wenn wir Spaß an dem Thema haben, mit dem wir uns gerade befassen.

Lassen Sie sich auf die Lehre ein, die Sie aus dem jeweiligen Märchen ziehen, und erfreuen Sie sich an den modernen Versionen der Märchen von berufstätigen Frauen. Sie werden von Frauen erfahren, die ihren eigenen beruflichen Werdegang verändert haben. Expertinnen geben Ihnen praktische Tipps für das Verhalten am Arbeitsplatz. Ich möchte Sie ermutigen, die nötigen Ratschläge anzunehmen und sie sogleich in die Tat umzusetzen. Sie werden erstaunt sein, was für einen Riesenunterschied die Weisheit der Märchen in Ihrer wirklichen Welt bewirken kann.

1

Aschenputtel Wie Sie ins Schloss gelangen und sich eine gute Fee suchen

Cinderella oder *Aschenputtel* kennen wir alle – aber es ist viel mehr als nur eine Kindergeschichte. Das heutige Arbeitsleben ist knallhart und ausschließlich von Konkurrenzdenken geprägt, und besonders hier hat uns dieses Märchen eine Menge zu sagen. Gerade der ständige Druck, unter dem die Aschenputtels von heute stehen, trägt zu ihrer Stärke bei. Sie arbeiten hart, und wenn sie fallen, stehen sie sofort wieder auf und klopfen sich den Staub von den Kleidern. Sie machen Fehler und sind alles andere als perfekt. Aber sie sind die wahren Heldinnen des Arbeitslebens.

Aschenputtel ist eine der bekanntesten und wandlungsfähigsten Märchenfiguren überhaupt. Ihre Geschichte wurde weltweit in unzähligen Variationen verbreitet. Volkskundler schätzen, dass es zwischen 340 und 1500 Varianten gibt! Die erste und immer noch beste literarische Version der westlichen Welt wurde im Jahre 1697 von Charles Perrault veröffentlicht. Sie war Teil seiner Sammlung von Erzählungen mit dem Titel *Contes de ma mère l'Oye,* die im Jahre 1822 unter dem Titel *Feenmärchen für die Jugend* auch in Deutschland publiziert wurde. Hier finden wir auch typische Aschenputtel-Elemente wie den gläsernen Schuh, den Kürbis, der sich in eine Kutsche verwandelt, und die gute Fee.

Wahrscheinlich kennen Sie *Aschenputtel* sowieso in- und auswendig. Trotzdem kann eine kleine Auffrischung nicht schaden. Hier also die Kurzform der klassischen Version:

Ein junges Mädchen namens Aschenputtel wird von seiner Stiefmutter und seinen Stiefschwestern grausam misshandelt, verspottet und gezwungen, als niedere Dienstmagd zu arbeiten. Doch das Mädchen verliert weder seine Lebensfreude, noch seine Hoffnung. Es arbeitet hart und träumt von einem besseren Leben. Derweil ist der Prinz auf Brautsuche und lädt sämtliche Jungfrauen des Landes zu einem großen Ball ein. Aschenputtels Stiefmutter und Stiefschwestern schmieden ein Komplott, damit Aschenputtel nicht teilnehmen kann. Aber da erscheint eine gute Fee, die Aschenputtel gerade noch rechtzeitig mit einer herbeigezauberten Kutsche, einem Ballkleid und einem Paar gläserner Schuhe versorgt.

Auf dem Ball verliebt sich der Prinz auf den ersten Blick in Aschenputtel. Aber sie muss rechtzeitig vor Mitternacht nach Hause zurückkehren, denn dann verliert der Zauber seine Wirkung. Also eilt sie davon, bevor der Prinz noch nach ihrem Namen fragen kann. Auf der Flucht verliert sie einen ihrer gläsernen Schuhe. Der Prinz schickt seinen Abgesandten aus, um das geheimnisvolle Mädchen zu finden, dem dieser Schuh passt. Viele Jungfrauen versuchen, ihren Fuß in den Schuh zu zwängen, darunter auch ihre Stiefschwestern. Aber nur Aschenputtel passt der Schuh wirklich, und so wird sie des Prinzen Braut.

Die Gebrüder Grimm veröffentlichten eine bodenständigere Version von *Aschenputtel*, die auf einem mündlich überlieferten Märchen mit dem Titel »Aschenputtel« beruhte. Hilfe kommt hier nicht von einer guten Fee, sondern von den Tauben, die in dem Baum wohnen, den Aschenputtel auf das Grab ihrer Mutter gepflanzt hat. Der Schuh ist in dieser Version nicht aus Glas, sondern aus Gold, und die Stiefschwestern verstümmeln sich auf grausame Weise selbst, um hineinzupassen – sie schneiden sich Teile ihrer Füße ab.

Im Jahre 1950 veröffentlichte Walt Disney seinen berühmten Zeichentrickfilm, der ein großer Erfolg wurde. Die ebenso anmutige wie musikalische Heldin des Films bestimmt das Bild, das wir heutzutage von *Aschenputtel* im Kopf haben. Durch die Erfindung des Heimkinos ist der Film beliebter denn je, und mittlerweile begegnet uns die Figur überall: auf Kleidern, Kostümen, Schmuck, Haushaltswaren; und im »Magic Kingdom« der amerikanischen Disneyworld kann man sogar mit der »richtigen« Aschenputtel frühstücken! Im Jahre

2001 kombinierte Disney seine Cinderella mit anderen Märchenprinzessinnen – mit Belle (aus *Die Schöne und das Biest*), Aurora und Schneewittchen. Dieses Quartett ist heute populärer als die Beatles. Allein das Merchandising bringt über 1,5 Billionen Dollar jährlich ein!

Aber die Geschichte von *Cinderella* und *Aschenputtel* war und ist *nicht* ausschließlich für Kinder bestimmt. Seit der Zeit, da Perrault die vornehmen und gebildeten Aristokraten am Hofe Ludwigs XIV. mit dieser Erzählung unterhielt, erfreuen sich Menschen aller Altersklassen und Bildungsstufen an diesem Stoff. Im Jahre 1945 wurde das Ballett *Cinderella* nach der Musik von Prokofjew am Bolschoi-Theater in voller Länge uraufgeführt und bezauberte die – vornehmlich aus strengen Sowjet-Offizieren bestehende – Zuhörerschaft. Auch das Fernsehspiel von Rodgers und Hammerstein feierte unvergessliche Erfolge: Zuschauer aller Altersgruppen waren hingerissen. Und selbstverständlich existieren auch zahllose literarische Texte, die sich mit der Thematik auseinandersetzen: so beispielsweise ein Gedicht von Sylvia Plath, die jungschen Abhandlungen und die Deutungen der freudschen Psychoanalyse.

Wie kommt es, dass sich eine Geschichte über die Vielfalt der Kulturen und Jahrhunderte hinwegsetzt und Menschen aller Altersgruppen und Epochen fasziniert? Worin besteht *Aschenputtels* Geheimnis?

Die Alchemie der Verwandlung

Die Grundlage dieser Geschichte ist der Glaube an die Möglichkeit persönlicher Veränderung: Aschenputtel verwandelt sich von der unterdrückten Dienerin in eine Prinzessin, vom einsamen Aschenputtel in die geliebte Braut. Sie demonstriert uns, dass ein Aufstieg möglich ist, und zwar für jeden, egal wie niedrig sein sozialer Status ist oder wie sehr man ihn verachtet. Genau diese Botschaft zieht die Menschen in ihren Bann. Und sie lässt sich auf berufstätige Frauen ebenso anwenden wie auf die Heldinnen der Märchen.

Reden wir zunächst einmal Klartext: Niemand behauptet, dass Sie demnächst Ihren Märchenprinzen treffen, der Sie zur Prinzessin macht und mit auf sein Schloss nimmt. (Und wenn wir uns die Nöte einer Prinzessin Diana oder einer Fergie anschauen, dann ist das wohl auch kaum erstrebenswert.) Aber Sie *können* eine realistische und hochbefriedigende Veränderung im Job erzielen.

Es gibt genauso viele (vielleicht sogar mehr) verschiedene Möglichkeiten, Ihre Situation am Arbeitsplatz zu verbessern, wie es Versionen des *Aschenputtel*-Märchens gibt. »Frauen streben im Job ein höheres Maß an persönlicher Befriedigung an als Männer«, sagt Miranda, die jahrelang in leitender Position bei einem großen Fernsehsender tätig war. »Die an männlichen Bedürfnissen orientierten Entlohnungen – Geld, Macht, Prestige – haben für uns nicht unbedingt das gleiche Gewicht.«

Natürlich haben wir nichts dagegen, mehr Geld zu verdienen. Aber das ist nicht (unbedingt) die einzige Motivation. Manche Frauen wollen Macht und Einfluss und wünschen sich einen beeindruckenden Titel. Andere wiederum fühlen sich in einem verantwortungsvollen Posten, der mit einem hohen Maß an Druck und Stress einhergeht, nicht wohl in ihrer Haut. Obwohl dieses Buch den Titel *Wie Aschenputtel Karriere macht* trägt, will ich damit nicht andeuten, dass jede Frau das Ziel haben sollte, Karriere zu machen. Aber ich will Sie ermutigen, in diese Richtung zu denken, egal, welche Position Sie in der Firmenhierarchie gerade innehaben. Entwickeln Sie eine eigene Zukunftsvision von sich selbst, die zu Ihren Werten, Zielen und zu Ihrer persönlichen Situation passt.

Manche Frauen lieben Abwechslung und Nervenkitzel, andere bevorzugen Stabilität und Sicherheit. Einige sehnen sich nach Freiheit, andere ziehen feste Strukturen vor. Die einen wollen etwas zum Wohle ihrer Mitmenschen und der Gesellschaft tun, für die anderen ist es wichtiger, kreativ zu sein. Jeder hat seine eigene Vorstellung vom Erfolg. Wie sieht Ihre aus? Sie müssen ein deutliches Bild vor Augen haben, damit es Ihnen gelingt, Ihren virtuellen Kürbis in eine Kutsche zu verwandeln und mit ihr ans Ziel zu gelangen. Und diese Vision von einem befriedigenden und erfüllten Berufsleben können nur Sie selbst entwerfen. Sie beruht auf Ihrem ganz persönlichen Gleichgewicht von Werten, Talenten und Wünschen.

Vorbereitung auf das Leben im Schloss – Schritt 1

Beantworten Sie folgende Fragen, um sich selbst ein klares Bild davon zu machen, wie Sie Ihren beruflichen Werdegang verändern wollen.

1. Wie viel Geld muss ich verdienen, um meinen gewünschten Lebensstandard aufrechterhalten zu können?
2. Was wollte ich immer schon tun? Was hält mich zurück?
3. Wo möchte ich arbeiten (d.h. zu Hause, in einer anderen Stadt, in der Nähe)?
4. Bin ich bereit, mich fortzubilden, um überhaupt für eine besser bezahlte Position in Betracht zu kommen?
5. Bin ich Führungsaufgaben gewachsen? Hätte ich lieber viele oder wenige Mitarbeiter in meinem Team? Fühle ich mich in einer Machtposition wohl?
6. Bevorzuge ich bei der Abwicklung meiner Aufgaben genaue Arbeitsanweisungen, oder arbeite ich lieber unabhängig?
7. Möchte ich lieber in einem großen, einem mittelständischen oder einem kleinen Unternehmen arbeiten?
8. Wie wichtig ist der Sicherheitsaspekt für mich? Welches Maß an finanziellem Risiko kann ich mir leisten?
9. Wie wichtig ist es für mich, mit meiner Arbeit Gutes zu tun?
10. Wie kann ich anderen helfen und dabei selbst Befriedigung finden, ohne mir selbst etwas dabei zu vergeben oder meinen Lebensstandard zu gefährden?

Die Aschenputtels in der Realität von heute

Beispiele für bahnbrechende Veränderungen gibt es überall. Einige Aschenputtels aus dem wirklichen Leben sind wohlhabend und weltberühmt, andere wiederum kennen wir aus unserem Alltag, und wir arbeiten tagtäglich mit ihnen zusammen:

- Die Frau, die jeden Monat etwas mehr Verantwortung übernimmt und sich nach und nach hocharbeitet, bis sie eine leitende Position in ihrem Unternehmen innehat und als Mentorin für jüngere Kolleginnen fungiert.
- Die Innovative, die ein neues Konzept für ihre Firma entwickelt und es so lange unermüdlich bei ihren Vorgesetzten vertritt, bis diese ihr zuhören.
- Die Risikofreudige, die ins kalte Wasser springt und eine eigene Firma gründet, weil sie eine Idee hat, an die sie glaubt.
- Die Frau, die die Schwierigkeiten mit ihrem Chef überwindet, zielstrebig ihre Ziele verfolgt und Erfolg hat, und das trotz der Firmenpolitik.

Sie alle sind Aschenputtels.

Christine begann im Jahre 1982 ihre Arbeit als Projektmanagerin bei einem großen Reiseveranstalter. Nach der Fusion mit einem anderen Anbieter aus der Branche nahm das Unternehmen die Position des Marktführers ein. Christine machte Karriere und wurde zur Geschäftsführerin befördert. Ihre Botschaft ist eindeutig: »Mein Aufstieg in dieser Firma ist zu einem großen Teil meinem Ehrgeiz zu verdanken«, sagt sie. »Ich habe immer ein bisschen mehr als andere übernommen. Ab einem gewissen Punkt sagte man mir nach, dass ich jede schwierige Aufgabe, die man mir anvertraute, erfolgreich erfüllte. Warten Sie nicht darauf, dass jemand Ihnen einen Vorschlag macht. Ergreifen Sie die Initiative«, rät Christine. »Zeigen Sie, dass Sie Verantwortung übernehmen wollen. Raffen Sie sich auf, gehen Sie zu Ihrem Vorgesetzten und sagen Sie ›Ich möchte dieses Projekt übernehmen.‹ oder ›Ich glaube, ich kann einen positiven Beitrag zum Wohl der Firma leisten, indem ich XYZ tue.‹ Einer der größten Fehler, den Frauen im Job machen, besteht darin, dass sie höflich abwarten, bis ihnen irgendwann einmal die ihnen zustehende Anerkennung für ihre Leistungen zuteil wird. Aber dieses Verhalten schadet ihnen oft nur. Warten Sie nicht länger! Fragen Sie sich: ›Wie kann ich mich selbst vermarkten?‹ Der Management-Guru Tom Peters rät: ›Promoten Sie Ihre eigene Marke.‹ Alle anderen tun das nämlich auch!«

Susanne ist Vorsitzende einer namhaften Organisation zur Bekämpfung von Brustkrebs, die innovative Forschungsprojekte fördert und umfassende Aufklärungskampagnen initiiert. »Eine meiner wichtigsten Aufgaben besteht darin, das Ganze zu sehen, den Überblick zu bewahren«, sagt Susanne. »Egal, welche Position eine Frau in unserem Unternehmen innehat, ich ermutige sie, regelmäßig einen Moment innezuhalten und sich zu fragen, auf welche Weise ihre Arbeit unserer Organisation dienlich ist. Und außerdem braucht man eine Zukunftsvision: Wir müssen unser Ziel immer im Blick haben, ob es nun die Realisierung einer neuen Geschäftsidee oder die Heilung von Krebs ist. Wenn wir es vor unserem inneren Auge sehen, können wir es auch verwirklichen.«

Vorbereitung auf das Leben im Schloss – Schritt 2

Erstellen Sie mithilfe Ihrer Antworten auf die obigen Fragen eine Arbeitsplatzbeschreibung Ihres idealen Jobs. Seien Sie dabei so detailliert wie möglich. Denken Sie auch an Faktoren wie Ihr Gehalt, die Arbeitsstunden, die Art der Arbeit, die Verantwortungsbereiche, die Größe der Firma etc.

Bereiten Sie sich auf den Erfolg vor – Scheitern kommt nicht infrage –, indem Sie eine Zukunftsvision entwickeln, die realistisch und *erreichbar* ist. Denken Sie an physische Hindernisse, an Ihr Alter und an die Grenzen, die Glück und Talent Ihnen auferlegen. Berücksichtigen Sie Ihre Vorlieben und Ihre Persönlichkeit. Wenn Sie es beispielsweise unerträglich finden, ein Kostüm zu tragen und viele Überstunden zu machen, dann ist eine leitende Stellung in einem größeren Unternehmen kein realistisches Ziel. Wer keine Kritik vertragen kann, für den ist eine Laufbahn im kreativen Bereich höchst problematisch. Aber innerhalb der Grenzen Ihrer eigenen Fähigkeiten ist genug Raum zum Wachstum. Solange Sie sich einen Traum schaffen, der in die Parameter der Realität passt, ist Wandel immer möglich.

Natürlich wird es Ihnen nichts nützen, wenn Sie sich lediglich wünschen, dass Ihre Träume wahr werden. Sie müssen dafür hart arbeiten. Seien Sie beharrlich, und denken Sie wie ein Schachspieler. Akzeptieren Sie Ihre Eigenarten und Defizite.

Letztere können sogar der Schlüssel sein, der Ihnen die Tür zum Palast öffnet. Versuchen Sie, Ihrer Unvollkommenheit positive Seiten abzugewinnen. Bauen Sie darauf auf, arbeiten Sie an sich selbst, und suchen Sie sich andere, die diese Eigenschaften zu schätzen wissen. Ihren Träumen und Idealen sollten Sie immer treu bleiben, auch wenn Sie verspottet werden, wenn jemand Sie mundtot machen will oder wenn die Schwierigkeiten Sie schier zu überwältigen drohen. Denken Sie nicht ständig über Ihre Fehler nach: Das würde Sie auf Ihrem Weg nur behindern.

Und dann benötigen Sie noch etwas: Suchen Sie sich eine Person, die gut mit einem Zauberstab umgehen kann und Ihnen ein bisschen auf die Sprünge hilft!

Jeder braucht eine gute Fee

Märchen ziehen uns vor allem deshalb in ihren Bann, weil sie zeigen, dass sich viele Aspekte des Lebens über Jahrhunderte hinweg einfach nicht ändern. Charles Perrault, der am Ende jeder Geschichte eine geistreiche Moral, eine *moralité*, setzte, gewährt uns auch am Ende des

Aschenputtel-Märchens wichtige Einsichten: »Es ist gewiss ein großer Vorzug, hoher Abkunft zu sein und Geist, Herz, Verstand und andere Gaben, die der Himmel schenkt, zu besitzen; doch sind sie euch umsonst gegeben und bringen euch in nichts voran, wenn ihr, um sie zu nutzen, nicht auch einen Paten oder eine Patin an eurer Seite habt.«

Wenn man »gute Fee« bzw. »guter Zauberer« durch die Begriffe »Mentorin« oder »Mentor« ersetzt, dann verwandelt sich diese 300 Jahre alte Erkenntnis in eine Lektion, die für das Fortkommen im modernen Arbeitsleben von unschätzbarem Wert ist.

Man kann nicht genug betonen, wie wichtig ein oder sogar mehrere Mentoren sind. Mir selbst hat jeder einzelne meiner Berater in meiner Laufbahn entscheidend weitergeholfen. Und wenn Sie näher hinschauen, werden Sie feststellen, dass fast jeder erfolgreiche Mensch ein hohes Maß an Unterstützung durch einen oder mehrere Mentoren erhalten hat.

Mentoren sind so alt wie die Zivilisation selbst. Bestimmt hat eine Höhlenfrau der anderen gezeigt, wie man das Feuer hütet und sich seinen gerechten Anteil Fleisch sichert. In der Odyssee nimmt Athene, die Göttin der Weisheit, die Gestalt eines Mannes mit Namen Mentor an, um Odysseus mit Rat zur Seite zu stehen und über seinen Sohn zu wachen. (Wahrscheinlich waren die Menschen zur damaligen Zeit so voreingenommen, dass sie niemals den Rat einer Frau befolgt hätten, selbst wenn sie unsterblich war.)

Die moderne Definition eines Mentors ist »weiser, loyaler Ratgeber«, Coach, Berater oder Fürsprecher. Die Person, die Hilfe erhält, nannte man früher »Protegé«, im modernen Berufsleben bezeichnet man sie als Mentee. Das klingt zwar ziemlich merkwürdig, aber wenn Sie erst einmal Mentee sind, werden Sie es zu schätzen wissen.

Auch wenn es uns nicht gefällt: Die zynische alte Redensart »Es kommt nicht darauf an, was man kann, sondern wen man kennt« enthält durchaus ein Körnchen Wahrheit. Als berufstätige Frau können Sie diesen Satz folgendermaßen modifizieren: »Es kommt darauf an, was man kann *und* wen man kennt.« Wer gute Arbeit leistet, der benötigt auch jemanden, der ihn anspornt. Sie müssen ständig auf

Draht sein, gut informiert und immer mit der Nase vorn. Aber genauso wichtig ist es, die richtigen Leute zu kennen, und ein Mentor verschafft Ihnen einen ungeheuren Vorteil – zumindest, wenn Sie bereit sind, auf ihn zu hören!

Im Rahmen einer Studie der führenden amerikanischen Unternehmensberatung *Catalyst*, deren Hauptaugenmerk auf weiblichen Führungskräften liegt, gaben vier von fünf Frauen in leitender Position an, ihren Erfolg in weiten Teilen ihrem Mentor zu verdanken. Die ehemalige Geschäftsführerin dieses Instituts fasst ihre Ergebnisse folgendermaßen zusammen: »Meiner Erfahrung nach ist der einzige wichtige Grund, warum Männer bei gleicher Begabung höher aufsteigen als Frauen, der, dass die meisten Männer Mentoren haben und die meisten Frauen nicht. Mentoren zeigen Ihnen nicht nur die Fäden, an denen Sie ziehen müssen, sie ziehen auch selbst daran und lassen ihre Beziehungen spielen.«

Wie ein Mentor zaubert

Ein Mentor oder eine Mentorin kann einiges bewirken.

1. Ein Mentor kann Ihnen besondere Jobfertigkeiten und Vorgehensweisen vermitteln.
2. Ein Mentor kann dafür sorgen, dass Ihre Ideen, Bemühungen und Leistungen Anerkennung finden – das ist eine seiner wichtigsten Funktionen.
3. Ein Mentor kann Ihnen wertvolle Einblicke in die Organisationsstruktur Ihres Unternehmens gewähren und schützt Sie in Einzelfällen vor den Folgen der Unternehmenspolitik.
4. Mit Ihrem Mentor können Sie über Probleme reden, ohne Sanktionen befürchten zu müssen. Außerdem erhalten Sie hier wertvolle Kritik, ohne dass Ihr beruflicher Werdegang dadurch gefährdet würde.

5. Der Mentor sorgt dafür, dass Sie bei wichtigen Projekten, in Ausschüssen und Teams berücksichtigt werden.
6. Ein Mentor unterstützt Sie bei einem Vorstoß um eine Gehaltserhöhung, eine Beförderung oder um flexiblere Arbeitszeiten.
7. Ein Mentor hilft Ihnen dabei, die Dinge im richtigen Licht zu betrachten und Ihren Sinn für Humor nicht zu verlieren.
8. Ein Mentor hört Ihnen zu (zumindest, wenn Sie ihm oder ihr ebenfalls zuhören).

Die Gesichter eines Mentors

Prima, Sie sind also jetzt davon überzeugt, dass Sie einen Mentor wollen und brauchen. Aber wer soll es werden? Lassen Sie sich überraschen.

Einer meiner Mentoren hieß Dave Johnson. Er war jünger als ich und sah nicht wie die gute Fee, sondern wie der Prinz aus dem Märchen aus. Und der Beginn unserer Bekanntschaft war alles andere als ermutigend. Wir lernten uns während meiner ersten sechs Monate in meiner damaligen Firma kennen, und zwar bei einer Fortbildungsveranstaltung zum Thema Verkaufsförderung. Die Verkaufs- und die Technische Abteilung spielten Fußball gegeneinander. Das Spiel sollte unseren Teamgeist fördern. Wir, die Mitarbeiter der Marketing-Abteilung fungierten als Schiedsrichter. Ich entschied, dass der Ball im »Aus« gelandet war, und das war er auch – eine gute Entscheidung, möchte ich hinzufügen! Aber Dave, eine wahre Kämpfernatur, sprang mir deshalb fast an die Gurgel. Plötzlich war ich von einem ganzen Haufen verschwitzter Kerle umgeben, die allesamt unfreundlich und wütend auf mich herabblickten und sich gegenseitig anrempelten. Es war wie in einem richtigen Fußballspiel im Fernsehen: eine Auseinandersetzung zwischen Spielern und Schiedsrichter – nur dass ich selbst diesmal der Schiri war.

Dann kam auch noch mein Chef in einem Golf vorbeigefahren und rief mir zu: »He, Cary, du musst den anderen deine Entscheidungen schon erklären.« Ich fühlte mich ganz schön gedemütigt, und stinkig war ich auch, aber nach außen blieb ich erstaunlich ruhig. Ich ließ mich nicht provozieren, behielt einen kühlen Kopf und ging davon. Dave registrierte meine Reaktion, und von diesem Tag an respektierte er mich. Er sah, dass ich mich nicht so leicht einschüchtern ließ und auch dann zu meinen Entscheidungen stand, wenn es hart auf hart kam. Noch am gleichen Tag lachten wir zusammen über die Situation, wodurch ihm klar wurde, dass ich auch noch Humor hatte. Als er dann mein Vorgesetzter wurde, beschloss er, mich unter seine Fittiche zu nehmen.

Behindern Sie sich nicht selbst, indem Sie bei der Suche nach einem Mentor ausschließlich Frauen eine Chance geben. Weibliche Ratgeber können Großartiges leisten, aber leider gibt es nicht allzu viele. Frauen in gehobener Position sind in großen Unternehmen noch immer in der Minderheit und werden häufig mit Anfragen zum Mentoring überhäuft. Seien Sie also offen. Suchen Sie einfach nur nach jemandem, der ebenso viel Interesse an Ihnen wie freie Kapazitäten hat. Diese Person kann ein Kollege sein, muss es aber nicht. Die Beziehung zwischen Mentor und Mentee kann sich vielfältig gestalten. Jede Variante hat ihre Vorteile.

Der Chef als Mentor

Häufig fungiert der Vorgesetzte als Mentor, eine Situation, die sich in der Regel aus dem beruflichen Alltag ergibt. Besonders in großen Unternehmen ist dies allerdings oft gar nicht so einfach. Aufgrund der komplexen hierarchischen Strukturen ist es vielfach schwer, die Aufmerksamkeit eines Entscheidungsträgers auf sich zu ziehen. Vielleicht ist Ihr Chef auch nicht der Typ, bei dem man seine Probleme ehrlich ansprechen kann. Aber wenn Sie einen Draht zu ihm finden und sich die richtige Gelegenheit bietet, dann kann der Vorgesetzte ein hervorragender Berater sein. Hier bietet sich Ihnen täglich die Möglichkeit,

Ihre Fähigkeiten zu verbessern und in größeren und verantwortungsvolleren Projekten unter Beweis zu stellen.

In größeren Firmen kann es auch von Vorteil sein, sich einen ranghöheren Mentor aus einer anderen Abteilung zu suchen, also jemanden, der nicht identisch mit dem eigenen Vorgesetzten ist. Zum einen kann die betreffende Person ihren Einfluss geltend machen, um Ihre Projekte zu unterstützen, zum anderen kann sie aber auch Ihren unternehmensinternen Bekanntheitsgrad steigern. Zum zweiten haben Sie jemanden, an den Sie sich wenden können, wenn sich Ihr eigener Chef Ihnen gegenüber unfair verhält – wenn er Ihre Ideen nicht anerkennt, Ihre Bemühungen untergräbt, oder Sie in Ihrem beruflichen Fortkommen behindert. Bevor Sie jedoch den »unternehmensüblichen Weg« über den direkten Vorgesetzten umgehen, sollten Sie das Pro und Kontra eines solchen Schrittes genau abwägen.

Mentoring-Programme

Wenn es in Ihrer Firma ein offizielles Mentorenprogramm gibt, probieren Sie es aus. Nicht alle offiziellen Mentoren sind eine gute Wahl. Außerdem sind diese durch Firmenprogramme initiierten Beziehungen selten so intensiv wie solche, die sich auf natürlichem Wege entwickeln. Oft orientieren sie sich sehr stark an den Unternehmenszielen und sind demzufolge eher begrenzt. Ihnen fehlt die persönliche Verbindung, die das Verhältnis zwischen Mentor und Mentee so besonders – eben magisch – macht. Trotzdem bieten formale Mentoren eine solide Möglichkeit zum Lernen und zum »Networking«. Mentorenprogramme werden von großen und mittelständischen Firmen nicht nur entwickelt, sondern auch ständig verbessert.

Mentoren-Netzwerke

Im Jahre 1997 rief ich für Wyndham ein Mentorinnen-Netzwerk ins Leben. Hier konnte ich mir die Frauen selbst aussuchen, von denen ich lernen wollte, um meine Leistungen für das Unternehmen zu verbessern. Jedes Mitglied dieses Netzwerks fungierte als Mentorin für die anderen. Von diesen Frauen, die nicht zu Wyndham gehörten und damit auch nicht der Firmenpolitik unterlagen, lernte ich unglaublich viel und erfuhr jede Menge Unterstützung – und davon profitierte nicht nur ich selbst, sondern auch andere Mitarbeiter und Mitarbeiterinnen des Unternehmens.

Wahrscheinlich haben Sie selbst so schnell keine Gelegenheit, Ihr eigenes Netzwerk zu gründen. Aber Sie können sich entsprechenden Netzwerken anschließen. So existieren mittlerweile Frauenportale mit Mentoring-Börsen, in denen sich Mentorinnen und Mentees kostenfrei finden und austauschen können (beispielsweise das Portal www.frauenmachenkarriere.de; weitere Adressen siehe Anhang).

Peer-Mentoring

Peer-Mentoring ist eine im deutschsprachigen Raum eher neue Form des Mentoring, das die gegenseitige Förderung gleichrangiger Wissenschaftlerinnen zum Ziel hat. Dadurch soll der Frauenanteil an Führungspositionen – vor allem zunächst in Forschungseinrichtungen – erhöht werden. Die Netzwerke dienen vornehmlich dem Erwerb außerfachlicher Zusatzqualifikationen. In den USA existiert Peer-Mentoring schon länger und beschränkt sich ebenfalls auf Frauen, die in hoch qualifizierten Jobs arbeiten. Leslie beispielsweise, Mitgründerin eines solchen Frauennetzwerkes, beschreibt, wie sich so etwas entwickeln kann: »Meine ersten Erfahrungen sammelte ich bei einem organisierten Peer-Mentoring einer Gruppe von Wissenschaftlerinnen an der New York University. Auch als sich die Gruppe auflöste, blieben wir miteinander in Kontakt. Später betreute und beriet mich eine der Frauen aus der ursprünglichen Gruppe noch einmal inoffiziell: Sie half mir über den Dot-Com-Crash hinweg, indem sie mir großzügigerweise ihre eigenen Überlebensstrategien verriet.«

Informelle Peer-Mentoren finden sich nicht unbedingt immer über professionelle Organisationen. Manchmal lernt man so jemanden auch auf ganz unkonventionellem Wege kennen. Jane, die Inhaberin einer erfolgreichen Firma und Mitglied eines exklusiven Frauen-Golfklubs, berichtet, dass ihre Mentorin ihr vom Postboten vermittelt wurde: »Beim Start meiner Firma half mir eine Outplacement-Beraterin. Eines Tages erzählte mir unser Postbote, dass in meinem Bürogebäude auch die Firma einer Frau ansässig sei, die ebenfalls Golf spielte. Ich nahm gleich Kontakt zu ihr auf, und etwa ein Jahr lang trafen wir uns einmal pro Woche zum Mittagessen. Sie war der ideale Coach und gab mir wichtige Tipps, um meine Firma zum Erfolg zu führen.«

Der Fünf-Minuten-Mentor

Langfristige Mentorenbeziehungen sind natürlich am fruchtbarsten, aber sie können auch durch »Mini-Mentoring« ersetzt werden. Vielleicht treffen Sie auf einer Konferenz eine interessante Persönlichkeit und haben Gelegenheit, ihr am Hotelpool ein paar Fragen zu stellen. Oder es bietet sich die Möglichkeit, mit einem erfahrenen Kollegen in Ihrer Firma über ein spezielles Projekt oder Problem zu sprechen. Ein fünfminütiges Gespräch kann Sie beruflich ganz schön nach vorn bringen. So war es zumindest bei mir: Mein Leben veränderte sich buchstäblich durch einen einzigen Satz!

Am Anfang meiner Laufbahn, als ich für eine große Hotelkette arbeitete, ging ich eines Tages zusammen mit einem Generaldirektor, den ich sehr schätzte, durch die Eingangshalle. Er sagte: »Im Leben können Sie alles tun, was Sie wollen, Cary.« Das hatte noch nie jemand zu mir gesagt (zumindest war ich noch nie bereit gewesen, es zu hören), und die Bemerkung machte riesigen Eindruck auf mich.

Bald darauf gründete ich meine eigene PR-Agentur, und obwohl es damals für Frauen keine speziellen Firmengründungskredite gab, machte ich einfach weiter – und das ohne Angst und ohne zurückzublicken. Die Worte des Generaldirektors im Verlauf dieses spontanen

Mini-Mentorings blieben mir im Gedächtnis haften und gaben meinem Selbstbewusstsein ungeheuren Auftrieb.

Mentoren in der Familie

Viele erfolgreiche Frauen führen ihren Erfolg auf den Einfluss und den Rat ihrer Familie zurück. »Meine Motivation stammt aus den Werten und moralischen Grundsätzen, die mir meine Eltern, meine Großeltern und andere Menschen, die mich in meinem Leben gecoacht und beraten haben, vermittelt haben«, sagt Georgette, die heute Managerin einer PR-Agentur ist. »In meiner Familie waren die Frauen seit Generationen stets ein Quell der Stärke, der Weisheit und des Wissens. Sie lehrten mich Beharrlichkeit und waren mir durch ihre ökonomische Unabhängigkeit ein großes Vorbild.«

Mögliche Mentoren

Machen Sie eine Liste der Personen, die Ihnen auf Ihrem beruflichen Weg weiterhelfen können. Teilen Sie die Kandidaten in folgende Kategorien ein, um Ihre Suche besser zu organisieren:

- Vorgesetzte/Projektmanager/Kollegen in führender Position
- Gleichgestellte Kollegen in Ihrem Unternehmen
- Gleichgestellte aus Mentoring-Projekten in Ihrer Firma
- Teilnehmer an Peer-Mentoring-Projekten oder Karriereförderungskonzepten außerhalb Ihrer Firma
- Fünf-Minuten-Mentoren, die Ihnen eine Mini-Beratung geben könnten
- Familienmitglieder oder Freunde
- Organisationen (siehe Anhang)

Neben jedem Namen notieren Sie den ersten Schritt, den Sie unternehmen werden, um eine Mentor-Mentee-Beziehung zu etablieren.

Schicken Sie zunächst eine E-Mail, um die Lage zu sondieren, oder führen Sie ein informelles Gespräch. Vielleicht treten Sie auch einer neuen Organisation bei oder arbeiten freiwillig in einem Ausschuss mit, um einen potenziellen Mentor kennen zu lernen. Falls Sie sich Ihren Vorgesetzten zum Mentor auserkoren haben, müssen Sie wahrscheinlich Geduld haben und sich Ihrem Ziel in kleinen Schritten nähern.

Wie man die Aufmerksamkeit einer guten Fee erregt

Wie kann man einen potenziellen Mentor auf sich aufmerksam machen, wo doch alle so beschäftigt und mit Arbeit überlastet sind?

Die Regel Nummer eins lautet: Sie müssen sich Ihren Mentor *verdienen*.

Denken Sie daran, dass sich Aschenputtel nie vor ihren Pflichten drückte, auch wenn diese unter ihrer Würde waren. In der Grimmschen Version wird sie gezwungen, Wasser zu tragen, Feuer zu machen, zu kochen und zu waschen. In Perraults Geschichte muss sie das Zimmer der Herrin schrubben (wahrscheinlich auch das Nachtgeschirr) und bereitstehen, um die Unterröcke ihrer Schwestern zu bügeln. Doch sie tut alles, und sie tut es gewissenhaft. Das macht sie zu einem Menschen mit gutem Charakter, der die Hilfe einer guten Fee verdient hat.

Am Arbeitsplatz dürfen Sie sich natürlich nicht als Fußabtreter oder Packesel missbrauchen lassen. Sie haben das Recht, sich an der richtigen Stelle zu beklagen, wenn täglich von Ihnen verlangt wird, Aufgaben zu übernehmen, die nicht Ihrer Arbeitsplatzbeschreibung entsprechen, insbesondere, wenn diese Sie von dringend zu erledigenden Arbeiten abhalten. Dennoch sind Gewissenhaftigkeit und Einsatzbereitschaft unabdingbar, besonders, wenn Sie das Interesse eines möglichen Mentors auf sich ziehen wollen. Erweisen Sie sich als teamfähig. Vermeiden Sie Alleingänge, und tun Sie nicht so, als würden Sie keine Fehler machen. Die Aschenputtels im wirklichen Leben sind nie perfekt (genauso wenig wie Märchenheldinnen).

Wie Sie einen Mentor finden

Zeigen Sie, dass Sie bereit sind, hart zu arbeiten. Am Arbeitsplatz müssen Sie sich engagieren – so ist das nun einmal. Die Mitarbeiter, die das Büro pünktlich um 17.00 Uhr verlassen (und das vielleicht noch im Laufschritt), gehören – zumindest im ersten Jahr – wohl kaum zu denen, die die positive Aufmerksamkeit ihrer Vorgesetzten erregen. Den CEO, den Abteilungsleiter oder einen anderen Vorgesetzten nach fünf Uhr im Aufzug zu treffen ist eine wunderbare Gelegenheit, um ein Gespräch anzuknüpfen, aus dem ein Mini-Mentoring werden kann – und vielleicht ist das sogar der Startschuss für einen kleinen Karriereschub.

Wenn Sie nur stundenweise in Ihrem Unternehmen beschäftigt sind und Überstunden in Ihrer Firma nicht gern gesehen werden, dann nutzen Sie Ihre Arbeitsstunden so effektiv wie möglich. Denken Sie daran: Wahrnehmung ist Wirklichkeit! Wenn Sie sich auf Ihre Arbeit konzentrieren und das auch ausstrahlen, schaffen Sie tatsächlich mehr. Und garantiert ist die Person, die Sie als Mentor ins Auge gefasst haben, ebenfalls hoch konzentriert und fleißig. Sie müssen die gleichen Eigenschaften an den Tag legen, um sich die Zeit und Aufmerksamkeit des potenziellen Mentors zu verdienen.

Vermeiden Sie unnötige Klagen. Solange nichts wirklich Unfaires oder Unangebrachtes vorfällt, sollten Sie sich nicht beschweren. Denken Sie an die Redensart: »Ohne Fleiß kein Preis.« Der Joballtag ist hart, und je weiter Sie kommen, umso härter wird er. Gewöhnen Sie sich also jetzt schon an, kein Wort darüber zu verlieren. Niemand hat die Zeit oder die Geduld, einen notorischen Beschwerdeführer zu fördern oder zu beraten. Schweigen ist jedoch oft leichter gesagt als getan, weil viele Kollegen gar nicht anders können, als sich »unfair« zu verhalten. Aber wählen Sie Ihre Schlachtfelder mit Bedacht. Und wenn Sie mit Ihrer Argumentation nicht weiterkommen, dann denken Sie sich eine neue Strategie aus: Vielleicht können Sie der unfairen Situation ja doch noch etwas Positives abgewinnen.

Tun Sie, was getan werden muss, und nicht nur das, was man Ihnen aufträgt – zeigen Sie Eigeninitiative. Ihr Vorgesetzter ist wahrscheinlich selbst viel zu beschäftigt, um Ihnen detaillierte Arbeitsanweisungen geben zu können. Solange Sie nicht Ihre Kompetenzen überschreiten, sollten Sie also vorausschauend handeln und mehr tun, als von Ihnen verlangt wurde. Natürlich sollten Sie Ihren Vorgesetzten auf angemessene und effiziente Weise über Ihr Engagement aufklären, damit es bei den Verhandlungen um eine Gehaltserhöhung oder eine Beförderung nicht übersehen wird. Wenn sich die Gelegenheit bietet, machen Sie Ihrem Chef Vorschläge, was Ihrer Meinung nach dringend als Nächstes unternommen werden sollte. Sollten Sie sich mit zwei Vorgesetzten gleichzeitig herumschlagen müssen, so ist dies natürlich ein Balanceakt: Helfen Sie ihnen! Legen Sie gemeinsam mit beiden Personen ein System fest, das Ihre Prioritäten definiert.

Colin, seines Zeichens selbst als CEO und Manager tätig, sagt hierzu: »Meiner Ansicht nach sollten Frauen in ihren Firmen die Gelegenheit beim Schopfe packen: Wer freiwillig Aufgaben übernimmt, egal ob sie in den eigenen Zuständigkeitsbereich gehören oder nicht, der fällt einfach auf. Außerdem verschafft man sich dadurch die Möglichkeit, mit erfahrenen Kollegen zusammenzuarbeiten, was wiederum neue Perspektiven eröffnet. Nur so können Frauen ihren eigenen Führungsstil entwickeln.«

Zeigen Sie, dass Sie lernen wollen. Fragen Sie um Rat – aber übertreiben Sie es nicht, denn die meisten Leute haben selbst genug zu tun. Nehmen Sie an firmeninternen Trainings teil, sobald sie angeboten werden. Nutzen Sie auch externe Kurse. Lesen Sie Bücher über Ihr Spezialgebiet. Demonstrieren Sie Ihre Bereitschaft zur Weiterbildung. Dann werden andere ihr Wissen mit Freude an Sie weitergeben.

Alair Townsend, der ehemalige stellvertretende Bürgermeister von New York, sagt: »Eines Tages habe ich herausgefunden, dass selbst viel beschäftigte Menschen gern um Hilfe gebeten werden – zumindest wenn es sich um das richtige Fachgebiet handelt. Wenn ich jemanden um Rat frage, dann signalisiere ich damit, dass ich seine Erfahrung und seine Meinung zu schätzen weiß und seine Ansichten respektiere. Die betreffende Person hat das Gefühl, mir einen Gefallen zu tun, und das schmeichelt ihr. Außerdem möchten die meisten Menschen als mitfühlend und hilfsbereit gelten. In vernünftigen Grenzen können Sie andere also unbesorgt ansprechen und um Rat bitten.«

Pflegen Sie die Beziehung zu Ihrem Mentor

Kurzfristiges Mentoring kann ausgesprochen nützlich sein, aber die größte Wirkung hat eine langfristige Beziehung zu einem Mentor. Im Folgenden erfahren Sie, wie Sie das Interesse Ihres persönlichen Beraters wach und die Beziehung lebendig halten.

Gehen Sie professionell mit Kritik um. Es ist nicht einfach, sich von jemandem kritisieren lassen zu müssen. Vielleicht sind Sie manchmal sogar den Tränen nah. Doch warten Sie mit dem Weinen lieber, bis Sie zu Hause sind. Sicherlich sind Tränen ein Zeichen für Mitgefühl und ein weiches Herz, aber unglücklicherweise akzeptiert man im Berufsleben eher weinende Männer als weinende Frauen (obwohl Sie das selten erleben werden). Und reagieren Sie nicht gleich zu defensiv auf Kritik. Gerade Frauen verlieren dadurch oft an Ansehen. Das ist nicht fair, aber es entspricht nun einmal der Realität. Natürlich können Sie

Ihren Standpunkt darlegen, aber Sie sollten genau wissen, wann es besser ist zu schweigen. Das richtige Timing ist alles.

Lassen Sie sich nicht unterkriegen, und entwickeln Sie Lösungen. Lassen Sie auch bei Rückschlägen nicht in Ihren Bemühungen nach, sondern bleiben Sie flexibel. Finden Sie immer neue Lösungsmöglichkeiten, und seien Sie kreativ. Haben Sie keine Angst! Zeigen Sie, dass Sie Köpfchen haben, und machen Sie sich keine Sorgen darum, dass Ihre Vorschläge zurückgewiesen werden könnten. Ich weiß aus eigener Erfahrung, wie schwer es ist, ausgelacht, belächelt und verspottet zu werden – das kostet Kraft und Nerven. Aber wenn Sie an Ihre Arbeit glauben, wenn Sie sich auf Ihre Ziele konzentrieren, dann können Sie es schaffen! Riskieren Sie, dass auch mal etwas schiefgeht, und Sie werden die Aufmerksamkeit und den Respekt potenzieller Mentoren gewinnen.

Sorgen Sie dafür, dass Ihr Mentor ebenfalls von Ihrer Beziehung profitiert. Dies ist ein überaus wichtiger Aspekt! Die langfristige Zusammenarbeit von Mentor und Mentee wird von stetigem Geben und Nehmen geprägt. Der Mentor muss etwas davon haben, wenn er sich auch weiterhin aktiv engagieren soll. Die beste Möglichkeit, wie Sie Ihrem Coach seine Bemühungen vergelten, ist die eigene Produktivität. Die Beziehung zwischen Mentor und Schützling soll letztlich ein positives Ergebnis hervorbringen und *beide* Menschen vorwärts bringen.

Sobald Sie Erfolg haben, kann sich auch die Beziehung zu Ihrem Mentor weiter entfalten. Vielleicht kommt die Zeit, da er oder sie sich von einem Ratgeber in einen Freund oder einen Gesprächspartner verwandelt. Möglicherweise werden Sie ja befördert und werden ihm oder ihr gleichgestellt. Unter Umständen führt Ihre berufliche Karriere ja sogar so weit, dass Sie zum Vorgesetzten Ihres Coachs werden. Und in einem kleinen Unternehmen können Sie eventuell sogar Partner Ihres ehemaligen Mentors werden.

Schließen Sie den Kreis

Sobald Sie Ihren Platz im Palast gefunden haben, können Sie Ihrerseits beginnen, anderen etwas Gutes zu tun. Unterstützen Sie die Projekte und Initiativen Ihres Mentors innerhalb des Unternehmens, in dem Sie beide angestellt sind. Hat Ihr Mentor eine eigene Firma, dann verschaffen Sie ihm eben neue Geschäftsfreunde und Kunden. Oder werden Sie selbst Mentorin: Gerade Menschen, deren Laufbahn durch einen charismatischen Lehrer maßgeblich beeinflusst wurde, sind gern engagierte Ratgeber und Coaches.

Judy, die nach ihrem märchenhaften Aufstieg bei einem Automobilhersteller beschloss, ihre eigene Firma zu gründen, schildert ihre Erfahrungen folgendermaßen: »Am Anfang war ich nur ein kleines Licht. Meine einzige Aufgabe bestand darin, anderen zuzuarbeiten. Doch auf Betreiben meines Vorgesetzten und Mentors bekam ich eines Tages Gelegenheit, meine Qualitäten als Pressesprecherin unter Beweis zu stellen. Er war immer mit Rat und Tat für mich da; er spornte mich an und unterstützte mich, wo er nur konnte. Seiner Initiative habe ich letztlich auch meinen Erfolg zu verdanken. Plötzlich wurde ich hundertprozentig wahrgenommen: Ich machte Karriere und wurde sogar zur Leiterin der Presse- und Marketing-Abteilung befördert.« Im Rahmen eines firmeninternen Mentorenprogramms fungierte Judy selbst später als Mentorin für viele Mitarbeiter. Seit der Gründung ihres eigenen Schulungsunternehmens berät sie Hunderte von Menschen im Jahr und ist als Mini-Mentorin für sie tätig.

Wie aufregend es ist, wenn sich der Mentoren-Kreis schließt! Ehrlich gesagt gehört das zu denjenigen Aspekten meiner Arbeit, die mich am meisten befriedigen: anderen Frauen zu besseren Startchancen im Berufsleben zu verhelfen. Und denken Sie daran: Eine wahre Heldin erfreut sich an den Früchten ihrer Arbeit und verschwendet nicht ihre Zeit damit, einen Rachefeldzug gegen ehemalige Widersacher zu planen.

Geben Sie Ihr Bestes – das ist die schönste Rache

Die ursprünglichen *Aschenputtel*-Versionen von Perrault und Grimm enden nicht mit dem berühmten Satz »Und wenn sie nicht gestorben sind, dann leben sie noch heute«. (Das tun im Übrigen nur sehr wenige Märchen.) Stattdessen wird das Schicksal der beiden Stiefschwestern geschildert, wenn auch in unterschiedlichen Varianten: Perrault berichtet, dass Aschenputtel, die ebenso gut war wie schön, ihre Schwestern im Palast aufnahm und sie mit zwei großen Fürsten am Hof verheiratete. In der Grimmschen Erzählung nehmen die Tauben die Sache in den Schnabel und picken den Stiefschwestern die Augen aus. Trotzdem: Auch hier ist es nicht Aschenputtel, die ihre Schwestern bestraft. Sie ist einfach zu gütig, um ihre Zeit mit Rache zu verschwenden. Und so sollten Sie es ebenfalls halten.

Wenn Sie jemandem den Marsch blasen wollen, schreiben Sie ihm einen Brief, allerdings mit einer wichtigen Einschränkung – schicken Sie ihn nicht ab. Vernichten Sie ihn im Schredder. Über kurz oder lang wird sich die Person, die Ihnen das Leben schwer gemacht hat, schon selbst das Wasser abgraben (das ist meistens so). Und wenn doch nicht, dann *ignorieren* Sie sie einfach. Nichts nimmt einem Widersacher schneller den Wind aus den Segeln als das Desinteresse seines Gegenübers. Suchen Sie sich die Unterstützung anderer Menschen, und verschwenden Sie Ihre Energie nicht mit Rachegedanken. Verhalten Sie sich professionell, und verzeihen Sie Ihren Feinden. Natürlich können Sie nicht erwarten, dass Ihr Gegenüber es ebenso hält. Vielleicht gehört der Betreffende zu den Menschen, die ihre Ressentiments mit Hingabe hegen und pflegen. Wenn es wieder einmal Streit gibt: Machen Sie einfach nicht mit und visieren Sie höhere Ziele an.

Aschenputtel im 21. Jahrhundert

Es war einmal eine intelligente, ehrgeizige junge Frau, die einen Job als Verwaltungsangestellte in einer großen Firma annahm. Obwohl es sich um eine wenig verantwortungsvolle Arbeit handelte, stellte ihr der Direktor, der sie eingestellt hatte, in absehbarer Zeit eine Beförderung in Aussicht. Aber schon bald merkte sie, dass der Direktor alles einer zickigen Abteilungsleiterin überließ, die wiederum zwei andere Mitarbeiterinnen bevorzugte, die sie selbst eingestellt hatte. Die intelligente junge Frau musste die langweiligsten Aufgaben übernehmen und verbrachte so viel Zeit im Kopierraum, dass ihre Kleider voller Tonerspuren waren und die Druckerschwärze sogar unter ihren Fingernägeln haften blieb. Deshalb nannten sie sie Aschenputtel.

Eines Tages schickte der Geschäftsführer der Firma eine E-Mail an alle Mitarbeiter und lud sie zu einer großen Festveranstaltung im Ballsaal eines Luxushotels ein. Ferner forderte er jeden Mitarbeiter auf, an einem Wettbewerb teilzunehmen. Jeder sollte eine Rede vorbereiten. Das Thema lautete: Wie die Firma im nächsten Jahr zweistelliges Wachstum erzielen kann. Der Gewinner sollte auf der besagten Abendveranstaltung einen Vortrag halten.

Aschenputtels Kolleginnen machten eine ausgedehnte Mittagspause und früh Feierabend, um sich Designerkostüme und Schuhe für den großen Anlass zu besorgen. Ihre Arbeit schoben sie Aschenputtel zu. Doch als diese sich bei ihrer Abteilungsleiterin darüber beschwerte, erwiderte diese nur in scharfem Ton: »Zeigen Sie ein bisschen mehr Teamgeist, junge Frau. Und jetzt ab Marsch zurück in Ihr Büro.«

Nachdem Aschenputtel ihre eigenen Aufgaben und zusätzlich die Arbeit ihrer egoistischen Kolleginnen erledigt hatte, verbrachte sie jeden Abend noch viele Stunden am Schreibtisch und überarbeitete ihre Version der Rede für den unternehmensinternen Wettbewerb. Auch wenn man sie unterschätzte und sie im Moment völlig überarbeitet war: Sie glaubte fest daran, dass es möglich war, zu gewinnen und an diesem Abend am Rednerpult zu stehen. Der Nachtwächter schüttelte bei dem Anblick Aschenputtels, die sich bis spät in die Nacht hinein abrackerte, nur mitleidig den Kopf.

Am Tag des großen Events wollte Aschenputtel sich in der Mittagspause im Ausverkauf noch schnell nach einem neuen Outfit umsehen. Aber kurz vor Mittag ließ die Abteilungsleiterin eine Bombe platzen. »Fertigen Sie aus diesen Notizen einen anständigen Bericht an«, befahl sie. »Ich will das Papier morgen früh auf meinem Schreibtisch sehen, sonst wirkt sich das ungünstig auf Ihre nächste Beurteilung aus.«

Das arme Aschenputtel musste die ganze Mittagspause hindurch schuften und blieb bis lange nach fünf Uhr im Büro, um noch fertig zu werden. Aber die Daten waren so widersprüchlich, dass sie einfach keine sinnvolle Schlussfolgerung ziehen konnte. Schließlich legte sie den Kopf auf den Tisch und weinte verzweifelt.

In diesem Augenblick betrat eine elegante Frau das Büro. »Ich habe beobachtet, wie unermüdlich Sie am Ball bleiben, auch wenn es hart auf hart kommt«, sagte sie zu Aschenputtel. »Und ich habe beschlossen, Sie zu unterstützen. Von nun an bin ich Ihre gute Fee und Mentorin. Ich war die erste Frau, die in den Vorstand dieser Firma berufen wurde, und ich habe immer noch eine Menge Einfluss.«

»Ich will doch eigentlich nur zu der heutigen Abendveranstaltung gehen, und ich möchte, dass meine Rede als beste ausgewählt wird, weil sie es verdient hat«, erwiderte Aschenputtel. »Aber wie es aussieht, finde ich gar nicht die Zeit, um daran teilzunehmen«

»Denken Sie wie ein Manager. Konzentrieren Sie sich darauf, eine Lösung zu finden«, sagte die Mentorin. »Der Nachtwächter ist im Nebenjob Chauffeur, und er wartet draußen, um Sie hinzufahren.«

»Aber ich habe nichts anzuziehen«, sagte Aschenputtel.

»Lassen Sie das meine Sorge sein. Für eine Handlungsbevollmächtigte wie mich gibt es immer einen Weg – auch in Sachen Mode.« Die Mentorin zog ein Designerkostüm aus der Tasche. Es war aus feinster, weißer Wolle mit Seidenfutter und einer Goldkette am Rockbund. »Das hier ist genau das Richtige für sie. Ich finde, dass man seine Persönlichkeit auch bei professioneller Kleidung durch ein paar Accessoires hervorragend zur Geltung bringen kann.« Und dann zeigte sie Aschenputtel ein Paar märchenhafte Schuhe aus Plexiglas.

Aschenputtel probierte sie an. »Du meine Güte! Sie wissen ja gar nicht, wie schwer es sonst für mich ist, passende Schuhe zu finden! Ich habe Größe 41, aber ganz schmale Füße!«, rief sie.

»Kein Problem. Und jetzt ziehen Sie sich um, und machen Sie sich auf den Weg, meine Liebe. Aber gehen Sie hinterher nicht mehr aus. Seien Sie um Mitternacht zu Hause, damit Sie morgen pünktlich um neun Uhr wieder ausgeruht und arbeitsbereit am Schreibtisch sitzen.«

Im Ballsaal des Luxushotels waren bereits Tausende von Angestellten versammelt. Alle trugen ihre elegantesten Kleider und ihr bestes Benehmen zur Schau. Nach einer programmatischen Rede verkündete der Geschäftsführer den Gewinner des Wettbewerbs. Es war Aschenputtel! Wie im Traum schwebte sie zum Podium und hielt ihren Vortrag. Bei dem darauf folgenden Empfang prostete der Geschäftsführer Aschenputtel mit einem Glas Champagner zu und sagte zu ihr: »Sie haben ein paar hervorragende Ideen, die unserer Firma sehr zugute kommen werden. Und Sie sind eine sehr begabte und charismatische Rednerin. Ich war vom ersten Augenblick an von Ihnen beeindruckt.«

Über raffiniertem Fingerfood und ausgedehntem Networking ging der Abend so schnell vorüber, dass Aschenputtel fast vergessen hätte, pünktlich um Mitternacht zu gehen. Doch dann sah sie auf die Uhr, verabschiedete sich und rannte so schnell davon, dass sie einen ihrer Schuhe verlor. Erst später wurde ihr klar, dass der Geschäftsführer nicht einmal ihren richtigen Namen kannte. Ihre Rede hatte sie aus Angst vor den Vergeltungsmaßnahmen ihrer Abteilungsleiterin mit einem falschen Namen unterzeichnet.

Am darauf folgenden Tag erging eine Rund-Mail an alle Mitarbeiter der Firma, in der zu lesen war, dass der Geschäftsführer die Gewinnerin des Wettbewerbs suchte. Und damit sich keiner mit fremden Federn schmücken konnte, musste die betreffende Person ihre Identität nachweisen. Sie musste in diesen ungewöhnlich schmalen Schuh der Größe 41 hineinpassen.

Aschenputtels Kolleginnen flippten vor Aufregung beinahe aus. Eine von beiden vereinbarte einen Notfalltermin bei einem plastischen Chirurgen, um sich die Füße anpassen zu lassen. Die andere dehnte und streckte ihre Füße bestimmt 500 Mal am Tag, um einen längeren Fuß zu bekommen. Aschenputtel aber konzentrierte sich einfach nur auf ihre Arbeit.

Als der Direktor in der darauf folgenden Woche in ihre Abteilung kam, um die Frau zu finden, der der Plexiglasschuh passte, war der Fuß der ersten Angestellten immer noch geschwollen von der OP, sodass sie von vornherein aus dem Rennen war. Die andere Mitarbeiterin bekam einen heftigen Krampf im Fuß, weshalb sie den Direktor unfreundlich anfuhr und sich ihre Chancen ebenfalls verdarb. Aschenputtel ließ gelassen ihren langen, schmalen Fuß in den Schuh gleiten. Und um ihre rechtmäßigen Ansprüche zu bekräftigen, zog sie den zweiten Plexiglasschuh aus ihrem Laptop-Koffer, wo sie ihn in der Zwischenzeit aufbewahrt hatte.

Aschenputtel wurde sofort befördert: Sie bekam einen verantwortungsvollen Posten, durch den sie sich einen Namen machen konnte. Als eines ihrer ersten Projekte baute sie ein Mentoring-Programm für sämtliche Angestellte der Firma auf, auch für ihre ernüchterten Kolleginnen und für den Nachtwächter.

Im Laufe der Jahre stellte Aschenputtel ihre Plexiglasschuhe in den Bücherschrank ihres Büros und arbeitete sich langsam nach oben bis zur Geschäftsführerin.

Und die Moral von der Geschicht …

- Tun Sie, als fühlten Sie sich auf einem Ball wie zu Hause. Egal, welchen Platz Sie in der Firmenhierarchie einnehmen, verhalten Sie sich wie ein Topmanager. Besinnen Sie sich auf dessen beste Eigenschaften.
- Glauben Sie an die Möglichkeit des Wandels. Lassen Sie sich von den Erfolgsgeschichten der wirklichen Cinderellas inspirieren.
- Stellen Sie sich vor, im Schloss zu sein. Fragen Sie sich, welche Bedeutung persönlicher Erfolg für Sie hat, und entwickeln Sie eine möglichst detaillierte Vision von Ihrem zukünftigen Werdegang.
- Verdienen Sie sich eine gute Fee. Kultivieren Sie die richtige Einstellung und das richtige Arbeitsethos, um vielleicht sogar viele potenzielle Mentoren in leitenden Positionen auf sich aufmerksam zu machen.
- Schließen Sie den Kreis: Sorgen Sie dafür, dass Ihr Mentor ebenfalls aus ihrer Beziehung profitiert. Werden Sie selbst Mentorin, wenn Sie Ihr Karriereziel erreicht haben.
- Machen Sie sich nicht selbst klein, indem Sie Ihrem Wunsch nach Rache freien Lauf lassen. Halten Sie den Kopf hoch, dann haben Sie die Krone auch verdient.

2

Schneewittchen Wie Sie sich mit einem fröhlichen Lied auf den Lippen loyale Verbündete schaffen

Das Märchen *Schneewittchen* demonstriert, wie wichtig es ist, Verbündete zu finden, und dass man dies am besten durch Hilfsbereitschaft schafft. Schneewittchen verdient sich ihre Loyalität durch Fleiß und Teamfähigkeit, nicht durch ihr hübsches Gesicht. Das Märchen zeigt uns, dass der Neid unserer Umgebung uns zwar gefährlich werden kann, dass wir jedoch mit Kollegen, die uns den Rücken stärken, kritische Situationen leichter überstehen, selbst wenn unser Widersacher ein Vorgesetzter ist.

Die Geschichte von *Schneewittchen und den sieben Zwergen* war in Europa schon in unzähligen Wohnstuben erzählt worden, bevor sie im Jahre 1812 von den Gebrüdern Grimm veröffentlicht wurde. *Schneewittchen* war außerdem der erste abendfüllende Disney-Zeichentrick-Film, dessen Erstaufführung im Jahre 1937 ein internationaler Erfolg wurde. Der Film stützte sich in weiten Teilen auf die Grimmsche Vorlage und unterschlug auch die grausamen Details nicht, wie zum Beispiel die Forderung der Königin, dass der Jäger ihr Schneewittchens Herz bringen solle – auf einem Teller! Aber es gibt auch ein paar entscheidende Unterschiede. In der alten Geschichte haben die Zwerge keine Namen und sind humorlose Arbeitstiere, während sie in der Disney-Version der Protagonistin durch ihre witzigen Namen und ihre Schrullen die Show stehlen: Im Grimmschen Märchen ist Schneewittchen zudem erst sieben Jahre alt, als sie von der Königin verstoßen wird, und es wird nicht erwähnt, wie viele Jahre vergehen, bevor der Prinz sie heiratet. Im Disney-Film ist Schneewittchen eine halbwüchsige Jungfrau, was einem modernen

Publikum den romantischen Aspekt der Geschichte schmackhafter macht.

Um Ihre Märchenkenntnisse etwas aufzufrischen folgt eine kurze Zusammenfassung der klassischen Version. Wenn Sie Zeit und Lust haben, empfehle ich Ihnen auf jeden Fall, sich die ursprüngliche Version dieses und anderer Märchen zu Gemüte zu führen. Sie werden feststellen, wie faszinierend sie sind!

Schneewittchens Stiefmutter verzehrt sich vor Neid, als der Zauberspiegel ihr verrät, dass Schneewittchen schöner ist als sie selbst. Sie befiehlt einem Jäger, Schneewittchen zu töten, aber dieser hat Mitleid mit dem Mädchen und verschont sie. Schneewittchen verirrt sich im Wald und gelangt schließlich zum Haus der sieben Zwerge. Diese erlauben dem Mädchen, bei ihnen zu bleiben, solange sie bereit ist, zu kochen, sauber zu machen und das Haus in Ordnung zu halten.

Als die Königin herausfindet, dass Schneewittchen immer noch am Leben (und immer noch die Schönste im ganzen Land) ist, unternimmt sie drei Versuche, sie zu töten. Beim dritten Mal schenkt sie ihr einen vergifteten Apfel, und das Mädchen fällt tot um. Die Zwerge bringen es nicht übers Herz, sie zu begraben, und bahren sie in einem gläsernen Sarg auf. Dort wird Schneewittchen von einem Prinzen entdeckt, der sich in sie verliebt und seinen Bediensteten befiehlt, ihren Sarg auf sein Schloss zu schaffen. Auf dem Weg zum Schloss stolpern die Diener. Durch die Erschütterung fliegt das vergiftete Apfelstück aus ihrer Kehle, und sie erwacht wieder zum Leben. Schneewittchen heiratet den Prinzen und die Königin ereilt ein grässliches Schicksal.

Die Botschaft des Spiegels

Schneewittchen zeigt uns, dass gutes Aussehen sowohl Vorteile als auch Gefahren in sich birgt. Zunächst einmal entzündet sich der mörderische Zorn der Königin an ihrem Neid auf Schneewittchens Erscheinung. Der Jäger hingegen verschont das Mädchen *gerade wegen* seiner Schönheit und Unschuld. Letztlich sind es die Zwerge, die uns demonstrieren, wie Menschen in der Regel auf Schönheit am *Arbeitsplatz* reagieren. Als sie Schneewittchen schlafend in ihrem Haus vorfinden, sind sie so von ihrer Schönheit überwältigt, dass sie sie nicht wecken. Aber auf die Dauer ist ihr gutes Aussehen nicht ausreichend.

Nachdem sie den Zwergen ihre traurige Geschichte erzählt hat, antworten diese: »Willst du unsern Haushalt versehen, kochen, betten, waschen, nähen und stricken und willst du alles ordentlich und reinlich halten, so kannst du bei uns bleiben, und es soll dir an nichts fehlen.« »Von Herzen gern«, antwortet Schneewittchen. Und sie hält ihr Versprechen und hält die Wohnung der Zwerge tipptopp in Ordnung, sodass sie sich auf ihre langen Arbeitstage in der Goldmine konzentrieren können. So viel zum Thema Workaholics! Schneewittchens Arbeitsethos macht die Zwerge zu ihren treuen Freunden und trägt letztendlich sogar zu ihrer Rettung bei.

Übertragen auf das heutige Arbeitsleben bedeutet dies Folgendes: In manchen Berufen ist das Aussehen ausschlaggebend, wie zum Beispiel in der Mode- oder der Unterhaltungsbranche. Im Allgemeinen jedoch sollten Frauen es vermeiden, ihre Schönheit oder erotische Anziehungskraft als Karriere förderndes Mittel einzusetzen – aber das versuchen auch nur wenige. Dass moderne Geschäftsfrauen Xanthippen mit hohen Absätzen und Minirock sind, ist ein Mythos aus dem Fernsehen. Die meisten Frauen wissen, dass ein allzu freizügiges Image am Arbeitsplatz den Ruf eher verdirbt und der Karriere nicht förderlich ist. Trotzdem ist es nun einmal menschlich, dass gut aussehende Menschen eine größere Anziehungskraft auf andere ausüben als andere und dass ein attraktives Äußeres ein *eindeutiger* Pluspunkt ist.

Wie Sie sich kleiden und nach außen hin präsentieren, ist ein Balanceakt. Versuchen Sie, sich bewusst zu machen, welche Botschaften Sie durch Kleidung, Make-up und persönliche Eigenarten vermitteln. Manchmal ist es gar nicht so einfach, zu entscheiden, was zu einem geeigneten Outfit dazugehört, denn die Bandbreite ist heutzutage riesig. Die Tage, da Frauen in knielangen Durchschnittskostümen mit

Schulterpolstern sowie Krawatte am Arbeitsplatz erschienen, sind lange vorbei. So rigide sind die Regeln heutzutage beileibe nicht mehr.

So wie es mittlerweile in der Mode verschiedene Stilrichtungen gibt, sind wir auch in der Wahl unserer Arbeitskleidung deutlich flexibler als früher. Vorgaben über Saumlänge, die vorgeschriebene Standardsilhouette oder eine Definition dessen, was »in« oder »out« ist, gibt es heutzutage nicht mehr. Die modebewusste Frau von heute unterstreicht mit ihrer Kleidung ihre Einzigartigkeit.

In gewisser Weise ist dieser Trend eine Erleichterung. Ich kann mich noch erinnern, wie unglaublich langweilig ich es fand, nur noch graue und blaue Kostüme, Perlenketten und Pumps anziehen zu können, die zu Beginn meiner Laufbahn zum Standard-Outfit gehörten. Heutzutage ist die Auswahl dessen, was am Arbeitsplatz getragen werden kann, deutlich größer, und niemand muss mehr »Uniform« tragen. Doch diese Vielfalt ist gleichzeitig verwirrend, denn natürlich müssen wir unsere Kleidung immer noch mit Bedacht wählen, um unserem Gegenüber das richtige Image von uns zu vermitteln.

Entwickeln Sie Ihren ganz persönlichen Look, der Ihr Selbstvertrauen steigert und Ihnen eine seriöse Ausstrahlung verleiht. Es hat keinen Zweck, ständig darauf herumzureiten, dass das Aussehen in Karrierefragen eigentlich keine Rolle spielen sollte – die Wirklichkeit sieht nun mal anders aus.

In meiner College-Zeit trug ich ausschließlich Jeans. Eines Tages nahm ich im Rahmen meiner Arbeit für die Frauenvereinigung von der University of North Carolina (UNC) an einer einwöchigen Konferenz statt, die an der University of Miami abgehalten wurde. Eine der dortigen Rednerinnen legte ausführlich dar, wie wichtig gute Kleidung auf dem Arbeitsmarkt sei. Ich hielt das für Blödsinn. Meiner Meinung nach war es der Mensch, auf den es ankam, nicht die Kleider. Ich war eben noch ziemlich naiv.

Ich glaube immer noch, dass in erster Linie unsere Arbeitsleistung für unseren beruflichen Erfolg verantwortlich ist. Aber warum sollten wir uns selbst Steine in den Weg legen? Das äußere Erscheinungsbild allein wird Ihnen keinen Erfolg bescheren, aber der falsche Look kann Ihr Fortkommen eindeutig behindern. Ich habe das am eigenen Leib erfahren.

Ich wollte immer professionell aussehen, und ich arbeite äußerst hart. Aber vor etwa zwölf Jahren war ich an einem Punkt meiner Karriere angelangt, an dem ich das Gefühl hatte, auf der Stelle zu treten. Meine Arbeitsergebnisse waren alle ausgezeichnet, aber in Bezug auf Gehalt und Titel bekam ich einfach nicht die Anerkennung, die mir zugestanden hätte. Als mal wieder eine interne Beurteilung anstand, sagte mein Vorgesetzter zu mir: »Sie leisten hervorragende Arbeit, aber Sie müssen sich etwas mehr um Ihr Äußeres kümmern.« Ich war schockiert! Ich geriet so sehr aus der Fassung, dass ich noch nicht einmal daran dachte, meinen damaligen Chef zu fragen, *was* an meinem Erscheinungsbild nicht stimmte.

Zu Hause weinte ich. Außerdem schäumte ich vor Wut, weil ich es für unfair hielt. Danach unterhielt ich mich mit meinem Mann über das Problem. Glücklicherweise spendete er mir nicht nur Trost, sondern half mir auch dabei, eine vernünftige Lösung des Problems zu finden. Mir fiel ein Stil- und Einkaufsberater ein, dessen Werbeprospekte ich schon häufiger im Briefkasten gefunden hatte. (Natürlich regte sich jetzt der Verdacht in mir, dass das kein Zufall war. Vielleicht machte man sich ja schon über mich lustig?) Jedenfalls überwand ich meinen Stolz und rief diesen Stil- und Einkaufsberater an, damit er mir dabei half, mich fortan ebenso modern wie erfolgsorientiert zu kleiden. Die neuen Kleidungsstücke stärkten mein Selbstvertrauen, und ich arbeitete mich stetig zur stellvertretenden Geschäftsführerin des Unternehmens hoch. Natürlich waren es nicht die Kleider allein, die mir die Beförderung einbrachten, sondern harte Arbeit. Aber das richtige Outfit hat bestimmt dabei geholfen.

Ein kleiner Geldbeutel ist bei der Wahl vorteilhafter Kleidung kein Hinderungsgrund. Die meisten Männer tragen schließlich ebenfalls Anzüge, die kein Vermögen kosten – und das über einen langen Zeitraum. Sie benötigen keine Designer-Labels, um elegant und erfolgreich auszusehen. Mit der richtigen Einstellung und etwas Aufmerksamkeit, die Sie Ihrer Frisur und kleinen Accessoires widmen, können Sie auch mit einem bescheidenen Gehalt wie eine Geschäftsführerin aussehen.

Achten Sie auf Details

Bei der Planung Ihres beruflichen Outfits fangen Sie am besten oben an. Die Frisur bietet unendlich viele Möglichkeiten, und es gibt nur eine einzige eiserne Regel: Seien Sie stets ordentlich frisiert. Egal ob Sie das Haar kurz oder lang tragen: Gehen Sie regelmäßig zum Friseur. Achten Sie besonders dann auf einen guten Haarschnitt, wenn Sie morgens nicht viel Zeit fürs Styling haben. Selbstverständlich sind regelmäßige Wäschen, die dem Haar seinen natürlichen Glanz verleihen. Falls Sie Ihr Haar tönen oder färben, sollten Sie Ihren Haaransatz im Auge behalten.

Ich wechsle immer mal wieder zwischen meinem natürlichen Silbergrau und einer künstlichen Haarfarbe ab. Erstaunlicherweise reagiert meine Umwelt auf das Grau sehr unterschiedlich. Manche verstehen einfach nicht, warum eine Frau in den Vierzigern sich das Haar nicht regelmäßig färbt, um jünger auszusehen. Viele Menschen, die ich respektiere, jedoch sagen zu mir: »Cary, mit dem silbergrauen Haar siehst du einfach toll aus; das ist so was wie dein ›Markenzeichen‹.«

Man kann nicht allen Geschmäckern gerecht werden. Erinnern Sie sich daran, wie viele abfällige Kommentare Angela Merkel sich über ihr neues Image anhören musste, als sie zur Kanzlerkandidatin avancierte. Überlegen Sie sich lediglich, welche Botschaft Sie mit Ihrer Haarfarbe und Ihrer Frisur vermitteln, und sorgen Sie dafür, dass sie auf Ihre Position und die Branche, in der Sie tätig sind, abgestimmt sind.

Auffälliges Make-up gehört in der Regel ins Privatleben. Am Arbeitsplatz sollten Sie nur dezent geschminkt erscheinen. Prüfen Sie, wie Ihr Make-up in der Bürobeleuchtung wirkt. Suchen Sie eine Kosmetikerin auf und lassen Sie sich ein Make-up speziell fürs Büro empfehlen. In puncto Nägel sollten Sie sich von superlangen künstlichen Nägeln, Nageltatoos und allem anderen fernhalten, was bei Ihrem Gegenüber einen unprofessionellen Eindruck hinterlassen könnte. Seien Sie auch mit dunklem Nagellack vorsichtig, weil der häufig alles andere als makellos aussieht. Eine Macke auf einem roten Fingernagel wirkt schnell billig und ungepflegt, während eine kleine Unregelmäßigkeit in der French Manicure oder dem Zartrosa wahrscheinlich niemandem auffällt.

Es ist schon auffällig, dass die böse Königin Schneewittchen ihre Fallen mithilfe von *Accessoires* stellt – und das gleich zwei Mal! Erst lockt sie das Mädchen mit einem farbenfrohen seidenen Schnürriemen, mit dem sie es so fest zusammenschnürt, dass es keine Luft mehr bekommt. Danach verführt sie Schneewittchen mit einem vergifteten Kamm dazu, die Tür zu öffnen.

Accessoires sind auch im Berufsleben unverzichtbar, und es ist gar nicht so einfach, das Richtige zu finden, weil man so viele Faktoren berücksichtigen muss. Ein großer Diamantring kann in der einen Firma durchaus angebracht sein, während er in einer anderen Umgebung als zu protzig gilt. Eine Handtasche, die zu den Schuhen und Handschuhen passt, ist sicherlich ein elegantes Accessoire, aber in vielen Firmen kommt es viel stärker auf den einzigartigen Stil und die Ausstrahlung an, die man mit den persönlichen Gegenständen vermittelt. Achten Sie dabei auf geografische, vor allem aber auf unternehmensspezifische Unterschiede. In gemeinnützigen Organisationen herrschen in puncto Kleidung auf jeden Fall andere ungeschriebene Gesetze als in großen Konzernen oder im akademischen Umfeld.

Schmuck sagt sowohl etwas über Ihren Geschmack als auch über Ihren finanziellen Status aus – aber wer weiß schon, ob Ihr Schmuck echt ist oder nicht? Vor ein paar Jahren wurde in mein Haus eingebrochen. Die Diebe nahmen ein Paar falsche Diamantohrringe und Ringe mit. Sogar die »Profis« konnten Original und Fälschung nicht auseinanderhalten! Stars tragen ihre Nachbildungen schon seit Jahren in aller Öffentlichkeit.

Details betreffen natürlich auch Ihre Beine und Füße: Seit Dekaden gelten ein dunkler Pumps und eine hautfarbene Nylonstrumpfhose in Geschäftskreisen als Standard. In den Großstädten und manchen Branchen wird die Kleiderordnung jedoch heutzutage deutlich legerer gehandhabt, dann können Sie die Strumpfhose auch weglassen. Aber so sehr ich es selbst genieße, wenn ich die verdammten Dinger nicht tragen muss, in den meisten Situationen gehören sie zum Standard-Business-Outfit einfach dazu.

Ich fühle mich immer etwas selbstbewusster, wenn ich weiß, dass ich für jede geschäftliche Situation optimal gekleidet bin – aber das bin ich nicht immer –, und wenn ich mal »erwischt« werde, weil ein Kunde oder Kollege vorbeischaut, dann wünsche ich mir immer, ich hätte mir ein bisschen mehr Zeit genommen, um mein äußeres Erscheinungsbild auf Vordermann zu bringen. Natürlich macht das Mühe, und natürlich habe ich oft keine Lust dazu, aber ich habe festgestellt, dass es von unschätzbarem Wert sein kann, sich ein paar Dinge zu kaufen, die zwar bequem sind, aber trotzdem frisch und professionell aussehen.

Zugegeben: Es macht viel mehr Spaß, bei einem Einkaufsbummel das zu kaufen, was einem gerade ins Auge fällt, aber mit ein bisschen Planung fahren Sie meist besser. Zumindest stehen Sie dann hinterher nicht vor einem Kleiderschrank voller Klamotten, in dem Sie nichts finden, was Sie im Büro anziehen können.

Welcher Look für welche Branche?

- Im kreativen Bereich wie in der Werbung, der Unterhaltungs- und in der Modebranche haben Sie, was Kleidung anbetrifft, alle Freiheit der Welt.
- Wenn Sie im Verkauf tätig sind, sollten Sie Kleidung wählen, die dem Kunden positiv auffällt. Denken Sie an den Geschmack

des Kunden – nicht nur an Ihren eigenen – und natürlich daran, wie sie Ihr Produkt oder Ihre Firma optimal repräsentieren können.

- Wenn Sie Lehrerin oder Dozentin sind, im sozialen Bereich arbeiten oder bei der Regierung tätig sind, sollten Sie mit gutem Beispiel vorangehen. Ihr Outfit sollte weder zu modisch noch zu nüchtern oder geschäftsmäßig sein, auf jeden Fall aber geschmackvoll, funktional und attraktiv.
- Im Finanzdienstleistungsgewerbe und im juristischen Bereich gilt im Allgemeinen eine eher konservative Kleiderordnung. Qualitativ hochwertige Stoffe und guter Sitz sind unabdingbar.
- Das Outfit variiert teilweise von Firma zu Firma. Schauen Sie sich andere Frauen an, die schon einige Zeit in Ihrer Firma arbeiten, um herauszufinden, welche Art von Kleidung Sie am besten wählen.
- Wenn Sie nicht sicher sind, dann irren Sie sich am besten mit Stil und gutem Geschmack. Als Faustregel gilt: Besser overdressed als underdressed. Ihr Outfit sollte Ihnen so viel Selbstvertrauen wie möglich geben.

Sondieren Sie das Terrain

Die Kleidungsstandards variieren nicht nur von Unternehmen zu Unternehmen, sondern sie sind auch regional unterschiedlich. Oder um mal wieder ein Klischee zu bedienen: Ein Dirndl ist nun einmal ausschließlich in bayerischen Biergärten angesagt. In der Großstadt ist das Outfit generell nicht nur modischer, sondern auch gewagter als in ländlichen Regionen. Natürlich können Sie trotzdem Ihren eigenen Stil entwickeln. Aber denken Sie an die Redensart: »Andere Länder, andere Sitten.«

Kleiden Sie sich originell, aber immer im Rahmen dessen, was Ihre Umgebung für attraktiv und angemessen hält. Nehmen Sie sich Zeit, um die neuesten Trends kennen zu lernen, aber scheuen Sie sich nicht, Ihrem Outfit durch ein Accessoire, Ihre Haarfarbe oder irgendein anderes Detail ihren persönlichen Stempel aufzudrücken – wobei Sie immer etwas wählen sollten, das Sie hinterher auch wieder ausziehen oder rückgängig machen können. Denn was wäre Cinderella ohne ihren gläsernen Schuh oder Rotkäppchen ohne ihr rotes Käppchen?

Kleiden Sie sich erfolgsorientiert

Als Mitarbeiterin eines größeren Unternehmens sollten Sie darauf achten, wie sich Ihre Kollegen auf den verschiedenen Hierarchieebenen kleiden. Die Standards und Erwartungen an das Personal unterscheiden sich erheblich von denen, die an das Management gestellt werden. Kleiden Sie sich immer genau so oder besser als es von Ihnen erwartet wird. Wer sich in puncto Outfit von seinem aktuellen Job-Niveau abhebt, von dem nimmt man automatisch an, dass er mehr Verantwortung übernehmen kann.

Irene, die PR-Chefin einer großen Kosmetikfirma, schlägt Folgendes vor: »Ihr Äußeres sollte Professionalität und Kompetenz ausstrahlen. Kleiden Sie sich so, als ob Sie die Firma repräsentieren müssten, als ob Ihnen das Unternehmen gehörte. Und wer weiß: Vielleicht sind Sie ja eines Tages tatsächlich Geschäftsführerin oder gar Inhaberin der Firma.«

Oft findet man in ein und derselben Firma die verschiedensten Stilrichtungen. In der Grafikabteilung kleidet man sich lässig, vielleicht sogar ein bisschen verschroben, in der Buchhaltung ist das natürlich nicht möglich. Selbstverständlich können Sie immer eigene Akzente setzen und die Grenzen vorsichtig erweitern, aber es zahlt sich nicht aus, am Arbeitsplatz den modischen Rebellen zu spielen. Wenn Sie sich nicht Ihrer Rolle gemäß kleiden, fragen sich Ihre Kollegen und Vorgesetzten über kurz oder lang, ob Sie sie auch ansonsten nicht ausfüllen.

Glücklicherweise müssen Frauen heutzutage nicht mehr aussehen wie Männer in Röcken. Selbst Mitarbeiterinnen in leitenden Positionen, die täglich ihre Autorität unter Beweis stellen müssen, haben keine Angst mehr vor einem femininen Äußeren. Michelle, die Geschäftsführerin eines führenden Reiseverkehrsunternehmens, sagt dazu: »Jahrelang hatten Frauen Angst davor, am Arbeitsplatz zu ›weiblich‹ zu wirklichen. Doch die Zeiten haben sich geändert: Heutzutage können wir zu uns stehen und wir selbst sein. Wir Frauen haben viel mehr Möglichkeiten, unseren eigenen Stil zu entwickeln, was ich als großen Pluspunkt betrachte. Ich schlage auch schon mal mit der Faust auf den Tisch, und wenn mir ein Verhandlungspartner nicht passt, habe ich keine Probleme damit, ihn zum Teufel zu jagen. Genauso gibt es aber auch Situationen, in denen ich sehr weiblich sein kann. Das Wichtigste ist es, seinem eigenen Stil treu zu bleiben – authentisch zu sein.«

Lernen Sie sich kennen und seien Sie sie selbst

Sind Sie jung oder mittleren Alters? Klein oder groß? Dünn, dick oder von mittlerer Statur? Werfen Sie einen genauen Blick in den Spiegel, akzeptieren Sie sich so wie Sie sind, und sorgen Sie für ebenso angemessene wie schmeichelhafte Kleidung. Entwickeln Sie Ihren eigenen Stil, mit dem Sie sich wohl fühlen und sich selbst treu bleiben. Dabei sollten Sie immer daran denken, dass das Berufsleben kein Vakuum ist. Wenn Sie Ihre Umwelt beeindrucken und weiterkommen wollen, müssen Sie Ihren persönlichen Stil den äußeren Gegebenheiten anpassen.

Patricia beispielsweise, die als Leiterin der Finanz- und Controllingabteilung bei einer namhaften Privat-Universität arbeitet, weiß Folgendes zu berichten: »Zu Beginn meines Berufslebens glaubte ich, dass die äußere Form unerheblich sei, solange der Inhalt stimmt. Einer meiner Vorgesetzten hielt mir jedoch schon bald eine Strafpredigt: Grüne Lederhosen und Sandalen, so sagte er, seien wohl kaum das richtige Outfit für den Konferenzsaal. Ich sah ein, dass nicht nur die fachliche, sondern auch die formale Seite von Bedeutung ist. Und heute gehe ich in Konferenzsälen ein und aus.« Patricia hat tatsächlich Karriere gemacht: Sie ist Direktorin verschiedener Firmen sowie einiger Frauennetzwerke. Obwohl sie bei wichtigen Themen im Konferenzsaal alles andere als nachgiebig ist, hatte sie Verstand genug, um in Sachen Outfit Kompromisse zu schließen – zumindest am Arbeitsplatz. (Übrigens, *wenn* jemand grüne Lederhosen im Büro tragen könnte, dann ist es Patricia!)

Setzen Sie auf Qualität

Ich empfehle Ihnen, in ein oder zwei qualitativ sehr hochwertige Kostüme zu investieren, die besten, die Sie sich leisten können. Das Gleiche gilt für Ihren Schmuck und Ihre Schuhe. Die Zeiten ändern sich, modische Stilrichtungen ändern sich, aber der klassische Look passt immer. Diese Investitionen machen sich bei wichtigen Meetings und öffentlichen Auftritten durch erhöhtes Selbstvertrauen bezahlt.

Zum Thema Qualität müssen Sie allerdings Ihre Hausaufgaben machen, denn Designer-Labels können trügerisch sein. Manche berühmten Designer entwerfen topmodische Modelle, die keine zweite Saison überstehen. Wenn Sie sich etwas Teures leisten, sollten Sie auf Zeitlosigkeit bedacht sein. Auf der sicheren Seite sind Sie mit einem Kostüm aus Wolle oder Seide.

Designer-Kostüme sind zwar meist von exquisiter Qualität, aber für die meisten von uns einfach unerschwinglich. Suchen Sie ein Designer-Outlet-Center auf, wo Sie die Ware meist um ein Vielfaches billiger erhalten, oder machen Sie sich im Internet schlau. Auch hochwertige »Stangenware«, die Sie in den Designer-Abteilungen vieler Kaufhäuser finden, kann eine gute Alternative sein. Sie ist weniger teuer, bietet aber was Schnitt, Verarbeitung und Material angeht, meist hochwertige Qualität. »Gute« Business-Kleidung ist ebenfalls eine Alternative, bei der Sie vernünftige Qualität zu kleinen Preisen finden.

Machen Sie einen ausgiebigen Einkaufsbummel, um den Rock- und

Blazertyp zu finden, der Ihnen am meisten schmeichelt. Kaufen Sie niemals Artikel, die zu kurz oder zu eng sind, auch nicht, wenn sie gerade eine sechswöchige Diät hinter sich und fünf Kilo abgenommen haben. Sparen Sie sich das Geld für das Kleid, das eine Nummer kleiner als sonst ist, und kaufen Sie dafür etwas Modisches und Preiswertes. Ein teures Kostüm sollte immer eine Größe haben, in die Sie wahrscheinlich auch in den kommenden Jahren noch hineinpassen.

Abgesehen von einem oder zwei hochwertigen Kostümen benötigen Sie mindestens sechs Outfits, die Ihnen auch bei der Arbeit das nötige Selbstvertrauen geben. Eine Mischung aus Hosen und Röcken mit Jacken und Blusen, die allesamt zueinander passen, ist am praktischsten. Vielleicht wollen Sie ja auch noch ein oder zwei Kleider hinzufügen.

Achtung: Überlegen Sie sich vor dem Kauf genau, welche Kleidungsstücke Sie miteinander kombinieren können. Im Zweifel bitten Sie jemanden mit gutem Geschmack, Sie zu begleiten: eine Freundin, Ihren Freund, Ihren Mann, Ihren Partner – Schwestern und Mütter lügen nie! Auch die persönliche Beratung im Laden kann Ihnen möglicherweise weiterhelfen. Achten Sie vor allem darauf, Sachen zu kaufen, die zueinander passen und lassen Sie sich nicht zum Kauf eines todschicken Einzelteils hinreißen, das man mit keinem anderen Kleidungsstück aus Ihrem Schrank kombinieren kann.

Wie man sich die elegante Garderobe »fürs Schloss« zusammenstellt

Beantworten Sie die folgenden Fragen, um festzustellen, welche zusätzliche Garderobe Sie noch benötigen.

- Mit welchem der folgenden Adjektive würden Sie Ihre Branche beschreiben: konservativ, liberal, kreativ, seriös, jung, dynamisch?

- Wo arbeiten Sie? Befindet sich Ihre Firma in einer Großstadt, einem Vorort oder einer ländlichen Gegend?
- Arbeiten Sie eher im kreativen Bereich, im Marketing oder Verkauf, in der Forschung oder bei einem Finanzdienstleister?
- Wie kleiden sich Ihre weiblichen Kolleginnen am Arbeitsplatz? Ihre weiblichen Vorgesetzten?
- Haben Sie viel mit der Öffentlichkeit zu tun? Verkaufen Sie etwas? Haben Sie regelmäßigen Kundenkontakt?
- Welcher Stil schmeichelt Ihrer Figur am meisten?
- Besitzen Sie mindestens ein qualitativ hochwertiges Kostüm?
- Besitzen Sie sechs Outfits, die fürs Büro geeignet sind?

Erstellen Sie eine Liste von Kleidungsstücken, die Sie am Arbeitsplatz tragen können. Anschließend notieren Sie sich, welche Stücke fehlen.

Überlebensstrategien: Wie man mit einem bösen Vorgesetzten umgeht

Im Märchen *Schneewittchen* wird die Königin vor Neid fast wahnsinnig, als der Spiegel ihr erklärt: »Königin, Ihr seid die Schönste hier, aber Schneewittchen ist tausendmal schöner als Ihr.« Am Arbeitsplatz ist es nicht die Schönheit, die den Neid der anderen erregt, sondern Qualitäten wie Begabung, Ehrgeiz, effiziente Ergebnisse und die Anerkennung durch die Vorgesetzten. Und die böse »Königin« kann männlich und weiblich sein, jünger oder älter.

Dass ältere weibliche Vorgesetzte häufig neidisch auf junge, erfolgreiche Persönlichkeiten in ihrer Firma sind, halte ich für ein böses Gerücht. Sicher kommt so etwas vor – aber selten. Das Thema Neid und Konkurrenzdenken zwischen Frauen am Arbeitsplatz wird oft künstlich hochgespielt. Häufig unterstellt man dieses Motiv Kolleginnen, die lediglich ein Missverständnis entzweit oder die zu einem bestimmten Thema einen Konflikt ausfechten. Aber unterschiedliche Standpunkte bedeuten keineswegs gleich, dass man sich auch ansonsten in den Haaren liegt. Männer neigen dazu, sich einzumischen und die Angelegenheit für die Frauen »regeln« zu wollen, statt sie das Problem selbst lösen zu lassen.

Die meisten älteren Kolleginnen kennen sich nicht nur mit Sexismus besser aus als Berufsanfängerinnen, sie mussten meist auch schon ein gerüttelt Maß an beruflichen Hindernissen umschiffen. Deshalb freuen sie sich in der Regel darüber, wenn sie erleben, dass jüngere Frauen ebenfalls vorankommen. Ich will damit nicht abstreiten, dass manche ältere Mitarbeiterinnen missgünstig und intrigant sein können. Ich will nur darauf hinweisen, dass es sich bei der »bösen Königin« auch um einen Mann handeln kann.

Trotz der Warnungen der weltklugen und zynischen Zwerge gestattet Schneewittchen der bösen Königin mehrfach, sie hereinzulegen. Im Hinblick auf ihre Jugend ist das durchaus verständlich. Eine Frau jedoch, die alt genug ist, sich ihren Lebensunterhalt zu verdienen, muss solche Schnitzer vermeiden.

Machen Sie sich nicht zum Opfer. Booten Sie sich nicht unwissentlich selbst aus.

Frauen tun sich oft schwer, zu akzeptieren, wie rücksichtslos Menschen am Arbeitsplatz sein können. Die meisten Männer akzeptieren es einfach als Tatsache, dass Machtspiele dazugehören, aber Frauen macht diese Wahrheit oft schwer zu schaffen. Und besonders schwierig wird die Situation, wenn eine Person in einer Machtposition es auf Sie abgesehen hat. Deshalb gebe ich Ihnen im Folgenden ein paar Strategien an die Hand, mit denen Sie Ihrem Widersacher begegnen können.

Sieben Überlebensstrategien

Schneewittchen hatte die sieben Zwerge, die ihr dabei halfen, die ebenso raffinierte wie bösartige Königin zu überleben. In Ermangelung der Zwerge benötigen Sie die gleiche Anzahl an flexibel einsetzbaren Überlebenstechniken, um trotz eines schwierigen Vorgesetzten Ihren Job und Ihren guten Ruf zu behalten.

Strategie Nr. 1: Mit einem fröhlichen Lied auf den Lippen schaffen Sie sich Verbündete. Erinnern Sie sich: Die Zwerge waren diejenigen, die Schneewittchen retteten, als sie am Boden lag. Diese Loyalität hatte sie nicht ihrem schönen Gesicht zu verdanken, sondern ihrer harten Arbeit. Es fiel ihr nicht ein, zu stöhnen oder zu maulen, weil sie für die Zwerge als Haushälterin arbeiten musste, obwohl sie eine Prinzessin war. Fröhlich erledigte sie ihre Aufgaben und machte sich für die Zwerge unentbehrlich. Genau diese Strategie müssen Sie auch im Berufsleben verfolgen.

Es ist ein Fehler, zu glauben, dass nur Ihre Vorgesetzten Ihnen bei Ihrem beruflichen Fortkommen von Nutzen sein können. Die Achtung Ihrer Kollegen – gleichgestellter genauso wie solcher, die im Rahmen der Firmenhierarchie unter Ihnen stehen – ist genauso wichtig. Wenn Sie Schwierigkeiten mit Ihrem direkten Vorgesetzten haben, wird ein Personaldirektor oder Abteilungsleiter bei der Lösung des Problems auch die Haltung Ihrer Kollegen berücksichtigen. Deren Unterstützung kann Sie in einer solchen brenzligen Situation retten. Glücklicherweise bringen die meisten Frauen schon von Natur aus so viel Einfühlungsvermögen und Interesse mit, dass ihre kollegialen Beziehungen meist recht gut sind.

»Uns Frauen liegt die Pflege persönlicher Beziehungen einfach im Blut«, sagt Miriam, Vorsitzende eines namhaften Akademikerinnenbundes. »Von Kindheit an beobachten wir ganz genau, was in unserer Umgebung geschieht. Schon auf dem Spielplatz ist uns klar, wer die wichtigen Jungs und Mädchen sind. Und diese Strategie empfiehlt sich auch für erwachsene Frauen! Folgende Fragen sollte man sich stellen:

Wer kann mir auf meinem Weg weiterhelfen? Wie kann ich eine Beziehung zu dieser Person aufbauen? Wo liegen unsere Gemeinsamkeiten? Wie kann ich eine Brücke zu ihr schlagen?«

Strategie Nr. 2. Überzeugen Sie Ihren Vorgesetzten mit hervorragenden Leistungen. Vielleicht können Sie die Einstellung Ihres Vorgesetzten Ihnen gegenüber ja verändern, indem Sie wirtschaftliche Erfolge vorweisen. Immerhin ist ein gutes Ergebnis ja auch für ihn von Vorteil, wodurch Sie ihn letztlich vielleicht doch noch auf Ihre Seite ziehen. Zumindest aber haben Sie bei guten Leistungen anderen Entscheidungsträgern gegenüber einen besseren Stand, werden Ihren Job behalten oder eine Versetzung innerhalb des Unternehmens bewirken. Dabei empfiehlt es sich, genau über Ihre Arbeit und Ihre Anstrengungen Buch zu führen. Dokumentieren Sie Ihre Resultate zusätzlich durch Memos und Berichte, die Sie ausgewählten Personen zukommen lassen. Dokumentation ist eine wichtige Waffe bei der Verteidigung Ihrer Position.

Manch ein Vorgesetzter wird nachgiebiger, wenn Sie Ihre Fähigkeiten unter Beweis gestellt haben. Justine, Projektmanagerin in einem großen Unternehmen, litt unter den extrem hohen Anforderungen ihrer Abteilungsleiterin, die mit ihren Leistungen nie zufrieden war. Dann war ihre Chefin sechs Wochen krank, und Justine übernahm die Vertretung. Sie meisterte diverse Krisen und sorgte dafür, dass die Projekte pünktlich fertig wurden. Als ihre Vorgesetzte an den Arbeitsplatz zurückkehrte, stand Justines Beziehung zu ihr auf anderen Beinen. Justine hatte das Vertrauen der Abteilungsleiterin gewonnen, indem sie sich in deren Abwesenheit um die wichtigen Aufgaben gekümmert hatte (natürlich ohne ihrer Vorgesetzten deren Position streitig zu machen). Die Chefin fühlte sich nicht bedroht. Im Gegenteil: Durch Justine stand sie jetzt gut da, was ihr Punkte und Vertrauen einbrachte. Nun war sie nicht mehr Justines Widersacherin, sondern ihre Befürworterin, die sich sogar für eine Gehaltserhöhung und eine Beförderung einsetzte.

Auch als neue Mitarbeiterin in einem Unternehmen haben Sie häufig unter den hohen Anforderungen Ihrer Vorgesetzten zu leiden. Aber das ändert sich meist nach dem Ablauf der Probezeit. Noch größer ist der Druck, wenn Sie als erfahrene Mitarbeiterin einen neuen Chef bekommen, der sich erst noch profilieren muss. Denken Sie daran, wie unsicher er sich fühlen muss. Geben Sie ihm Zeit, sich an die neue Position zu gewöhnen und seiner eigenen Autorität zu vertrauen.

Dazu kann auch gehören, dass Sie Ihren Boss die Lorbeeren für Ihre Mühen einheimsen lassen – aber nur ein einziges Mal. Das befriedigt das Ego Ihres Vorgesetzten vielleicht genug, dass er oder sie bereit ist, Ihre Leistungen in Zukunft so anzuerkennen, wie Sie es verdienen. Aber wie gesagt: Das darf nur ein einziges Mal geschehen; lassen Sie nicht zu, dass es sich mehrfach wiederholt. Beim nächsten Mal sollte Ihr Chef Ihnen danken und die Lorbeeren Ihnen überlassen. Vermeiden Sie Schneewittchens Fehler, einem Übeltäter dreimal zu vertrauen.

Strategie Nr. 3: Betrachten Sie die Dinge mit den Augen Ihres Vorgesetzten. Sarah, die in leitender Position im Forschungsbereich tätig ist, macht folgenden Vorschlag: »Betrachten Sie Ihren Chef nicht als Feind. Versuchen Sie lieber, die Hintergründe zu verstehen, warum die fragliche Person sich so und nicht anders verhält. Vielleicht gibt es ja eine Möglichkeit, ihr bei der Erreichung ihrer persönlichen Ziele zu helfen und dadurch ihre Achtung zu gewinnen.«

Ein neues Problem sollten Sie niemals *sofort* mit Ihrem Vorgesetzten diskutieren. Nur weil Sie etwas auf dem Herzen haben oder es hinter sich bringen wollen, ist dies noch lange nicht der strategisch beste Zeitpunkt für ein Gespräch. Warten Sie ab, bis ihr Ansprechpartner für eine produktive Diskussion zugänglich ist. Wenn es dann so weit ist, hören Sie Ihrem Gegenüber aufmerksam zu und seien Sie mit ganzem Herzen bei der Sache, bevor Sie Ihren eigenen Standpunkt darlegen. Ihre Verteidigung sollte kurz und präzise sein und ruhig vorgebracht werden. Konzentrieren Sie sich darauf, gemeinsam Lösungen und Wege zur Verbesserung der Situation zu entwickeln, statt Ihre unterschiedlichen Standpunkte ständig zu wiederholen.

Patricia sagt dazu: »Seit ich nicht mehr so defensiv und impulsiv reagiere wie früher, bin ich auch nicht mehr so verletzlich: Es kommt einfach seltener zu Überreaktionen, bei denen ich Dinge sage, die ich hinterher nicht mehr zurücknehmen kann.«

Sie vermuten, dass Ihr Vorgesetzter eifersüchtig ist und Sie als Bedrohung wahrnimmt? Dann versuchen Sie doch einmal, sich in ihn hineinzuversetzen. Möglicherweise wurde Ihr Chef schon einmal von einem Mitarbeiter ausgebootet und glaubt, für seine Befürchtungen allen Grund zu haben. Vielleicht ist ihm klar, dass Sie seine Aufgaben viel besser erfüllen könnten als er selbst. Genauso gut könnte er sich durch Ihre Intelligenz, Ihre Energie und Ihren Ehrgeiz eingeschüchtert fühlen. Wenn Sie die betreffende Person besser verstehen, können Sie sie vielleicht über kurz oder lang davon überzeugen, dass Sie für das Team ein Gewinn und keine Bedrohung darstellen. Vielleicht stellt Ihr Boss irgendwann ja auch gar kein Hindernis mehr dar, und Sie überholen ihn auf dem Weg nach oben ganz einfach.

Strategie Nr. 4: Überlegen Sie sich genau, worum es sich zu kämpfen lohnt. Bei Schwierigkeiten mit Ihrem Chef sollten Sie versuchen, die Situation leidenschaftslos zu analysieren und Ihre Auseinandersetzungen strategisch zu planen. Der chinesische General Sunzi formulierte es in seinem Werk *Die Kunst des Krieges* vor über 2500 Jahren folgendermaßen: »Nur der kann gewinnen, der weiß, wann er kämpfen muss und wann nicht.«

Bevor Sie sich auf eine Diskussion mit Ihrem Vorgesetzten einlassen, sollten Sie sich über Ihre Motive klar werden. Sind Sie wütend? Fühlen Sie sich ungerecht behandelt? Gelüstet es Sie nach Rache? Im Berufsleben sind das keine guten Gründe für eine offene Auseinandersetzung. Die lohnt sich nur dann, wenn Sie eine Beförderung erreichen wollen, wenn Ihr Job auf dem Spiel steht oder Sie um ein faires Gehalt und um Anerkennung kämpfen.

Selbst der rücksichtslose General Sunzi, dem es um nichts anderes ging als um seine militärischen Siege, mahnte zu Vorsicht und Beherrschung. In *Die Kunst des Krieges* warnte er davor, einen Krieg aus

Ärger oder Groll auszutragen. »Tue nichts, solange es nicht im Interesse des Staates ist«, schrieb er. Und so funktioniert es auch im Arbeitsleben. Lassen Sie sich nicht auf eine Konfrontation mit Ihrem Vorgesetzten ein, wenn Sie nicht sicher sind, dass Sie in jedem Fall davon profitieren werden. Und solange keine unmittelbare Gefahr besteht, kämpfen Sie am besten überhaupt nicht.

Suchen Sie sich die Auseinandersetzungen aus, bei denen Sie eine Chance haben, zu gewinnen!

Strategie Nr. 5: Wenn die Situation brenzlig wird, sprechen Sie mit Ihrem Mentor, dem Vorgesetzten Ihres Chefs oder dem zuständigen Personalreferenten Ihrer Firma. Im Märchen wird nie erklärt, warum Schneewittchen nicht mit ihrem Vater über die schlechte Behandlung durch die Stiefmutter spricht. Im wirklichen Leben hingegen sollten wir sämtliche Möglichkeiten ausschöpfen, um zu verhindern, dass wir in eine Opferrolle hinein geraten.

Natürlich kommt es auch vor, dass gerade niemand da ist, der Sie unterstützen könnte. Vielleicht ist der direkte Vorgesetzte Ihres Chefs gerade nicht verfügbar oder er hat zu der Person, die Ihnen das Leben schwer macht, ein besonders gutes Verhältnis. Möglicherweise ist Ihr Chef ja selbst der Firmeninhaber, und es gibt niemanden der über die entsprechende Autorität verfügt, um Ihnen gegen diesen »Tyrannen« zur Seite zu stehen. Unter diesen Umständen sollte Ihr erster Schritt darin bestehen, Ihren Chef positiv zu beeinflussen und zu versuchen, sich seine Sympathien zu sichern. Falls sich das als unmöglich erweist, müssen Sie sich überlegen, ob die Vorteile, die Ihr Job ihnen bietet, die schmerzhafte Auseinandersetzung mit Ihrem Chef wert sind. Fragen Sie sich, ob Sie sich lieber durchbeißen oder nach einem neuen Arbeitsplatz Ausschau halten wollen.

In größeren Unternehmen werden Sie jedoch meistens einen Ansprechpartner finden. Hier bietet sich beispielsweise ein einflussreicher Mentor an. Ansonsten können Sie sich an die Personalabteilung oder an den Vorgesetzten Ihres Chefs wenden.

Strategie Nr. 6: Überlegen Sie sich sorgfältig und objektiv, welche Möglichkeiten Sie haben. Es ist grundsätzlich heikel – und ein Risiko –, den direkten Vorgesetzten zu übergehen, aber manchmal ist es auch notwendig. Stellen Sie sich folgende Fragen, und überdenken Sie die Antworten sorgfältig. Das wird Ihnen bei der Entscheidung, wie Sie sich verhalten sollen, garantiert helfen.

Sind die Klagen und die Kritik meines Vorgesetzten über mich berechtigt? Wäre es möglich, dass er einen ranghöheren Mitarbeiter von seinem Standpunkt überzeugt, auch wenn ich selbst nach wie vor finde, dass die Kritik, die er an mir übt, unberechtigt ist?
Wenn doch etwas an den Beschwerden Ihres Vorgesetzten dran ist, dürfte es Ihnen schwerfallen, sich einigermaßen zu verteidigen.

Habe ich mein Bestes versucht, um die Zustimmung meines Vorgesetzten zu gewinnen? Habe ich uns genug Zeit gegeben?
Haben Sie Geduld. Um Ihre Beziehung zu Ihrem Chef zu verbessern, können drei bis sechs Monate ins Land gehen.

Wird mein Chef oft ausfallend, oder hat er einfach nur einen schlechten Stil?
Wenn Ihr Vorgesetzter Sie häufiger beleidigt, kann es durchaus notwendig werden, sich an die Personalabteilung oder eine übergeordnete Person zu wenden. Aber möglicherweise besitzt Ihr Chef ja auch einfach nur beißenden Humor, neigt zu Sarkasmus, ist von Natur aus eher mürrisch oder ein notorischer Kritiker. In diesem Fall sind Sie vielleicht zu empfindlich. Analysieren Sie die Situation sorgfältig: Haben Sie überreagiert? Versuchen Sie, Arbeit und Gefühl voneinander zu trennen. (Das zum Beispiel ist etwas, was Männer gut können.)

Kann ich mich innerhalb meiner Firma versetzen lassen, wenn die Zusammenarbeit mit meinem Vorgesetzten unmöglich wird?
Bevor Sie sich an die Personalabteilung oder einen ranghöheren Vorgesetzten wenden, sollten Sie herausfinden, ob es in Ihrer Firma einen anderen geeigneten Posten für Sie gibt. Sorgen Sie dafür, dass Ihr Lebenslauf und die Dokumentation Ihres momentanen Projekts stets

auf dem neuesten Stand sind. An dieser Stelle können sich ihre Kollegen (die sieben Zwerge) als recht hilfreich erweisen. Ein guter Leumund spricht sich auch über die Grenzen der eigenen Abteilung hinweg herum: Wenn Sie bei Ihren Kollegen als fleißig, teamfähig und kollegial gelten, wird ein anderer Abteilungsleiter Sie mit offenen Armen aufnehmen. Beobachten Sie, ob die Person, die Sie um Hilfe bitten wollen, eine gute Beziehung zu Ihrem Vorgesetzten pflegt. Bevor Sie etwas unternehmen, sollten Sie die Firmenpolitik und die internen Bündnisse durchschaut haben. Wenn Ihr Chef, der Ihnen das Leben schwer macht, dick mit dem Leiter der Personalabteilung oder dem Geschäftsführer befreundet ist, dann bedeutet das nicht unbedingt, dass Sie sich an die betreffenden Personen *gar nicht* wenden können. Sie müssen Ihre Worte nur noch geschickter wählen. Vermeiden Sie jegliche negative Wertung, jede Anklage oder umstrittene Aussage über Ihren Chef. Versuchen Sie, den Konflikt neutral darzustellen: Sagen Sie, dass Ihrer beider Arbeitsweisen sich nicht ergänzen oder dass Sie glauben, in einer anderen Stellung produktiver sein zu können.

Strategie Nr. 7: Warten Sie, bis Ihr Feind sich selbst zerstört – wie die böse Königin. Als Angela einen neuen Aufgabenbereich zugewiesen bekam, durchlebte sie gerade eine kritische Phase und traf nicht gerade die besten Entscheidungen für ihr Projekt. Ihre Chefin machte die gesamte Führungsetage auf Angelas Fehler aufmerksam und befürwortete wiederholt Angelas Entlassung. Eines der »Hohen Tiere«, der zu Angelas Förderern gehörte, sagte zu ihr: »Erledigen Sie einfach nur weiterhin gewissenhaft Ihre Aufgaben, denn das machen Sie gut.« Angela ließ sich nicht von ihren Gefühlen beherrschen. Sie behielt einen kühlen Kopf und gab weiterhin ihr Bestes. Ihre Kollegen unterstützten sie dabei, denn sie kannten Angela als wertvolles Team-Mitglied, deren Fehler eine Ausnahmeerscheinung waren. Nicht lange nach diesem Vorfall wurde der Abteilungsleiterin, die Angelas Kündigung befürwortet hatte, nahegelegt, das Unternehmen zu verlassen. Ihre Überreaktion auf Angelas Fehler hatte ihrem eigenen Ruf als Abteilungsleiterin geschadet. Angela hingegen blieb dem Unternehmen treu und arbeitete weiter an ihrem beruflichen Aufstieg.

In der ursprünglichen, Grimmschen Version von *Schneewittchen* wird die böse Königin auf Schneewittchens Hochzeit eingeladen. Als sie Schneewittchen erkennt, kann sie sich vor Schreck nicht rühren. »Aber es waren schon eiserne Pantoffeln über Kohlenfeuer gestellt und wurden mit Zangen hereingetragen und vor sie hingestellt. Da musste sie in die rot glühenden Schuhe treten und so lange tanzen, bis sie tot zur Erde fiel.«

In neun von zehn Fällen ereilt Menschen, die sich von ihrer Wut und ihrem Groll nicht lösen können und grausam und unfair sind, ein böses Schicksal. Sie brechen alle Brücken hinter sich ab und zerstören sich selbst. Irgendwann geraten sie an den Falschen und bekommen, was sie verdient haben. Die beste Strategie besteht deshalb darin, abzuwarten: Der Tag wird kommen, an dem der schwierige Vorgesetzte seine eigene Karriere aufs Spiel setzt.

Zeigen Sie Mitgefühl, wenn der Sturm sich gelegt hat. Vergeben Sie dem Betreffenden. Möglicherweise fällt Ihnen das schwer, aber es kommt Ihnen selbst zugute. Rachegelüste und Groll fressen einen nur auf. Denken Sie daran: Ein Mensch, der Sie wütend macht, hat Macht über Sie. Manchmal müssen Sie den Dingen einfach ihren Lauf lassen, auch wenn ein Vorgesetzter sich Ihnen gegenüber unfair verhalten und seinen Fehler weder eingestanden noch sich entschuldigt hat. Es zahlt sich niemals aus, im Job die Brücken hinter sich abzubrechen.

Schneewittchen im 21. Jahrhundert

Es war einmal eine talentierte, junge Frau, die als Nachwuchsdesignerin in einer großen Bekleidungsfirma arbeitete, in der Klatsch und Intrigen an der Tagesordnung waren. Aber die gutherzige junge Frau ignorierte die Machenschaften ihrer Kollegen und behandelte jeden respektvoll und freundlich. Deshalb nannte man sie schon bald Schneewittchen.

Die Firma war Teil eines Konzerns, der sich mehr für Salden als für Säume interessierte und sämtliche Entscheidungsbefugnisse in die Hand eines einzigen Chefdesigners legte. Der erntete die Lorbeeren für eine jegliche Erfolgslinie, die die Firma hervorbrachte, egal, ob es sich nun um die billige Kopie eines Pariser Originals oder um die schöpferische Kreation eines Jungdesigners handelte. Und er hielt den Mythos seiner eigenen Kreativität aufrecht, indem er bei seinen Mitarbeitern Unsicherheit und Neid schürte und die Firmeninhaber mit hohen Umsatzzahlen beeindruckte.

Eines Tages verfasste die Reporterin einer Modezeitschrift einen Artikel über Schneewittchen und lobte sie als vielversprechendes Designertalent, das sich insbesondere in der Damensportmode einen Namen zu machen versprach. Als der Chefdesigner diesen Artikel las, wurde er von Selbstzweifeln förmlich zerfressen. Deshalb fragte er den Zauberspiegel (er hatte eine lebhafte Fantasie) in seinem Ausstellungsraum: »Spieglein, Spieglein an der Wand, wer ist der tollste Designer im Land?« Der Spiegel antwortete: »Früher war ich über dich des Lobes voll, aber heut ist Schneewittchen modern und toll.«

Der Chefdesigner wurde vor Neid ganz blass. Er wandte sich an die Chefin der Personalabteilung und wies sie an, Schneewittchen sofort zu kündigen. Dann verbreitete er das Gerücht, dass Schneewittchens Drogenprobleme zu ihrer Entlassung geführt hätten.

Die Personalchefin wusste, dass Schneewittchen bei ihren Kollegen beliebt und eine talentierte Mitarbeiterin war, deshalb wollte sie ihr nicht einfach ohne jeden Grund kündigen. Also versetzte sie sie in eine Kleiderfabrik in einer anderen Stadt, wo der Chefdesigner sie weder wahrnehmen noch von ihr hören würde.

Schneewittchen war über ihr plötzliches Exil entsetzt und fühlte sich in der neuen Umgebung allein und unglücklich. Aber ein freundlicher Vorgesetzter gab ihr eine Chance: »Wenn Sie als Schnittmusterdesignerin für mich arbeiten, können Sie bleiben«, sagte er. »Ich weiß, dass das nicht so kreativ ist wie die Arbeit als Modedesignerin, aber wollen Sie trotzdem hart arbeiten?« »Mit ganzem Herzen«, antwortete Schneewittchen. Und es dauerte nicht lang, da hatte sie durch ihr Pflichtbewusstsein und das fröhliche Lied, das sie bei der Arbeit stets auf den Lippen hatte, sowohl den Abteilungsleiter als auch ihre Kollegen für sich eingenommen.

Die Reporterin der Modezeitschrift entdeckte, dass Schneewittchen immer noch bei der Firma arbeitete – allerdings in dieser anderen Stadt. Sie verfasste einen Artikel über Schneewittchens Fall. Als der Chefdesigner diesen las, kochte er vor Zorn, weil Schneewittchen problemlos eine Position als Schnittmusterdesignerin gefunden hatte.

»Diesmal will ich sie ein für allemal loswerden!«, schwor er sich. Er schickte Schneewittchen einen Obstkorb (von einem geheimen Bewunderer), in dem sich Äpfel befanden, die er mit einer verbotenen Substanz versetzt hatte. Dann verordnete er verpflichtende Drogentests für alle Angestellten auf der Produktionsebene. Schneewittchens Testergebnisse waren positiv, und sie wurde entlassen.

Als Schneewittchens Kollegen die traurigen Neuigkeiten hörten, wollten sie ihr helfen. Bei einer eigens einberufenen Versammlung sagten sie: »Wir müssen etwas tun, um sie zu retten.« Die Loyalität der Mitarbeiter beeindruckte den Abteilungsleiter, und er ging ein Risiko ein. Er beschäftigte Schneewittchen unter der Hand weiterhin als Aushilfsnäherin. Dafür nähte sie viele Stunden, aber da sie keinen offiziellen Arbeitsvertrag mehr hatte, konnte der Chefdesigner nicht herausfinden, dass sie immer noch für die Firma arbeitete.

Während Schneewittchen vor sich hin nähte, dachte sie sich eine Strategie aus, um beruflich wieder Fuß zu fassen. Sie beschloss, sich mit der Journalistin in Verbindung zu setzen, die den Artikel verfasst hatte, der alles ins Rollen gebracht hatte. Zufällig war just diese Reporterin einst Opfer der gehässigen Angriffe jenes Chefdesigners gewesen, weil sie über seine Kollektion keine begeisterten Kritiken verfasst hatte. Deshalb hatte sie großes Interesse an Schneewittchens Geschichte und begann, die Geschäftspraktiken und den Führungsstil des Chefdesigners genauer unter die Lupe zu nehmen.

Bei ihren Nachforschungen stieß die Journalistin schnell auf unzählige verärgerte ehemalige Angestellte, auf Lieferanten, die kein Geld bekommen hatten und auf unzufriedene Kunden. Sie alle lieferten genügend Zündstoff für einen gepfefferten Artikel. Nach seinem Erscheinen war der Vorstand des Konzerns alles andere als begeistert über die negative Publicity – von den drohenden Rechtsstreitigkeiten ganz zu schweigen. Man legte dem Chefde-

signer nahe, aus freien Stücken zu kündigen, bevor er offiziell entlassen wurde. Seine Karriere war nun ein einziger Scherbenhaufen.

Schneewittchen wurde wieder als Designerin eingestellt. Nun, da sie im Fokus der Presse stand, ging es mit ihrer Karriere steil bergauf. Als man sie zur Chefdesignerin ernannte, rief sie ein Stipendiaten-Programm für Studierende des Faches Design ins Leben. Im ersten Jahr schrieb sie sieben Stipendien aus. Schneewittchen war als wohlwollende Chefin bekannt (was in der Modebranche eine Seltenheit ist), und sie holte einige der talentiertesten und engagiertesten Leute in ihre Firma.

Und die Moral von der Geschicht ...

- Am Arbeitsplatz erwecken Sie Neid nicht durch gutes Aussehen, sondern durch Ehrgeiz, Antrieb, Talent, gute Ergebnisse und durch die daraus resultierende Anerkennung durch Ihre Vorgesetzten.
- Die böse Königin kann ein männlicher oder ein weiblicher Vorgesetzter sein. Sie kann jünger sein als Sie selbst oder älter. Genauso kann es sich um einen gleichgestellten Kollegen handeln.
- Kollegen sind wichtige Verbündete. Durch Ihre Arbeitsweise sichern Sie sich ihre Loyalität und Unterstützung.
- Am besten haben Sie stets ein fröhliches Lied auf den Lippen. Mit anderen Worten: Gehen Sie mit einer positiven Einstellung an die Arbeit, auch wenn Sie vielleicht eine bessere Stellung innerhalb des Unternehmens verdient hätten.
- Einen schwierigen Vorgesetzten können Sie durch hervorragende Ergebnisse auf Ihre Seite ziehen. Ihre Anstrengungen und Erfolge sollten Sie grundsätzlich schriftlich dokumentieren.
- Versuchen Sie, sich in die Lage Ihres Widersachers zu versetzen. Um über Schwierigkeiten zu reden, sollten Sie immer einen strategisch günstigen Zeitpunkt wählen.
- Wer sich schon im Vorfeld über mögliche Problemlösungsstrategien Gedanken macht, die er dem Vorgesetzten unterbreiten kann, ist klar im Vorteil. Das ist ein besonders wichtiger Aspekt!

- Wählen Sie Ihre Schlachtfelder mit Bedacht. Immerhin kämpfen Sie, um zu gewinnen, und nicht, um Ihrem Zorn oder Ihrer Frustration Luft zu machen.
- Manchmal besteht die beste Strategie darin, darauf zu warten, dass der Vorgesetzte, der einem das Leben schwer macht, sich beruhigt, aufgibt oder in die eigene Grube fällt.
- Zeigen Sie Mitgefühl, wenn der Sturm sich gelegt hat. Und tun Sie alles für Ihre eigene berufliche Weiterentwicklung.

3

Rotkäppchen Wie Sie sich den Wolf vom Hals halten

Rotkäppchen lässt sich durch einen listigen Wolf und hübsche Blumen vom sicheren Weg zu Großmutters Haus weglocken. Heutzutage geraten Frauen am Arbeitsplatz oft durch ihre eigene Naivität, durch hinterhältige Kollegen, durch Arbeitsüberlastung und konkurrierende Prioritäten ins Abseits. Die Märchenheldin wird durch einen Jäger gerettet – so einfach funktioniert es im wirklichen Leben leider nicht – Sie müssen Ihre eigenen Verteidigungsmechanismen entwickeln.

Rotkäppchen ist eine klassische Moral-Erzählung, die tief in unserer kollektiven weiblichen Psyche verankert ist. Die rote Kappe, die sowohl Sexualität als auch Gewalt symbolisiert, bleibt uns ebenso unvergesslich wie die steigende Spannung, als das Mädchen dem Wolf im Haus ihrer Großmutter ihre Fragen stellt.

Das Märchen wurde zunächst nur mündlich überliefert und 1697 zum ersten Mal von Charles Perrault aufgezeichnet und veröffentlicht. Die Gebrüder Grimm nahmen die Geschichte im Jahre 1812 unter dem Titel *Rotkäppchen* in ihre Märchensammlung auf. In späteren Ausgaben wurde die Textfassung mehrmals überarbeitet. Da *Rotkäppchen* es niemals in den Disney-Tempel geschafft hat, ist sie keine Ikone wie Schneewittchen oder Cinderella. Aber durch ihre Bescheidenheit steht sie uns allen viel näher – sie ist ein normales Mädchen, das die betrügerischen Machenschaften und die Versuchung des Wolfes überstehen muss, ohne dass Feen oder Magie ihr dabei zur Seite stehen.

Lassen Sie mich die Geschichte in groben Zügen nacherzählen:

Rotkäppchens Mutter gibt dem Mädchen einen Korb mit Kuchen und Wein mit, den sie ihrer kranken Großmutter bringen soll. Auf dem Weg durch die Wälder trifft das Mädchen auf einen Wolf. Sie ist so unschuldig, dass ihr gar nicht klar ist, wie gefährlich er ist, deshalb unterhalten sie sich erst einmal freundlich miteinander. Der Wolf lenkt ihre Aufmerksamkeit auf die hübschen Blumen und überredet sie, einen Umweg zu machen. Unterdessen geht er auf direktem Wege zum Haus der Großmutter, gibt sich für Rotkäppchen aus und verschafft sich so Zutritt. Er verschlingt die Großmutter und streift deren Nachthemd und Haube über. Als Rotkäppchen ankommt, gibt er auf ihre Fragen ausschließlich spöttische Antworten. Ihre letzte Frage: »Aber Großmutter, was hast du für ein entsetzlich großes Maul?«, beantwortet er mit den Worten: »Dass ich dich besser fressen kann.« Dann springt er aus dem Bett und verschlingt sie.

Rotkäppchen wird erwachsen

In Perraults Version geht die Geschichte für die Heldin schlecht aus: Der Wolf frisst Rotkäppchen auf, und das war's. Der kluge französische Autor schließt mit einer Moral, die in Versailles sicher mit einem wissenden Augenzwinkern zur Kenntnis genommen wurde. »Hier sieht man, dass kleine Kinder, zumal junge Mädchen, wenn sie hübsch sind, fein und nett, sehr schlecht daran tun, jedwedem Gehör zu schenken, denn dann nimmt es nicht wunder, dass der Wolf so viele von ihnen frißt. Ich sage *der Wolf*, weil nicht alle Wölfe der gleichen Art sind. Da gibt es solche, die kein Aufsehen erregen und sich zuvorkommend, liebenswürdig und brav zeigen. Ganz zahm und gefällig folgen sie den jungen Damen in ihre Häuser und in ihre Gemächer – doch ach! wer weiß es nicht, dass die sanften Wölfe unter den Wölfen die allergefährlichsten sind.«

Die Version der Gebrüder Grimm hat ein beschwingteres Ende: Der Jäger schlitzt den Bauch des schlafenden Wolfes mit seinem Messer auf, und Rotkäppchen und ihre Großmutter können unversehrt herauskommen. Rotkäppchen, die nun nicht länger die glücklose Unschuld ist, übernimmt die Verantwortung für ihre zukünftige Sicherheit: Sie holt große Steine, mit denen sie den Bauch des Wolfes füllt, sodass er sich nicht erholen kann. Und sie schwört: »Du willst dein Lebtag nicht wieder allein vom Wege ab in den Wald laufen, wenn dir's die Mutter verboten hat«.

Die verschiedenen Enden des Märchens verdeutlichen die beiden wichtigsten Lektionen, die *Rotkäppchen* berufstätigen Frauen zu bieten hat. Die französische Geschichte lehrt uns: Vertraue keinem Fremden und lerne, den Wolf in all seinen Verkleidungen zu erkennen. Die deutsche Version gibt uns die nächste Lektion: Weiche nicht von deinem Weg ab, sondern gehe auf direktem Wege zum Ziel.

In späteren Adaptationen des Märchens zeigt die Heldin mehr weibliche Autonomie, denn das Mädchen rettet sich selbst. In Stephen Sondheims Musical *Into the Woods* besiegt sie den Wolf und trägt am Ende einen Mantel, den sie aus seinem Fell geschneidert hat. In James Thurbers Essay *The Girl and the Wolf*, den der New Yorker Humorist 1939 veröffentlichte, nimmt Rotkäppchen ein Gewehr aus seinem Korb und erschießt das Tier. Die Moral von Thurbers Geschichte könnte lauten: »Die kleinen Mädchen von heute lassen sich nicht mehr ganz so leicht hinters Licht führen wie es früher der Fall war.«

Wölfe am Arbeitsplatz

Am Arbeitsplatz könnte der rettende Jäger in Gestalt eines Mentors, eines Vorgesetzten oder eines Personalreferenten daherkommen – und natürlich kann es sich auch um eine *Jägerin* handeln. Jedenfalls können Sie sich nicht immer darauf verlassen, dass Ihnen eine andere Person aus der Patsche hilft.

Jede Frau muss bereit sein, sich selbst zu schützen und zu retten.

Als ich mein Programm für weibliche Geschäftsreisende Women On Their Way startete – ich arbeitete damals nicht nur in den konservativen Südstaaten, sondern auch in der traditionell eher von Männern geprägten Reisebranche –, fand mein Schritt keineswegs ausschließlich Befürworter. Sowohl innerhalb meiner Firma also auch außerhalb stand man meiner Idee skeptisch gegenüber. Meine Konkurrenten prophezeiten hämisch, dass ich mit dem Projekt nur Geld zum Fenster herausschmeißen würde. Eine der leitenden Angestellten sagte scherzhaft, als sie an meinem Büro vorbeiging: »Sie ist die Geschäftsführerin der *Röcke.*«

Es war weder das erste Mal, dass ich mich am Arbeitsplatz mit Wölfen herumschlagen musste, noch würde es das letzte Mal sein. Jede Frau, die mitten im Leben steht, sieht sich über kurz oder lang mit dem Unmut der anderen konfrontiert. Gerade ehrgeizige Frauen stehen gern im Kreuzfeuer der Kritik durch ihre Kollegen. Manchmal schlägt ihnen sogar offene Feindseligkeit entgegen, womit man allerdings meist leichter klarkommt als mit Intrigen. Personen, die Sie hinter Ihrem Rücken verspotten oder sich gegen Sie verbünden, können Ihnen viel gefährlicher werden.

Wie man einen Wolf im Schafspelz erkennt

- Folgen Sie Ihrer Intuition. Nehmen Sie Ihre Gefühle ernst und halten Sie sich nicht gleich für paranoid.
- Halten Sie sich immer vor Augen, dass nicht alle Menschen es gut mit Ihnen meinen, noch nicht einmal dann, wenn Sie selbst zu den eher gutmütigen Exemplaren gehören.
- Versuchen Sie, sich über die guten und schlechten Seiten anderer Menschen klar zu werden.
- Wenn sich ein Kollege Ihnen gegenüber *einmal* nicht korrekt verhält, können Sie das ohne weiteres durchgehen lassen. Beim *zweiten* oder gar *dritten* Mal dürfen Sie die Warnsignale jedoch nicht länger ignorieren.

- Sprechen Sie mit Kollegen, denen Sie vertrauen oder noch besser, mit Verbündeten außerhalb Ihrer Firma, um eine zweite Meinung über die Person einzuholen, die Sie im Verdacht haben, ein Wolf im Schafspelz zu sein.

Wie Sie sich selbst und Ihren Arbeitsplatz schützen

Wer angegriffen wird, geht fast automatisch in Verteidigungsposition. Aber eine offene Auseinandersetzung ist nicht immer die beste Wahl. Um seinen Gegner effektiv zu besiegen, sollte man weniger kämpfen und dafür mehr Geduld und – vor allem – strategisches Denken an den Tag legen. Wölfe sind listig, und Sie selbst müssen es ebenfalls sein. Machen Sie sich also, bevor Sie handeln, mit den im Folgenden dargestellten Taktiken vertraut. Überlegen Sie sich, welche in Ihrer speziellen Situation strategisch am günstigsten sind, und entwerfen Sie einen Plan.

Egal was passiert: Geben Sie im Job Ihr Bestes. Das ist Grundregel Nummer eins. Wer sich auf gute Leistungen berufen kann, ist immer im Vorteil. Sie müssen die richtige Balance finden: Es ist sicherlich nicht ratsam, einen Widersacher zu ignorieren, genauso nachteilig jedoch kann es sich auswirken, wenn Sie zu viel Zeit und Energie investieren, um sich zur Wehr zu setzen. Weder Ihre Sorgen noch Ihre Gegenmaßnahmen dürfen mit Ihrer Top-Priorität in Konflikt geraten, die da lautet: gute Ergebnisse zu erzielen.

Versuchen Sie, Land zu gewinnen. Verteidigen Sie Ihre Position, und gehen Sie in die Offensive, um »Land« zu gewinnen. Das bedeutet keineswegs offene Aggression oder sofortige Vergeltungsmaßnahmen – schon gar nicht, wenn man eine Frau ist. Derlei Reaktionen lassen Zweifel an Ihrer Professionalität aufkommen und verstärken Vorurteile gegen ehrgeizige Frauen. Schlagen Sie nicht einfach nur zurück, weil man Sie provoziert hat. Wählen Sie Ihre Antwort und Ihr Timing sorgfältig.

Denken Sie politisch. Es ist immer von Vorteil, sich mit den Beziehungen und Bündnissen in Ihrem Arbeitsumfeld auszukennen. Das bedeutet keineswegs, dass Sie sich unfair verhalten sollen oder Beziehungen ausschließlich nach dem Kosten-Nutzen-Prinzip gestalten sollten. Aber Sie sollten sich genau mit den Bündnissen, Freundschaften und Rivalitäten am Arbeitsplatz auskennen.

Suchen Sie sich Verbündete. Als der Wolf in der Perraultschen Fassung zum ersten Mal auf Rotkäppchen trifft, widersteht er dem Impuls, sie auf der Stelle zu verschlingen, weil in der Nähe ein paar Holzfäller arbeiten. Der listige Wolf weiß, dass er sein Opfer erst isolieren muss, bevor er es verschlingen kann. Auch am Arbeitsplatz halten sich gefährliche Kollegen von Ihnen fern, solange Sie Verbündete haben.

Bereiten Sie sich doppelt gut vor. Wenn Sie wissen, dass Sie in einem Meeting auf einen Ihrer Widersacher treffen, sollten Sie zusätzliche Maßnahmen ergreifen: Schreiben Sie sich im Vorfeld genau auf, wo-rüber Sie reden wollen, auch wenn es sich um ein informelles Meeting handelt. Informieren Sie sich detailliert über die Einnahmen und den Gewinn Ihrer Abteilung, damit Sie Ihren Standpunkt sachlich untermauern können. Und gewöhnen Sie sich an, Ihre Arbeit und Leistungen regelmäßig detailliert und schriftlich festzuhalten.

Machen Sie Ihre Widersacher durch Freundlichkeit und Humor unschädlich. Eine amüsierte, souveräne Reaktion nimmt dem Spötter den Wind aus den Segeln. Wenn jemand Sie verhöhnt, lachen Sie laut und herzhaft mit. Dabei sollte deutlich werden, dass Sie nicht über sich selbst lachen, sondern über die Unreife und Unhöflichkeit Ihres Gegenübers.

Suchen Sie das direkte Gespräch mit Ihrem Gegner. Diese Strategie funktioniert nur zu bestimmten Zeiten mit bestimmten Leuten, und meist auch nur dann, wenn der Konflikt noch relativ frisch ist. Wenn Sie glauben, dass die Person, mit der Sie Schwierigkeiten haben, gegen eine klärende Unterhaltung nichts einzuwenden hat, dann versuchen Sie es. Dabei ist es wichtig, die Gefühle Ihres Gegenübers zu verstehen: Vielleicht hat die negative Einstellung Ihres Kollegen ja einen reellen Hintergrund. Falls ja, so fragen Sie sich, ob und wie Sie seine Haltung zu Ihren Gunsten beeinflussen können.

Stellen Sie einen hinterhältigen Widersacher zur Rede. Auch wenn er vermutlich sowieso alles abstreiten wird. Denken Sie außerdem daran, dass eine humorvolle Reaktion die Spannung am ehesten vertreibt. Am Arbeitsplatz sind Wölfe im Schafspelz oft nichts weiter als ebenso passive wie aggressive Feiglinge, die zurückweichen, sobald ihnen klar ist, dass man sie durchschaut hat.

Sprechen Sie mit Ihrem Mentor, einem vertrauenswürdigen Vorgesetzten oder einem Vertreter der Personalabteilung. Diese Taktik hat zwei Vorteile: Sie erhalten praktische Ratschläge und Unterstützung, und Sie führen einflussreichen Personen den Konflikt vor Augen, sodass diese hinterher nicht doch plötzlich der Gegenseite Glauben schenken.

Üben Sie sich in Geduld. Manchmal ist es das Beste, einfach nur seine Arbeit zu tun und geduldig abzuwarten. Vielleicht lernt Ihr Gegner ja doch eines Tages, Sie zu respektieren. Oder er verliert das Interesse daran, Sie dauernd niederzumachen. Gut möglich, dass der Wolf sich über kurz oder lang den falschen Gegner aussucht und dass tatsächlich Blut fließt – aber dann haben Sie sich nicht die Hände schmutzig gemacht.

Sorgen Sie dafür, dass Sie möglichst wenige Berührungspunkte mit Ihrem Gegner haben. Vermeiden Sie Konfrontationen. Manche Menschen verlieren das Interesse, wenn man sich auf keinen Machtkampf mit ihnen einlässt. Vielleicht können Sie noch andere Möglichkeiten nutzen: Eine Versetzung in eine andere Abteilung kann die Situation deutlich entschärfen. In kleinen Firmen ist eine Versetzung oft unmöglich, dann sollten Sie über einen Wechsel des Arbeitsplatzes nachdenken.

Aus einer Niederlage gestärkt hervorgehen

Das glücklichere Ende von Rotkäppchen symbolisiert das Potenzial von Wiedergeburt und Erneuerung nach einer Niederlage. Das Mädchen taucht aus dem Bauch des Wolfes wieder auf, eine Metapher für die Geburt. Sie ist geläutert und vorsichtiger, aber auch bereit, die Verantwortung für ihr eigenes Leben zu übernehmen.

In vielen Situationen kann man den Wolf entwaffnen oder ihm entkommen, indem man zielstrebig sein eigenes Ziel verfolgt. Bekämpfen Sie ihn, indem Sie klug, geschickt und mutig anstelle von gemein sind. Natürlich ist es immer möglich, dass der Feind gewinnt – zumindest vorübergehend. Doch das muss nicht gleich das Ende bedeuten. Wenn Sie sich treu bleiben und sich nicht unterkriegen lassen, können Sie aus Ihren Fehlern lernen und sind am Ende stärker als vorher.

Frauen werden häufig aus unternehmenspolitischen Erwägungen heraus entlassen und reagieren darauf oft mit Bitterkeit und Rachegedanken. »Jemand hat mir Unrecht getan, also gilt ab sofort: Auge um Auge und Zahn um Zahn – wenn ich doch nur eine Voodoo-Puppe hätte!« Es ist vollkommen natürlich, so zu empfinden, aber langfristig ist es weder karriereförderlich noch gut für die Gesundheit. Aufgestauter Ärger über erlittenes Unrecht kann zu Beziehungsproblemen, zu körperlichen Leiden und zu aggressivem Fahrverhalten führen. Auf jeden Fall hemmt eine derartige negative Gefühlslage Ihre allgemeine Energie und Produktivität. Sollte es Ihnen unmöglich sein, Ihren Groll zu überwinden, dann suchen Sie sich professionelle Hilfe: Sprechen Sie mit einem Coach, Sozialarbeiter oder einem Psychologen darüber. Ihre Gefühle sind Wirklichkeit, auch wenn Sie objektiv betrachtet tausend Mal zu kritisch, zwanghaft oder empfindlich sind. Manchmal ist es einfach notwendig, Ihrem Zorn Luft zu machen, allerdings in einem Bezugsrahmen, der Ihnen emotionale Unterstützung bietet. Erst dann können Sie weitermachen.

Der Wolf als sexuelles Raubtier

Als Laura kurz nach ihrem Studienabschluss eine Anstellung in einem mittelständischen Unternehmen fand, war der Vorgesetzte, der Sie eingestellt hatte, außerordentlich nett zu ihr. Nicht nur, dass er 20 Jahre älter als sie selbst war, sie hatte auch einen festen Freund und vermutete keine Hintergedanken bei ihm. Eines Tages saßen beide noch spät am Abend bei der Arbeit, und Laura war ehrlich überrascht, als er zudringlich wurde. Nach einem Geschäftsessen im Verlauf der nächsten Tage wagte er noch einen zweiten Vorstoß. Da er ihr Nein zu akzeptieren schien, erzählte sie jedoch niemandem etwas davon. Umso entsetzter war sie, als sie herausfand, dass ihre Kollegen ihr eine Affäre mit diesem Mann unterstellten.

Glücklicherweise wurde Laura kurz nach dem Aufkeimen dieser Gerüchte in eine Zweigstelle versetzt. Scheinbar hatte der betreffende Kollege einen entsprechenden Ruf, und eine der weiblichen Führungskräfte hatte Laura für eine Beförderung vorgeschlagen, unter anderem, um sie aus seinen Fängen zu befreien. Es wurde niemals mehr darüber gesprochen, aber Laura war für diese Einmischung sehr dankbar.

Ich bin jetzt Mitte vierzig, und ich habe im Verlauf meiner langjährigen Berufstätigkeit erlebt, dass sich die Einstellung in Bezug auf sexuelle Belästigung am Arbeitsplatz außerordentlich gewandelt hat. Früher hieß es: »Wie *die* Karriere gemacht hat, weißt du doch, oder? Sie hat was mit dem Geschäftsführer!«. Heute jedoch sagt man: »Weißt du, wie *diese Frau* Karriere gemacht hat? Sie ist klug, hat ein gutes Diplom und ist eine hervorragende Managerin.«

Früher musste man akzeptieren, dass ein Vorgesetzter einen lüstern zwickte oder anzügliche Reden schwang, denn es »gehörte einfach dazu«. Heute schlägt man angesichts eines solchen Verhaltens eher die Hände über dem Kopf zusammen.

Jüngere Frauen können heutzutage kaum glauben, dass eine berufstätige Frau damals – also vor kaum 20 Jahren – einfach ein paar Zweideutigkeiten über sich ergehen lassen *musste*. Viele Männer hatten ein Problem damit, weibliche Kollegen in bestimmten Branchen oder Positionen zu akzeptieren. Es war wie im Affengehege im Zoo. Stellen Sie sich folgendes Szenario vor: Ich sitze plötzlich im Affenkäfig, und die Affen kommen neugierig näher, um mich näher zu untersuchen. Sie pieksen und piesacken mich, um herauszufinden, was ich mit mir machen lasse und was nicht. Am Arbeitsplatz waren manche Männer fast genau wie diese Affen. Ich war neu in ihrem Territorium, und sie waren neugierig. Meine Aufgabe bestand jetzt darin, Grenzen zu setzen.

Als ich in den frühen Achtzigern in Washington D.C. zu arbeiten begann, waren die Wölfe besonders hungrig und aggressiv. Damals konnte man wenig dagegen unternehmen, außer Nein zu sagen, einen Vorgesetzten um Hilfe zu bitten (wenn man ihm traute), und zu kündigen, wenn die unerwünschten sexuellen Avancen nicht aufhörten.

Glücklicherweise wird das Thema sexueller Belästigung am Arbeitsplatz heutzutage offen diskutiert und ernst genommen. Obwohl das Problem damit nicht verschwunden ist, gibt es einige erprobte Mechanismen, derer man sich – besonders in größeren Firmen und Behörden – im Umgang mit diesem unangenehmen Phänomen bedienen kann.

Der Umgang mit sexueller Belästigung am Arbeitsplatz

1. Machen Sie unmissverständlich deutlich, dass Sie das Angebot des betreffenden Mannes zurückweisen. Seien Sie eindeutig, nicht schüchtern und schon gar nicht ladylike. Bleiben Sie fest. Betonen Sie, dass Sie die Person als Kollegen respektieren, dass Sie aber kein Interesse an einer Affäre oder gar Beziehung haben. Teilen Sie dem anderen unverblümt mit, dass Sie ihn nicht attraktiv finden. Die meisten geltungsbedürftigen Menschen lassen dann schnell von Ihrer Fährte ab.

2. Meiden Sie Situationen, bei denen Sie mit der fraglichen Person allein sind. Wenn er der Einzige ist, der außer Ihnen abends noch Überstunden macht, nehmen Sie Ihre Arbeit mit nach Hause, statt sich weiterhin im Büro aufzuhalten. Allein schon Ihre Anwesenheit könnte seine unerwünschte Aufmerksamkeit auf sich ziehen.
3. Wenn Sie weiterhin unwillkommene Angebote bekommen, oder wenn Ihnen versteckt oder sogar offen gedroht wird, sollten Sie dies nicht für sich behalten. Am besten informieren Sie einen Vorgesetzten oder – falls das nicht möglich ist – einen Kollegen. Zögern Sie keine Minute. Mit irgendjemandem müssen Sie sofort darüber reden – und wenn es mit Ihrer besten Freundin ist. In vielen Firmen kümmert sich der Chef um eine solche Situation. Manchmal ist das Opfer sexueller Belästigung auch gezwungen, sich direkt an die Personalabteilung des Unternehmens zu wenden.
4. Wenn die sexuellen Avancen immer noch nicht aufhören, müssen Sie Gegenmaßnahmen ergreifen. Das kann eine formale Beschwerde bei der Personalabteilung sein, aber auch eine Klage, die Sie mithilfe eines Rechtsbeistandes gegen die betreffende Person führen. Drastische Schritte dieser Art haben natürlich Folgen – aber tun Sie alles, was notwendig ist, um Ihren Job und sich selbst zu schützen.

Bleiben Sie Ihren Prioritäten treu

Als Rotkäppchens Mutter dem Mädchen aufträgt, der Großmutter Kuchen und Wein zu bringen, warnt sie: »Mach dich auf, bevor es heiß wird, und wenn du hinauskommst, so geh hübsch sittsam und lauf nicht vom Weg ab …« Rotkäppchen verspricht, auf dem schnellsten Wege zum Haus der Großmutter zu eilen. Aber der listige Wolf weiß ihre Aufmerksamkeit geschickt abzulenken: »Rotkäppchen, sieh einmal die schönen Blumen, die ringsumher stehen, warum guckst du dich nicht um? Ich glaube, du hörst gar nicht, wie die Vöglein so lieblich singen. Du gehst ja für dich hin, als wenn du zur Schule gingst…« Und so kommt Rotkäppchen vom richtigen Pfad ab. Sie wandert durch den Wald, um Blumen zu pflücken, und jedes Mal, wenn sie eine sieht, entdeckt sie eine hübschere, die noch weiter entfernt ist. Sie gerät immer tiefer und tiefer in den Wald hinein. Unterdessen bleibt dem Wolf genug Zeit, um zum Haus der Großmutter zu gelangen und sie als Vorspeise zu vertilgen.

Am Arbeitsplatz ist kein Wolf nötig, der einen vom richtigen Pfad ablenkt. Berufstätige Frauen werden von unterschiedlichen Prioritäten, die miteinander in Konflikt geraten, von Arbeitsüberlastung, unrealistischen Terminen und unmöglichen Erwartungen abgelenkt. Nicht zu vergessen E-Mails, Papierkram, unnötige Meetings!

Stellen Sie sich vor, dass unzählige Elektrogeräte an nur einer einzigen Steckdose hängen: Irgendwann fliegen die Funken und die Kabel brennen durch. Wer überlastet ist, dem passiert nichts anderes. Wenn das bei mir der Fall ist, brauche ich nur einen lächerlich winzigen, letzten Tropfen, der das Fass zum Überlaufen bringt, und ich gehe in die Luft. Danach muss ich mich regelmäßig bei demjenigen entschuldigen, den es zufällig getroffen hat.

Wer ehrgeizig ist und vorankommen will, kann einer gewissen Arbeitsüberlastung nicht entgehen. Stress gehört einfach dazu, wenn man im Job nicht in der Sackgasse enden will. Sie müssen also lernen, mit einem Übermaß an Arbeit klarzukommen, und trotzdem stets hervorragende Leistung zu bringen, auch wenn sich die Akten auf Ihrem Schreibtisch stapeln.

Setzen Sie klare Prioritäten

Um mit Arbeitsüberlastung klarzukommen, sollten Sie Ihre Prioritäten direkt an Ihren beruflichen Zielen ausrichten und die Aufgaben, die diese Prioritäten nach sich ziehen, wahlweise selbst ausführen oder delegieren.

- Ihr *Ziel* ist das Endergebnis, das Sie für sich selbst erreichen wollen.
- Die *Priorität* ist die wichtigste Aktion oder die ranghöchste, einflussreichste Person, mit der Sie in Verbindung stehen.
- Die *Aufgabe* besteht in dem bestimmten Teilabschnitt Ihrer momentanen Arbeit oder Aktivität.

Wie Sie Ihre Prioritäten planen

Probieren Sie die im Folgenden beschriebene einfache Methode aus, um Ihren Arbeitstag effizienter zu planen. Erstellen Sie eine Liste Ihrer arbeitsspezifischen Ziele, und teilen Sie diese Ziele in folgende Kategorien ein:

- *Langfristige Ziele* (ein bis fünf Jahre)
- *Mittelfristige Ziele* (drei Monate bis ein Jahr)
- *Kurzfristige Ziele* (eine Woche bis drei Monate)

Notieren Sie Ihre drei höchsten Prioritäten am Arbeitsplatz.
Planen Sie jeden Tag der folgenden Arbeitswoche genau, und zwar schon am vorherigen Donnerstag oder Freitag. Überprüfen Sie jede einzelne Aufgabe, ob sie:

- Sie Ihrem Ziel weiterbringt,
- mit einer Ihrer höheren Prioritäten vereinbar ist.

Vermeiden Sie Umwege

Wenn Sie Ihre Prioritäten festgelegt und Ihren Arbeitstag geplant haben, wartet eine weitere Herausforderung auf Sie: Sie müssen sich an Ihren Plan halten. An einem typischen Arbeitstag werden wir mit unzähligen Unterbrechungen konfrontiert. Obwohl man Ablenkungen niemals komplett ausschließen kann, können ein paar einfache Veränderungen in Ihrer Arbeitsweise sie auf ein erträgliches Maß herunterschrauben.

Verirren Sie sich nicht online

E-Mails und Internet-Surfing ersparen und kosten uns enorm viel Zeit. Verändern Sie Ihre Gewohnheiten, sonst verirren Sie sich im Online-Wald.

Fragen Sie sich bei der Arbeit an einer Aufgabe oder an einem Projekt immer, ob Sie die Informationen aus Ihren Mails dafür benötigen oder nicht. Warten Sie auf eine Antwort per E-Mail, die Sie benötigen, um Ihre Aufgabe zu vollenden? Wenn nicht, dann machen Sie nicht den Fehler, Ihre Mails zu beantworten, sobald sie eingehen. Legen Sie einen bestimmten Zeitrahmen fest. Vielleicht können Sie sich alle zwei Stunden einmal an Ihre Mails setzen, wenn Sie sowieso eine Pause benötigen. Erst dann sollten Sie auch überprüfen, welche Mails bei Ihnen eingegangen sind. Am PC sollten Sie die Möglichkeiten Ihres Mailprogramms zur Sortierung und Sicherung der Mails nutzen. Hier können Sie auch ungeöffnete Mails verwalten und die Erinnerungsfunktion zur Nachverfolgung aktivieren. Denken Sie daran, dass Sie Ihre E-Mails keineswegs alle sofort beantworten müssen, besonders dann nicht, wenn Sie ohnehin schon gestresst und müde sind. Wenn man eine Nacht darüber geschlafen hat, erscheinen einem die meisten Dinge wieder im rechten Lot.

E-Mails hält man am besten kurz und bündig. Das ermutigt Ihre Kommunikationspartner zu einem ähnlichen Schreibstil. Durch die abschließende Floskel »Danke« oder »Einen schönen Tag noch« signalisieren Sie dem Empfänger, dass die Sache durch Ihre Mail beendet ist und er nicht antworten muss.

Statt eine Mail zu verschicken, sollten Sie auch manchmal zum Hörer greifen. Oft verständigt man sich auf persönlicher Ebene viel schneller, statt lang und breit über einer E-Mail zu brüten. Auch wenn Sie auf eine Mail keine Antwort erhalten haben, ist es ratsam, anzurufen. Besonders in Führungspositionen ist der persönliche Kontakt unerlässlich.

Achten Sie darauf, am Arbeitsplatz nicht zu häufig im Internet zu surfen. Die meisten Arbeitgeber schätzen es gar nicht, wenn Angestellte Zeit mit persönlichen Internetaktivitäten verschwenden. Manche können sogar nachvollziehen, auf welchen Websites Sie zu Gast waren. Solange Sie keine jobrelevanten Recherchen durchführen, hat das Internet am Arbeitsplatz nichts zu suchen. Wählen Sie in Ihrem Internetbrowser keine Startseite mit aktuellen Meldungen oder Unterhaltung. Reduzieren Sie verführerische Ablenkungen auf Ihrem Computer, damit Sie sich auf Ihre Prioritäten konzentrieren können.

Geben Sie Meetings eine klare Struktur

Meetings fressen einen Großteil unserer Arbeitszeit auf. Sie sind zwar sehr wichtig, aber auch umso frustrierender, wenn sie zu lang dauern oder unproduktiv sind. Folgende Maßnahmen helfen Ihnen dabei, Ihre Meetings straffer zu organisieren:

- Bereiten Sie sich vor dem Meeting auf die wichtigsten Themen gründlich vor. Wenn dann das entsprechende Problem zur Sprache kommt, konnten Sie gegebenenfalls schon im Vorfeld einige der größten Hürden aus der Welt schaffen, wodurch sich endlose Diskussionen und offene Konfliktsituationen vermeiden lassen.
- Führen Sie nicht ständig Protokoll, denn das hindert Sie daran, sich aktiv einzubringen. (Haben Sie schon mal Männer Notizen von

einem Meeting machen sehen?) Im Zweifel notieren Sie sich lediglich die Schlüsselworte und wichtigsten Äußerungen, damit Sie jederzeit eine kurze Zusammenfassung parat haben, wenn Sie gefragt werden oder vielleicht den Vorsitz führen.

- Wenn Sie bei einer Ausschuss-Sitzung oder einem Komitee-Meeting den Vorsitz führen müssen, lesen Sie vorher ein gutes Buch zum Thema. Zum Beispiel Thomas Wieke, *Erfolgreiche Meetings*. Frankfurt 2005 oder Andreas Edmüller, *Moderation*. Freiburg 2005.
- Als Vorsitzende sollten Sie sich grundsätzlich an den vorgegebenen Zeitrahmen halten. Geben Sie den Teilnehmern der Sitzung Gelegenheit, ihre Meinung zu äußern, aber seien Sie dabei keinesfalls zu nachsichtig. Man wird Sie umso mehr respektieren, wenn Sie sagen: »Ich als Vorsitzende trage die Verantwortung dafür, dass wir im Zeitplan bleiben, lassen Sie uns also die Diskussion zum Abschluss bringen.«
- Wenn der offizielle Zeitplan keine Pausen vorsieht, tun Sie sich mit einem Kollegen zusammen, und bitten Sie gemeinsam darum, eine Pause einzulegen.

Befreien Sie sich vom Papierkram

Bei Papieren, die auf Ihrem Schreibtisch landen, haben Sie fünf Möglichkeiten:

1. Kümmern Sie sich sofort selbst darum.
2. Legen Sie die Papiere auf Wiedervorlage, und kümmern Sie sich zu einem anderen festen Zeitpunkt darum.
3. Geben Sie die Papiere an jemand anders weiter, damit dieser sich darum kümmert.
4. Heften Sie sie ab.
5. Werfen Sie sie weg.

Ob Sie etwas verwahren oder wegwerfen, kommt ganz auf Ihre individuelle Eigenart an, die Sie kennen und respektieren sollten. Ich persönlich gehöre zu den Jägern und Sammlern (man könnte auch sagen: zu den Optimisten). Wenn etwas auf meinem Schreibtisch landet, so denke ich unwillkürlich: »Vielleicht kann mir das eines Tages noch nützlich sein …« Wenn Sie genau so sind, dann kämpfen Sie nicht dagegen an, sondern organisieren Sie sich. Kisten, Hängeregister, Ordner helfen Ihnen dabei, Ihre Papierstapel abzubauen, wodurch sie Sie nicht mehr ganz so von Ihrem eigentlichen Arbeitsziel ablenken können.

Vielleicht haben Sie sich bislang keine Zeit genommen, um Ihre Ablage zu sortieren. Denken Sie daran, wie viel Zeit Sie damit verschwenden, einen Stapel nach einem bestimmten Dokument oder Schreiben zu durchsuchen. Außerdem gewinnen Sie durch ein bisschen mehr Organisation nicht nur Selbstbewusstsein, sondern auch das Gefühl, sich unter Kontrolle zu haben.

Wenn Sie absolut keine Zeit haben, um derlei organisatorische Aufgaben durchzuführen, dann bezahlen Sie jemanden dafür. Es gibt professionelle Dienstleister, die ihr Geld damit verdienen, sich ein Ordnungssystem für andere auszudenken. Natürlich können Sie auch eine studentische Hilfskraft engagieren, die unter Ihrer Anleitung arbeitet. Holen Sie sich einfach jemanden ins Haus, wenn es möglich ist.

Was Formulare, Rechnungen und anderen Papierkram angeht, diese Aufgaben *müssen* einfach irgendwie erledigt werden. Wenn Sie keine Hilfe haben, dann müssen Sie sich einfach Zeit dafür freischaufeln. Und wenn Sie Ihren Papierkram so schnell wie möglich hinter sich bringen, sparen Sie letztendlich auch Zeit. Sie vermeiden Mahnungen und andere Komplikationen. Tatsächlich lässt sich Papierkram schneller und schmerzfreier erledigen, wenn sie ihn nicht vor sich herschieben. Sich über einen wachsenden Papierberg zu sorgen oder aufzuregen ist viel schlimmer, als sich darum zu kümmern.

Sagen Sie rechtzeitig Nein

Eines der Geheimnisse erfolgreicher Karrierefrauen mag Sie vielleicht überraschen: Es besteht in der Fähigkeit, Nein zu sagen.

Carolin, Leiterin einer Kommunalstelle für Frau & Beruf in einer bundesdeutschen Großstadt, sagt hierzu: »Unseren Erfahrungen zufolge funktioniert unsere Arbeit am besten, wenn wir einen Jahresplan aufstellen und ihn unter allen Umständen einzuhalten versuchen. Manchmal geraten wir in Versuchung, unserem Plan eine bestimmte Aufgabe hinzuzufügen. In der Regel aber entscheiden wir uns, diese zu vertagen und erst im darauf folgenden Jahresplan wieder aufzugreifen.«

Michelle, Abteilungsleiterin bei einem großen Reiseunternehmen, findet, dass es außerordentlich schwierig ist, seinen Prioritäten treu zu bleiben. »Wenn man dafür zu sorgen hat, dass ein großes Team sich auf das gemeinsame Ziel konzentriert, dann bedeutet das, dass die Prioritäten jedem Einzelnen – bis hinunter zum jüngsten Praktikanten – bewusst sein müssen. Seien Sie bereit, Nein zu sagen. Wenn Mitglieder Ihres Teams behaupten: ›Wir haben da ein paar hervorragende Vorschläge, wie wir unseren Gewinn maximieren können.‹, so stellen Sie ihnen im Gegenzug die Frage: ›Welche Aufgabe können wir ad acta legen, damit wir uns auf diese neuen Techniken konzentrieren können?‹«

Private Unterbrechungen

Frauen haben in der Regel häufiger mit Unterbrechungen zu kämpfen als Männer. Kein Wunder: Wir sind diejenigen, die die Familienplanung übernehmen, Geschenke kaufen, sich mit den Kleinigkeiten im Leben unserer Kinder herumschlagen, sich um unsere Eltern kümmern ... diese Liste kann man endlos fortsetzen. Wir sind von Natur aus in der Lage, alle möglichen Aufgaben gleichzeitig zu erledigen, wir sind immer ansprechbar. Deshalb gehen unsere Mitmenschen davon aus, dass sie uns ohne weiteres nachmittags anrufen können, um mit uns über eine private Angelegenheit zu reden. Die meisten Frauen können ihr Privatleben also gar nicht komplett aus ihrem Beruf heraushalten – und sie wollen es oft auch gar nicht.

Wenn Sie Ihre Zeit vernünftig einteilen und ein paar Regeln beherzigen, verlieren Sie nicht die persönliche Verbindung zu Ihren Mitmenschen, werden aber auch nicht ständig abgelenkt. Probieren Sie doch einmal die folgenden Tricks aus:

Teilen Sie sich Ihre Zeit ein. »Ich notiere mir sämtliche privaten Ablenkungen und kümmere mich abends darum«, sagt Caroline. »In besonderen Stresssituationen ist das natürlich gar nicht so einfach – zum Beispiel, als die Hochzeit meines Sohnes bevorstand oder meine Freundin schlimme Probleme hatte. Am besten funktioniert es, wenn ich mir einen bestimmten Zeitraum am Tag für derlei Dinge reserviere und mich dann damit befasse. Auf diese Weise kann ich meine täglichen Aufgaben im Job vergleichsweise ungestört erledigen.«

Kümmern Sie sich um Ihre persönlichen Angelegenheiten, wenn Ihre Leistungskurve abfällt. Haben Sie nach dem Mittagessen oder am späten Vormittag immer einen kleinen Einbruch? Ein solches Tief können Sie für persönliche Telefonate und E-Mails nutzen (die nicht bis zum Abend aufgeschoben werden können). Leistungsstarke Zeiten, in denen Ihre Konzentration optimal ist, können Sie auf diese Weise für komplexere und kreative Aufgaben nutzen.

Finden Sie Ihren persönlichen Mittelweg. Meine Freunde und meine Familie sollen wissen, dass sie mich am Arbeitsplatz anrufen können. Aber ihnen ist ebenfalls klar, dass ein langes persönliches Gespräch in der Regel nicht möglich ist. Ich versuche, möglichst schnell herauszufinden, warum sie anrufen und ob es dringend ist oder nicht. Dann vereinbare ich einen anderen Zeitpunkt, um das Thema mit dem Betreffenden durchzusprechen.

Führen Sie Ihren Kindern die Bedeutung Ihrer Arbeit vor Augen. Sie wollen für Ihre Kinder eine stets verfügbare Ansprechpartnerin sein. Machen Sie ihnen trotzdem klar, dass Sie am Arbeitsplatz keine Zeit für einen ausgedehnten Plausch haben. Wenn Sie *konsequent* bleiben, werden Ihre Kinder schon bald Verständnis für Ihre Arbeitsbedingungen entwickeln.

Wie Sie gesund und leistungsfähig bleiben

Wer Tag und oft auch Nacht angespannt und unermüdlich arbeitet, kann Großes leisten, ist aber auch oft mit seinen Kräften am Ende. Häufig konzentriert man sich so intensiv auf sein Ziel, dass es schwerfällt, die eigenen Grenzen zu erkennen – und das fordert einfach seinen Tribut. Als ich zum ersten Mal an einer Sitzung des Beratungsausschusses teilnahm, bekam ich am ganzen Körper Ausschlag! Ich erhielt damals zwar viel positive Resonanz, aber auf körperlicher und emotionaler Ebene war ich ein Wrack.

Arbeitsüberlastung und der daraus resultierende Stress kann zu Gesundheitsproblemen wie Herzerkrankungen, Migräne, Rückenschmerzen, Magengeschwüren oder Depressionen führen. Wenn Sie nicht vorsichtig sind, laufen Sie Gefahr, eine stressbedingte Krankheit zu entwickeln, die Sie in Ihrem beruflichen Fortkommen ernsthaft behindert. Egal wie beschäftigt Sie sind, es ist unerlässlich, sich für seine physischen und emotionalen Bedürfnisse Zeit zu nehmen – und sei es auch nur ein bisschen.

Wahrscheinlich wissen Sie ganz genau, was zu einem gesunden Lebensstil dazugehört: viel Wasser trinken, immer nur kleine Portionen essen, gesunde Nahrungsmittel zu sich nehmen und mindestens dreimal die Woche Sport treiben. Das ist nun wirklich nichts Neues. »Aber woher soll ich die Zeit nehmen?«, fragen Sie sich. Ob Sie es glauben oder nicht, viele hart arbeitende Frauen schaffen das. Diejenigen Führungskräfte, die am glücklichsten und entspanntesten wirken, haben Sport in ihren Alltag integriert. Eine Geschäftsführerin, die eine ambitionierte Radlerin oder Skiläuferin ist oder regelmäßig zum Spinning geht, ist da sicher keine Seltenheit. Ansonsten liegen bei einflussreichen Frauen Sportarten wie Golf, Schwimmen, Yoga und Pilates im Trend.

»Oh ja, sicher«, denken Sie jetzt vielleicht. »Diese Frauen haben wahrscheinlich eine Köchin, einen persönlichen Trainer und eine Kinderfrau.« Und vielleicht trifft das sogar zu. Doch auch ohne diese Annehmlichkeiten gibt es einfache und preiswerte Möglichkeiten, einen gesunden Lebensstil in Ihren Alltag zu integrieren – sogar, wenn Sie als berufstätige Hausfrau und Mutter doppelt und dreifach belastet sind.

Sechs preiswerte und leichte Methoden, um gesünder zu leben

1. Stellen Sie sich eine Flasche Wasser auf den Schreibtisch, und trinken Sie mindestens sechs Gläser am Tag.
2. Nehmen Sie lieber sechs kleine Mahlzeiten statt drei große zu sich; dadurch bleibt Ihr Energiepegel konstant.
3. Bringen Sie sich hin und wieder das Mittagessen von zu Hause mit – dann essen Sie automatisch weniger als in der Kantine und sparen überdies Geld.
4. Organisieren Sie in der Mittagspause eine kleine Sportgruppe.
5. Bei akutem Zeitmangel können Sie auch mit Ihren Kindern zusammen Sport treiben. Gehen Sie walken, Rad fahren, joggen, schwimmen, tanzen oder spielen Sie mit Ihren Kindern Fußball – lassen Sie sich von Ihren Kindern mitreißen.
6. Wenn Ihnen die Zeit fürs Fitnessstudio oder einen Kurs fehlt, dann kaufen Sie sich Sport-Videos oder DVDs. Die Auswahl ist so groß, dass man für jeden Geschmack und jeden Fitnessgrad etwas Geeignetes finden kann.

Gönnen Sie sich eine Pause

Vor einem Vortrag oder einer Präsentation bin ich auch heute noch nervös. Die Schmetterlinge im Bauch wollen einfach nicht verschwinden. Aber ich weiß heute, wie ich meine Angst überwinden kann: Wenn irgendetwas nicht so läuft, wie geplant, gönne ich mir – und anderen – erst einmal eine Pause.

Das Wichtigste dabei sind ein gesunder Selbsterhaltungstrieb und ein gewisses Selbstwertgefühl, das konstant bleibt, auch wenn etwas schiefgeht. Sie müssen nicht vollkommen sein. Die Welt hört nicht auf, sich zu drehen, wenn Sie Ihr Arbeitspensum nicht schaffen oder nicht die erwünschte Leistung erbringen. Zu dieser Einsicht zu gelangen ist für ehrgeizige Menschen gar nicht so einfach. Auch heute noch habe ich täglich damit zu kämpfen und bin immer noch zu perfektionistisch. Aber ich habe gelernt, Fehler und Schnitzer zu akzeptieren.

Vielleicht lieben wir Märchen deshalb so sehr, weil die Heldinnen nie so ganz vollkommen sind. Sie neigen zu Fehlern und Fehltritten, aber letztendlich kommen sie doch im Haus der Großmutter an. Sie erreichen ihr Ziel, wie immer es aussehen mag – und sie überleben, egal, was dort auf sie wartet.

Rotkäppchen und der Wolf im Schafspelz

Es war einmal eine Frau namens Jasmin, die im mittleren Management eines großen, internationalen Unternehmens tätig war.

Sie war von Natur aus ein hilfsbereiter Mensch, sodass es eines Tages ganz selbstverständlich für sie war, ihren Mitarbeiter David im Rahmen einer gemeinsamen Geschäftsreise im Auto zum Flughafen mitzunehmen. Gern nahm sie ein paar Kilometer Umweg in Kauf, denn schließlich konnte sie mit ihrem nagelneuen, kirschroten Kabriolett fahren. Es irritierte sie ein bisschen, dass David ihr Auto nicht mit einem Wort erwähnte. Vielleicht war ihm sein eigenes kleines Auto ja peinlich. Aber eigentlich hätte David sich vor Augen halten müssen, dass Jasmin nicht nur 15 Jahre älter war als er, sondern dass sie sich ihr Traumauto auch durch harte Arbeit verdient hatte.

Auf der nachfolgenden Konferenz legte David plötzlich großen Wert darauf, nicht neben Jasmin zu sitzen. Jasmin fand, dass David sich wie ein Teenager benahm, der versuchte, seine Unabhängigkeit zu demonstrieren. Sie beschloss, seinem Verhalten keine weitere Beachtung zu schenken, weil er ansonsten ein guter Mitarbeiter war. Nur eines hatte sie an ihm auszusetzen: Manchmal lenkte er sie von ihrer eigentlichen Arbeit ab, weil er unbedingt über ein Projekt mit ihr reden wollte, das nicht oberste Priorität besaß.

Nach der gemeinsamen Dienstreise setzte David sein seltsames Verhalten fort. Bei Besprechungen stand er manchmal auf und stellte sich direkt hinter Jasmin. Da Jasmin selbst keiner Gemeinheit fähig war, ahnte sie nicht, dass David hinter ihren Rücken Grimassen schnitt, mit denen er Ablehnung, Sarkasmus oder sogar Abscheu signalisierte, während sie sprach.

Als sie einen neuen Vorgesetzten bekam, fragte der Jasmin, ob sie David sympathisch fand, und Jasmin bejahte, denn sie fühlte sich verpflichtet, ihren Mitarbeiter (für dessen Einstellung sie schließlich verantwortlich war) zu unterstützen. Außerdem war es einfach nicht ihr Stil, sich negativ über einen Kollegen zu äußern. Doch im Laufe der Zeit musste sie Davids wahre Natur zur Kenntnis nehmen: Er war ein Wolf im Schafspelz. Schließlich stellte sie ihn zur Rede.

»Warum versuchst du immer, mich von meinen Prioritäten abzulenken?«, fragte sie.

»Damit du lernst, dich auf viele Aufgaben gleichzeitig zu konzentrieren«, antwortete David mit herablassendem Lächeln.

»Warum versuchst du, meine Autorität zu untergraben?«, fragte sie.

»Damit du an deiner Rolle als Teamleiterin wächst«, grinste er.

So ging es weiter und David gab vor, ebenso unschuldig wie loyal zu sein. Das Gespräch war sehr irritierend, und Jasmin war froh, als sie sich am Ende des Arbeitstages in ihr rotes Kabrio setzen und nach Hause fahren konnte.

Jasmins Neigung, Beziehungen zu pflegen und ausschließlich das

Beste in ihren Mitmenschen zu sehen, hatte sie in eine verzwickte Lage gebracht.

Als sie endlich erkannte, wie gefährlich David war, hatte dieser seine Position in der Firma durch gute Leistungen und Bündnisse mit Kollegen und Vorgesetzten bereits gefestigt. Jasmin befand sich in einer ungünstigen Situation. Sie hatte einen kompetenten Mitarbeiter, der sich aber niemals in ihr Team einfügen würde. Sie musste auf Biegen und Brechen mit ihm weiterarbeiten und dabei zusehen, wie er Menschen beeinflusste und beruflich aufstieg.

Manche lernen es auf die harte Tour: Der Wolf kann durchaus gewinnen und Rotkäppchen verschlingen. (Doch diese Geschichte hat ein einigermaßen glückliches Ende.)

Obwohl Jasmin jetzt mit dem Wolf in der Firmenfalle saß, hatte auch David keine Möglichkeit, Jasmin loszuwerden. Und da Jasmin sich weiterhin rechtschaffen und loyal verhielt und großartige Ergebnisse hervorbrachte, gab es viele Kollegen, die sie unterstützten. Sie glaubte weiterhin an sich selbst und konzentrierte sich trotz Davids Intrigen auf ihre eigenen Prioritäten – und das machte sie stärker.

Sie schwor sich, nicht noch einmal zuzulassen, dass ihre Naivität ihre Karriere gefährdete.

Und die Moral von der Geschicht…

- Wölfe im Schafspelz können außerordentlich gefährlich sein. Erkennen Sie das Gute *und* das Böse in Ihren Mitmenschen.
- Geben Sie am Arbeitsplatz Ihr Bestes, egal was andere Menschen über Sie sagen. Gute Leistungen sind die beste Waffe gegen Verleumdungen.
- Umgeben Sie sich mit Menschen, die Sie unterstützen. Dann hat der Wolf keine Chance, Sie zu verschlingen.
- Solange Sie sich Ihre Rechtschaffenheit und Ihr Durchhaltevermögen bewahren, können Sie auch aus einer Niederlage stärker denn je hervorgehen.

- Arbeitsüberlastung können Sie nicht vermeiden – Sie müssen lernen, Ihr Pensum trotzdem zu schaffen und weiterhin gute Leistungen zu erbringen.
- Vermeiden Sie Umwege und Ablenkungen, und bleiben Sie auf dem Pfad Ihrer Prioritäten.
- Ein gesunder Selbsterhaltungstrieb und ein stabiles Selbstwertgefühl sind wichtig – auch wenn Sie nicht vollkommen sind.

4 *Hänsel und Gretel* Wie Sie Ihren Weg durch den Wald zu einem neuen Job finden

Die Geschichte von *Hänsel und Gretel* rührt an eine unserer Urängste: Von den eigenen Eltern ausgestoßen zu werden, von den Menschen also, denen wir vertrauen und die uns beschützen sollten, ist eine schreckliche Erfahrung. Und im Berufsleben haben wir möglicherweise Angst, vom »Elternhaus« Firma kaltgestellt oder gefeuert zu werden, auch wenn wir genauso unschuldig sind wie Hänsel und Gretel.

Die Mutter der beiden Kinder will sie loswerden, weil sie befürchtet, dass die Familie sonst verhungert. Auch im Arbeitsleben werden Individuen häufig dem ökonomischen Gesamtwohl oder dem Überleben der Firma geopfert. Feierschichten, der Abbau von Arbeitskräften und Outsourcing sind Gefahren, die unschuldige Mitarbeiter ins Dickicht der Arbeitslosigkeit hinaustreiben können. So etwas passiert auch den Besten.

Eine weitere Gefahr besteht in den geringen Abfindungssummen, die mit einer solchen Entlassung einhergehen. Wie Hänsel und Gretel, die nur ein mickriges Brotstück mitbekommen, werden die Betroffenen oft mit einer symbolischen Zahlung abgespeist oder erhalten – wenn das Unternehmen Konkurs anmelden musste – gar nichts.

Am Anfang der Geschichte ist Gretel die Schwächere der beiden Geschwister, die bei ihrem Bruder Trost und Halt sucht. Aber im Verlauf der Handlung entwickelt sich ihr Charakter weiter. Sie ergreift die Initiative – mit einem kühnen Stoß befördert sie die Hexe in den Ofen. Durch ihren Überlebenskampf entdeckt Gretel ihre eigene Stärke und ihre Fähigkeiten. Und genauso kann es einer Frau angesichts einer beruflichen Krise ergehen.

Die Geschichte von *Hänsel und Gretel* wurde zunächst von Henriette Dorothea Wild niedergeschrieben, die später Wilhelm Grimm heiratete. In der Grimmschen Originalversion wurden die Kinder von der leiblichen Mutter ausgesetzt, eine Seltenheit in Märchen, die der Mutter sonst eher eine beschützende Rolle zuweisen. Spätere Versionen milderten diese ab, indem sie die Stiefmutter für das Unglück der Kinder verantwortlich machten, eine Figur, die in Märchen häufiger als Bösewicht herhalten muss.

Es folgt eine kurze Zusammenfassung der Geschichte:

Im Wald lebt ein armer Holzfäller mit seiner Frau und seinen beiden Kindern, Hänsel und Gretel. Die Frau überredet ihren Mann, die Kinder im Wald auszusetzen, damit sie nicht länger zwei weitere Mäuler durchfüttern müssen. Doch Hänsel hat die Eltern belauscht und kann den Plan vereiteln: Die Kinder finden den Weg nach Hause zurück, weil sie ihn mit kleinen Steinen markiert haben. Als sie ein zweites Mal in den Wald gebracht werden, hinterlassen sie eine Spur aus Brotkrumen. Doch diesmal wird das Brot von den Vögeln aufgepickt.

Hänsel und Gretel verirren sich im Wald und kommen an ein Haus aus Brot mit einem Dach aus Kuchen und Fenstern aus Zucker. Die Bewohnerin, eine alte Frau, die in Wirklichkeit eine Hexe ist, lockt sie zum Essen ins Haus, obwohl sie eigentlich vorhat, ihrerseits die Kinder zu verspeisen. Die Hexe sperrt Hänsel ein und mästet ihn vier Wochen lang, damit er einen besonders fetten Brocken für sie ergibt. Eines Morgens behauptet die Hexe, Brot backen zu wollen, doch eigentlich will sie Gretel braten. Aber dem Mädchen gelingt es, stattdessen die Hexe in den Ofen zu stoßen und anschließend ihren Bruder zu befreien. Die beiden Kinder füllen ihre Taschen mit Perlen und Edelsteinen, die sie in der Schatztruhe der Hexe finden, und kehren dann nach Hause zurück. Als sie an einen Teich gelangen, über den weder Brücke noch Fähre führen, bittet Gretel eine freundliche Ente, sie ans andere Ufer zu bringen. Die Kinder gelangen sicher nach Hause und stellen fest, dass der Vater seine Tat bereut, und dass seine böse Frau tot ist. Durch den Batzen Edelsteine aus dem Hexenhaus sind ihre Sorgen vorbei.

Zu Beginn der Geschichte übernimmt Hänsel die Rolle des Anführers, der seiner Schwester versichert: »Wart nur ein Weilchen, bis der Mond aufgegangen ist, dann wollen wir den Weg schon finden.« Doch letztendlich entpuppt sich Gretel als die Stärkere, die beide aus dem Schlamassel befreit. Am Anfang ist sie noch von Hänsel abhängig, aber angesichts ihrer Schwierigkeiten gewinnt sie Mut und Selbstvertrauen. Ihre Findigkeit führt sie aus der Gefahr und schließlich in ein besseres Leben. So geht es häufig auch Menschen, die sich mit Arbeitslosigkeit konfrontiert sehen. Viele stellen fest, dass die vermeintliche Katastrophe ihnen letztlich ganz neue Möglichkeiten eröffnet.

So bedrohlich eine solche Situation einem auch anfänglich vorkommen mag: Ausgestoßen zu werden bedeutet oft auch eine neue Chance und höheren Lohn.

Seien Sie wachsam und vorbereitet

Weil Hänsel und Gretel den Plan ihrer Eltern kennen, können sie sich wappnen. Sie hinterlassen eine Spur aus weißen Kieselsteinen, damit sie nach Hause zurückfinden – wo sie zumindest eine Weile bleiben können.

Wer die Vorzeichen erkennt, hat mehr Zeit, sich auf eine Kündigung vorzubereiten und Maßnahmen zu ergreifen. Vor Entlassungswellen kursieren häufig entsprechende Gerüchte, und auch negative Berichte oder Gesamtergebnisse können ein wichtiger Hinweis sein. Auch auf persönlicher Ebene gibt es oft deutliche Anzeichen dafür, dass man mit einer Kündigung rechnen kann: Man bekommt eine schlechte Beurteilung, hat seine Verkaufszahlen oder seine Ziele nicht erreicht, hat ein Projekt vergeigt oder eine problematische Beziehung zu einem einflussreichen Vorgesetzten. Halten Sie Augen und Ohren offen, um derlei Warnsignale frühzeitig zu registrieren und sogleich in die Offensive gehen zu können.

Auf das Schlimmste ist man dann am besten vorbereitet, wenn man seine Kontakte pflegt. Engagieren Sie sich in berufsrelevanten Organisationen, und bleiben Sie mit Menschen aus anderen Firmen in Verbindung. Suchen Sie das Gespräch mit Headhuntern für Ihren Aufgabenbereich, auch wenn Sie eigentlich gerade gar nicht auf der Suche nach einem neuen Job sind. Legen Sie sich selbst eine Spur aus guten Kontakten, an die Sie sich halten können, wenn es notwendig ist.

Wie beurteilen Sie Ihre Fähigkeiten und Qualifikationen? Benötigen Sie für Ihre Jobsuche vielleicht zusätzliches Know-how? Eine Zusatzqualifikation oder ein zusätzlicher Abschluss, den Sie jetzt, da Sie noch in Lohn und Brot stehen, erwerben, ist für Ihren Lebenslauf von unschätzbarem Wert. Suchen Sie sich Abendkurse, Wochenendschulungen, Bildungsurlaube oder Online-Schulungen, die in Ihren Zeitplan passen. Indem Sie sich aktiv um eine Erweiterung Ihrer beruflichen Qualifikationen zu bemühen, können Sie vielleicht Ihre Karriere retten.

Ebenso wichtig ist es, sich auf alle Eventualitäten vorzubereiten. Durch Ihre Ersparnisse sollten Sie in der Lage sein, das Defizit, das Ihnen entsteht, wenn Sie ausschließlich auf das Arbeitslosengeld angewiesen sind, zu überbrücken. Das ist gar nicht so einfach, denn die Preise und Lebenshaltungskosten steigen ständig, aber tun Sie Ihr Bestes. Nehmen Sie sich vor, sich eine Zeit lang einzuschränken, und erstellen Sie einen Haushaltsplan. Wenn Sie auf Ersparnisse zurückgreifen können, ist der Druck der Arbeitslosigkeit weniger stark, was Ihnen wiederum erlaubt, Ihre Energie auf die Suche nach einem Job zu konzentrieren, statt sich mit der Begleichung von Rechnungen herumzuärgern. Mit genügend Ersparnissen im Rücken, können Sie in Ruhe entscheiden und akzeptieren nicht unversehens eine Position, die weniger gut ist als Ihre vorherige.

Bringen Sie sich für die Jagd nach einem neuen Job in Form

Martha war zehn Jahre lang als Managerin für ein großes Unternehmen tätig. Dies war ihre erste einflussreiche Position gewesen: Sie hatte viel in das Wachstum der Firma investiert und oft bis in die Nacht hinein Überstunden gemacht. Doch dann fiel sie dem Abbau von Arbeitskräften zum Opfer. Kurz darauf zog ihr Mann aus und behauptete, mehr »Freiraum« zu brauchen. Mit ihrem Gehalt hatte sie einen Großteil des gemeinsamen Einkommens bestritten, sodass sich der Verdacht aufdrängte, dass seine Entscheidung mit ihren plötzlichen finanziellen Einbußen zusammenhing.

Martha musste sich nicht nur mit dem Verlust des Arbeitsplatzes, sondern auch mit dem emotionalen Betrug auseinandersetzen. Sie war verzweifelt und hatte nicht das Selbstvertrauen, gleich nach einer neuen Stellung Ausschau zu halten. Sie fühlte sich hilflos und verlassen und irrte orientierungslos durch den Wald ihrer Gefühle. Sie verlor jegliches Interesse an ihrer Umwelt, sogar das Essen wurde unwichtig und sie wurde mager und lethargisch.

Glücklicherweise hatte Martha genug Ersparnisse, sodass sie sich Zeit nehmen konnte, um sich wieder zu sammeln. Sie meldete sich als freiwillige Helferin im Tierheim, damit sie eine regelmäßige Aufgabe hatte und eine Tätigkeit, an die sie glaubte. Außerdem suchte sie verstärkt Kontakt zu ihrer Familie, für die sie in den vergangenen stürmischen zehn Jahren wenig Zeit gehabt hatte. Diese sinnvollen Aktivitäten spendeten ihr Trost und gaben ihr die Kraft, sich um ihre gesundheitlichen Probleme zu kümmern. Sie ging zum Arzt, der eine Anämie diagnostizierte und ihr entsprechende Präparate verschrieb. Die Medikamente und eine zusätzliche Ernährungsumstellung brachten schon bald die gewünschten Erfolge. Kurz darauf fühlte sie sich stark genug, um sich einen lang gehegten Traum zu erfüllen: Sie unternahm eine Wildwasser-Rafting-Tour in den USA in Montana. Jetzt hatte Martha auch wieder das Selbstvertrauen, um neue Kontakte zu knüpfen und an berufsrelevanten Veranstaltungen teilzunehmen. Sie wurde auf ein paar interessante Stellenausschreibungen aufmerksam, und es dauerte nicht lange, bis sie eine neue, befriedigende Arbeit gefunden hatte.

Wer seinen Job verliert, steht unter Stress, ist häufig demoralisiert, oft sogar traumatisiert. Manchmal kann der Verlust des Arbeitsplatzes uns aber auch wachrütteln. Oft arbeiten wir so hart, dass wir gar nicht merken, wie sehr wir dabei auf den Hund kommen. Wenn der Stress plötzlich nachlässt, entwickeln wir nicht selten körperliche Symptome. Und selbstverständlich kann auch der Schock der Entlassung zu gesundheitlichen Problemen führen.

Depressionen, Gewichtszu- oder -abnahme, Anämie, eine Schilddrüsenunterfunktion oder andere Krankheiten rauben dem Betroffenen die Energie und das Durchhaltevermögen, die für die Jobsuche notwendig sind. Egal wie versessen Sie also darauf sind, einen neuen Arbeitsplatz zu finden, kümmern Sie sich zuallererst einmal um Ihre Gesundheit. Zögern Sie nicht, sich im Kampf gegen seelische oder körperliche Erkrankungen professionelle Hilfe zu holen. Dies ist der erste Schritt, um Ihre Karriere wieder in geordnete Bahnen zu lenken.

Bleiben Sie zuversichtlich und optimistisch

Zu Beginn der Geschichte von *Hänsel und Gretel* ist Hänsel der Optimistische von beiden. Er versichert seiner Schwester immer wieder, dass sie schon nach Hause zurückfinden werden. Aber nachdem ihr Bruder von der Hexe gefangen worden und sie auf sich selbst gestellt ist, gewinnt Gretel an Zuversicht und übernimmt schließlich sogar die Führungsrolle. Sie entdeckt ihren Mut und lässt sich nicht unterkriegen.

Während einer Phase der Arbeitslosigkeit optimistisch und zuversichtlich zu bleiben, erfordert ein hohes Maß an Hoffnung und Glauben. Das ist nicht leicht – aber es ist eine wichtige Voraussetzung für den Erfolg. Niemand wird Ihnen eine gute Position in seinem Unternehmen anbieten, nur weil Sie ihm leidtun. Sie brauchen eine selbstsichere und beschwingte Ausstrahlung. Geben Sie trotz Absagen, inadäquater Stellenangebote und Enttäuschungen die Hoffnung nicht auf. Das ist gar nicht so einfach und nur zu erreichen, indem man sich systematisch um eine positive innere und äußere Haltung bemüht.

Fünf kostbare Kieselsteine: Wie Sie Ihren Optimismus bewahren und den Weg zurück finden können

1. Während Sie an Ihrer Bewerbung herumfeilen, sollten Sie Ihren Lebenslauf dazu nutzen, sich Ihre Fähigkeiten und Leistungen ins Gedächtnis zu rufen.
2. Intensivieren Sie den Kontakt zu Freunden und Familienmitgliedern, die Sie unterstützen. Nehmen Sie Verbindung zu alten Freunden und Verwandten auf, die Sie schon lange nicht mehr gesehen haben.
3. Treiben Sie so häufig wie möglich Sport: Dreimal pro Woche sollten Sie mindestens anstreben.
4. Übernehmen Sie ehrenamtliche Tätigkeiten. Etwas für einen guten Zweck zu tun und anderen zu helfen, stärkt das Selbstwertgefühl. Außerdem ergeben sich aus solchen Ämtern oft wertvolle Kontakte, die auch beruflich von Vorteil sein können.
5. Nehmen Sie sich Zeit für Tätigkeiten, die Ihrem Geist und Ihrer Seele guttun: Dabei ist es unerheblich, ob Sie die Einsamkeit der Natur suchen, ins Museum gehen oder Ihren Hund ausführen.

In Sachen Optimismus ist meine Schwester Mary ein wahrer Quell der Inspiration. Als sie ihren Job bei dem großen Unternehmen, bei dem sie angestellt war, verlor, stand sie als alleinerziehende Mutter unter besonders starkem Druck. Aber sie bewahrte sich ihre positive Einstellung. Selbstmitleid war ihr fremd, und das Mitleid ihrer Umwelt lehnte sie ab. Im Umgang mit anderen Menschen bewahrte sie sich ihr positives und intaktes Selbstbild und setzte sich nie selbst herab. Das gab ihr genug Selbstvertrauen, um die richtigen Fäden zu ziehen und ihre beruflichen Kontakte zu nutzen. Mary hatte keine Bedenken, sämtliche Leute die sie kannte, anzurufen. Sie wandte sich sogar an die

CEOs führender Unternehmen, um an der Spitze einen Fuß in die Tür zu bekommen. So beeindruckte sie nicht nur durch ihren Lebenslauf, sondern auch durch ihre Couragiertheit. Es war offensichtlich, dass sie für eine hochrangige Position das richtige Potenzial mitbrachte. Kein Wunder also, dass die entsprechende Stellung nicht lange auf sich warten ließ.

Wie Sie Ihre Jobsuche professionell meistern

Hüten Sie sich davor, sich nach Ihrer Entlassung als »arbeitslos« zu definieren. Sie haben eine wichtige neue Aufgabe: nämlich sich selbst zu vermarkten und zu verkaufen. Nehmen Sie diese genauso ernst wie jeden anderen Job.

Definieren Sie regelmäßige Arbeitszeiten, in denen Sie sich Ihrer neuen Aufgabe der Jobsuche widmen. Stehen Sie zur gewohnten Stunde auf, und achten Sie auf einigermaßen ordentliche Kleidung (legere Berufskleidung ist ausreichend, es sei denn, sie haben ein Vorstellungsgespräch). In repräsentativer Kleidung werden Sie, wenn ein potenzieller Arbeitgeber Sie zurückruft, automatisch viel selbstbewusster über Ihre Fähigkeiten sprechen können als in ihrem alten Bademantel!

Gehen Sie in Ihr neues »Büro«, egal ob es sich um das Büro Ihres Outplacement-Beraters, um den Schreibtisch im Keller oder den Computer im Wohnzimmer handelt. Nehmen Sie sich mindestens einen halben Tag Zeit, oder besser noch, arbeiten Sie acht Stunden am Tag an Ihrer Jobsuche, aber achten Sie darauf, sich auch nicht zu überfordern.

Hänsel und Gretel fanden Perlen und Juwelen im Hexenhäuschen. Vielleicht finden auch Sie irgendwo einen unerwarteten Schatz. Suchen Sie überall, seien Sie für alle Möglichkeiten offen – und verfolgen Sie sämtliche Spuren.

Zu Beginn Ihrer Jobsuche laufen Ihre Gedanken sicher in hundert verschiedene Richtungen. Hinzu kommen die Ratschläge dieses Kollegen, mal Herrn Soundso anzurufen oder jenes Freundes, sich an Frau XYZ zu wenden. Dabei ist es unerlässlich, sich selbst zu organisieren. Es ist wie bei jedem anderen Job: Planen Sie Ihre Aktionen, halten Sie sie gewissenhaft und dokumentieren Sie die Ergebnisse.

Es gibt viele verschiedene Systeme, mit deren Hilfe sich Ihre Jobsuche organisieren lässt. Sie können Karteikarten benutzen, ein Rolodex, einen Minicomputer, ein Computerprogramm oder einfach nur Stift und Papier. Es spielt keine Rolle, welche Hilfsmittel Sie einsetzen. Hauptsache, Sie bewahren den Überblick.

Im Folgenden stelle ich Ihnen als Orientierungshilfe ein einfaches System vor – aber natürlich können Sie sich jederzeit ein eigenes ausdenken.

Organisationshilfe für die Jobsuche

Richten Sie sich ein Notizbuch oder eine Computerdatei ein, wo Sie über Ihre Kontakte und Ergebnisse Buch führen. Außerdem benötigen Sie einen Kalender mit einer Seite pro Kalendertag, um sich zu notieren, welche Anrufe Sie tätigen wollen und um sich Verabredungen einzutragen. Folgende Informationen sollten Sie sich notieren:

Wer: Name der Person, die Sie anrufen wollen, Telefonnummer, E-Mail-Adresse und Postadresse.

Warum: telefonische Nachfassaktion nach einer Bewerbung auf eine Zeitungsannonce oder bei einem Hinweis auf eine interne Stellenausschreibung, Anruf wegen persönlicher Empfehlung, um allgemeine Ratschläge zu erhalten oder um das persönliche Netzwerk zu pflegen.

Wie: Anruf, E-Mail, E-Mail mit Lebenslauf im Anhang, persönliche Übergabe, Postversand.

Wann: Legen Sie ein Datum fest, wann Sie den ersten Kontakt herstellen wollen, und tragen sie es in Ihren Kalender ein.

Aktion: Notieren Sie jeden Anruf, jeden Brief und jede Nachricht, die diesem Kontakt zuzuordnen ist.

Ergebnis: Notieren Sie Antworten und Reaktionen. Wenn die Person Ihnen neue Hinweise auf Stellenausschreibungen gegeben hat, notieren Sie dies separat. Wenn Sie keine Antwort erhalten haben oder gebeten wurden, zu einem bestimmten Zeitpunkt zurückzurufen, legen Sie ein bestimmtes Datum für den Rückruf fest und tragen Sie es in Ihren Kalender ein.

Der erfolgreiche Lebenslauf

Ihr Lebenslauf sollte mehr als nur eine Auflistung Ihrer bisherigen Jobs sein. Er muss eine Botschaft enthalten, oder – um es in der Sprache der PR zu formulieren – mit dem Lebenslauf *vermarkten* und *verkaufen* Sie sich dem potenziellen Arbeitgeber.

Julie, Leiterin einer erfolgreichen Personalagentur, hat folgenden Rat: »Gehen Sie bei Ihrem Lebenslauf chronologisch vor. Wählen Sie zudem ein leicht lesbares Format mit einer Schriftgröße von 11 oder 12 Punkt. Es ist ein Irrtum, dass der Leser durch eine ungewöhnliche Schriftart auf Sie aufmerksam wird. Letztlich zählt nur der Inhalt, die Informationen über Sie selbst. Ein Lebenslauf kann durchaus mehr als eine oder zwei Seiten umfassen. Natürlich will sich niemand durch ein sechsseitiges Dokument quälen müssen, trotzdem sollten Sie hier einigermaßen genau auf die eigenen Leistungen und Fähigkeiten eingehen. Bei mehr als fünf Jahren Berufserfahrung verzichten Sie auf eine stichwortartige Darstellung; legen Sie lieber ein detailliertes Profil bei, in dem Sie Ihre bisherigen Tätigkeiten genau darlegen, wobei Sie nicht vergessen sollten, die genauen Daten und Zeiträume zu verzeichnen. Viele Bewerber schrecken zudem vor ›persönlichen Angaben‹ zurück.

Das ist ein Fehler. Einmal schickte mir eine Frau einen Lebenslauf, auf dem sie ihr Interesse für Tennis vermerkte. Als ein namhafter Tennisclub sich mit einem Stellengesuch an uns wandte, musste ich unwillkürlich gleich an sie denken, denn diese persönliche Information war mir im Gedächtnis geblieben.«

Checkliste für den Lebenslauf

- Wählen Sie ein traditionelles Format. Name und Adresse stehen oben. Dann folgt – angefangen mit der jüngsten Tätigkeit – eine Auflistung von Jobs und Arbeitgebern.
- Benutzen Sie qualitativ hochwertiges Papier. Lassen Sie jemand anders für Sie Korrektur lesen.
- Listen Sie nicht einfach nur die Positionen oder Titel auf, die Sie in der Vergangenheit innehatten, sondern schildern Sie auch die Aufgaben und Verantwortungsbereiche der jeweiligen Stellungen.
- Heben Sie besondere oder eindeutig messbare Leistungen in jedem Job hervor; achten Sie dabei auf eine kurze, prägnante Darstellung.
- Stimmen Sie Ihren Lebenslauf auf jede einzelne Bewerbung ab.
- Überdenken Sie dabei die Fähigkeiten und Qualitäten, die in der Anzeige oder Stellenbeschreibung von dem Bewerber verlangt werden.
- Bleiben Sie ehrlich.

Das richtige Anschreiben

Ob Sie Ihren Lebenslauf nun per Internet, Fax oder Post schicken, Sie benötigen ein sorgfältig formuliertes Anschreiben. Halten Sie sich dabei kurz, aber nutzen Sie die Gelegenheit, Ihre Persönlichkeit und Ihre besonderen Vorzüge hervorzuheben. Bevor Sie Ihre Bewerbung abschicken, ist es ratsam, sich den Text noch einmal genau durchzulesen, um Tippfehler zu vermeiden, denn dieses Schreiben vermittelt den ersten, oftmals entscheidenden Eindruck.

»Personalverantwortliche ertrinken oft in Bewerbungen«, sagt Diana, die in leitender Position bei einer Zeitarbeitsfirma tätig ist. »Deshalb ist das Anschreiben besonders wichtig. Nur wenn Sie es schaffen, hier zu überzeugen, liest der Zuständige überhaupt weiter in Ihrer Bewerbung. Wecken Sie in ein, zwei Sätzen das Interesse des Personalverantwortlichen, indem Sie schreiben, warum Sie für die ausgeschriebene Stelle besonders geeignet sind. Schildern Sie, warum Sie auf Jobsuche sind, nennen Sie die Position, für die Sie sich interessieren und erwähnen Sie, wie man Kontakt mit Ihnen aufnehmen kann.«

Wenn Sie eine Stelle unbedingt haben wollen, dann sollten Sie Anschreiben und Lebenslauf nicht einfach in den Cyberspace schicken und darauf warten, dass etwas passiert. Verfolgen Sie Ihre Bewerbung nach, indem Sie eine E-Mail schicken oder sich in der fast vergessenen Kunst üben, eine persönliche, handschriftliche Nachricht zu verfassen. Eine solche Notiz auf einer edlen Karte oder besonders gutem Papier kann dem Empfänger durchaus im Gedächtnis bleiben.

Wie Sie herausfinden, wo Sie suchen müssen

Hänsel und Gretel probierten drei Methoden aus, um ihren Weg nach Hause zu finden: Sie verteilten weiße Kieselsteine auf dem Weg, sie streuten Brotkrumen und sie suchten sich ihren eigenen Weg nach Hause, wobei sie sich vom Instinkt leiten ließen. Bei der Suche nach einem Arbeitsplatz stehen Ihnen ebenfalls drei Wege zur Verfügung:

Arbeiten Sie mit Outplacement-Beratern und Headhuntern beziehungsweise Personalberatungsagenturen zusammen. Wie der Pfad aus weißen Kieselsteinen ist dies ein ebenso kluger wie effizienter Weg, um die zukünftige Richtung zu finden. Wenn Ihre Firma Ihnen eine Outplacement-Beratung anbietet, nutzen Sie sie. Wenn nicht, suchen Sie sich Personalberatungsagenturen oder »Headhunter«, die sich auf Ihr Arbeitsgebiet spezialisiert haben. Die Zusammenarbeit mit einem Experten ist eine wertvolle Orientierungshilfe und vermittelt Ihnen Zugang zu hochkarätigen Jobs, die nicht öffentlich ausgeschrieben werden.

Susanne, die Geschäftsführerin einer Personalberatungsagentur, formuliert es folgendermaßen: »Man sollte die Headhunter und Personalverantwortlichen der Region und der eigenen Branche kennen und die Beziehung zu ihnen genauso pflegen wie die zu den Mitgliedern des eigenen, persönlichen Netzwerkes. Personalberater können Jobsuchenden viele wichtige Informationen vermitteln.« Außerdem weist sie darauf hin, dass man das Gespräch mit einem Headhunter wie ein normales Vorstellungsgespräch handhaben sollte: Dazu gehören nicht nur das professionelle Outfit, sondern auch das entsprechende Verhalten.

Werden Sie von sich aus bei Unternehmen aktiv, in denen Sie unbedingt arbeiten möchten. Statt sich ausschließlich auf Anzeigen oder offizielle Stellenausschreibungen zu konzentrieren, sollten Sie auch zu denjenigen Firmen Kontakt aufnehmen, die ihnen als Arbeitgeber attraktiv erscheinen. Überlegen Sie sich eine Strategie, um einen Fuß in die Tür zu bekommen. Denken Sie über Ihre langfristigen Karriereziele nach und fragen Sie sich, in welcher Firma und welcher Stellung Sie sie am besten verwirklichen können. Anschließend suchen Sie nach Firmen und Organisationen, die als potenzielle Arbeitgeber infrage kommen – aufgrund ihrer räumlichen Nähe, ihrer speziellen fachlichen Ausrichtung, ihrer Firmenkultur oder anderer Kriterien. Machen Sie eine Liste dieser Firmen und finden Sie heraus, wer im Einzelfall der geeignete Ansprechpartner ist. Oft handelt es sich um einen Personalreferenten, aber gelegentlich bringt es mehr, wenn man sich gleich an eine Führungskraft wendet – zum Beispiel an den Geschäftsführer oder CEO.

Verfolgen Sie Anzeigen in Zeitungen oder im Netz. Diese Methode kann genauso erfolglos sein wie die Brotkrumen von Hänsel und Gretel. Die Jobs aus der Zeitung können von anderen hungrigen Tieren im Wald verschlungen werden, bevor Sie auch nur einen Bissen davon abbekommen.

Trotzdem sollte man Anzeigen nicht außer Acht lassen, besonders, wenn Sie Berufsanfänger sind oder eine Position in der mittleren Verantwortungsstufe anstreben.

Vielleicht überrascht es Sie, dass Online-Ausschreibungen weniger Erfolge bringen als Anzeigen in den Printmedien. Im Rahmen einer entsprechenden amerikanischen Studie gaben nur 5 Prozent der befragten Personen im Alter zwischen 21 und 37 an, ihren Job im Netz gefunden zu haben. Bei älteren Arbeitnehmern war die Quote noch niedriger.

Es ist nur allzu leicht und bequem, sich in seinem Sessel zurückzulehnen und seinen Lebenslauf in den Cyberspace hinauszuschicken. Aber bedenken Sie eines: Bei jedem vernünftigen Job, der online angeboten wird, treten Sie gegen Tausende von Konkurrenten an. Da ist es nicht so einfach, sich zu profilieren. Personalexperten sind sich darüber einig, dass der Erfolg einer Suche im Web begrenzt ist. Die meisten Resultate erzielt man durch eine aktive Jobsuche und durch Networking.

Diese aktive Jobsuche ist mit ganz altmodischer Lauferei verbunden: Rufen Sie Leute an, die Sie kennen, und finden Sie heraus, über welche Kontakte *sie* verfügen. Melden Sie sich bei den Firmen, an denen Sie interessiert sind, und gehen Sie zu beruflichen Veranstaltungen und Events. Schaffen Sie sich so viele persönliche Kontakte wie möglich, denn sie sind letztlich das Zünglein an der Waage.

Networking mit Erfolg

Networking ist nicht nur ein Trend oder ein Schlagwort, sondern die Methode Nummer eins, um einen guten Arbeitsplatz zu finden. In einer entsprechenden amerikanischen Studie von Bernard Haldane ist nachzulesen, dass 61 Prozent aller Arbeitnehmer ihren letzen Job durch Beziehungen und Empfehlungen fanden. Manche Outplacement-Berater oder Personalberatungsagenturen sprechen sogar von 80 Prozent.

Sie haben Hemmungen, einfach so hinzugehen und Kontakte zu knüpfen? Das ist ganz natürlich. Mit Schüchternheit, einem Gefühl der Unzulänglichkeit oder Verlegenheit haben wir alle zu kämpfen. Bei Veranstaltungen, in deren Mittelpunkt das Networking steht, fühlt man sich zuweilen sogar in seine Schulzeit zurückversetzt: Es ist wie auf dem Schulabschlussball: Man lehnt an der Wand und wartet darauf, dass ein Junge einen zum Tanz auffordert. Das Schöne ist, dass die Zeiten sich geändert haben. Heute warten Mädchen nicht mehr, bis sie zum Tanz aufgefordert werden. Und sie haben es auch nicht mehr nötig, gerettet zu werden.

Zu Beginn unserer Geschichte ist Gretel ziemlich hilflos, aber als es hart auf hart kommt, überlistet sie die Hexe, stößt sie in den Ofen, füllt ihre Schürze mit Juwelen und führt ihren Bruder nach Hause. Das können Sie auch! Machen Sie den entscheidenden Schritt. Pflegen Sie Ihre Kontakte zu Menschen und Gruppen, bei denen Sie sich wohl fühlen und wachsen Sie über sich hinaus.

Fangen Sie zu Hause an

Wenn Sie Schwierigkeiten haben, auf Menschen zuzugehen, fangen Sie mit Leuten an, die Sie schon kennen, um eine gewisse Routine zu erlangen. Rufen Sie alte und neue Freunde an: Verwandte, Nachbarn und frühere Kollegen. Schließen Sie neue Bekanntschaften in ihrer Gemeinde, kontaktieren Sie ehemalige Mitschüler, schließen Sie sich religiösen oder anderen Gemeinschaften an – pflegen Sie die Beziehungen, die sich automatisch aus Ihrem Lebensumfeld ergeben.

Wer Kinder hat, verbringt wahrscheinlich viel Zeit damit, die Kleinen zum Sport, zum Musikunterricht, zum Spielen und so weiter zu chauffieren. Auch hier bieten sich wieder hervorragende Gelegenheiten zum Networking: Unterhalten Sie sich mit anderen Eltern, die wiederum andere Freunde und Bekannte haben. Wer weiß, wo das hinführen kann? Viele Menschen finden wertvolle Kontakte im Kindergarten, bei der Schulversammlung, bei der Ballettstunde und im Fußballverein.

Kontakte zu pflegen fällt deutlich leichter, wenn man ein Projekt hat, über das man reden kann. Dadurch zeigt man, dass man ebenso beschäftigt wie tatkräftig ist und nicht einfach nur zu Hause herumsitzt und sich leidtut. An dieser Stelle sollte noch einmal die ehrenamtliche Tätigkeit erwähnt werden. Um wie vieles besser werden Sie sich fühlen, wenn Sie sagen können: »Ich bin auf der Suche nach einem Job als Buchhalter, aber momentan arbeite ich ehrenamtlich im Altenheim, wo ein neues Abrechnungssystem eingeführt wurde.« Oder »Eigentlich suche ich eine Stellung als Bankkauffrau, aber solange ich Zeit habe, archiviere ich die Spendenliste im Museum.«

Ehrenamtliche Mitarbeit für einen guten Zweck

Eine todsichere Methode, um Ihrem persönlichen Netzwerk auf die Sprünge zu helfen, besteht darin, Hilfe *anzubieten*, statt nur darum zu bitten. Arbeiten Sie in Ihrer Gemeinde mit, engagieren Sie sich in der Schule, im Elternrat des Kindergartens, im Altenheim, im Tierheim, bei wohltätigen Vereinen. Der Vereinsvorsitzende wird sich an Sie erinnern und Ihnen über kurz oder lang vielleicht einen Gefallen tun. Außerdem wissen Sie nie, wen Sie durch ein zufälliges Telefonat, das Sie im Rahmen Ihrer ehrenamtlichen Tätigkeit führen, kennen lernen.

Nehmen Sie an einem Sponsorenlauf teil, dessen Erlös wohltätigen Zwecken zugute kommt. Auch wer sich bei der Organisation eines Festes im örtlichen Freizeitpark engagiert, eine Sammlung für die Gemeindebibliothek durchführt oder bei der freiwilligen Feuerwehr arbeitet, lernt bestimmt viele Menschen kennen. Durch eine solche ehrenamtliche Mitarbeit können Sie nur gewinnen. Selbst wenn Sie niemanden kennen lernen, der Ihnen bei Ihrem beruflichen Weiterkommen hilft, so haben Sie doch etwas Gutes getan – und allein das ist schon ein erhebendes Gefühl.

Schließen Sie sich berufsrelevanten Organisationen an

Suchen Sie nach Organisationen in der Nähe Ihres Wohnortes, die entweder zu Ihrem beruflichen Spezialgebiet, Ihren besonderen Fähigkeiten oder Ihrem Geschlecht passen; schließen Sie sich ihnen an und besuchen Sie regelmäßig die Sitzungen. Wenn derlei Gruppierungen Ihnen etwas bringen sollen, dann müssen Sie sich für sie einsetzen. Ergreifen Sie die Initiative und übernehmen Sie eine aktive Rolle. Sie sollten bereit sein, Zeit zu investieren, freiwillig in einem entsprechenden Projekt mitzuarbeiten und auch langfristig bei der Stange zu bleiben. Wenn Sie demonstrieren, dass Sie bereit sind, zusätzliche Verantwortung zu übernehmen, werden personalverantwortliche Personen über kurz oder lang auf Sie aufmerksam werden und Sie weiterempfehlen oder sogar einstellen.

Besuchen Sie Veranstaltungen und Konferenzen

Nichts ist besser als persönliche Kontakte, die man ebenso aktiv wie regelmäßig pflegt. Nehmen Sie an Fachveranstaltungen teil, die Sie interessieren. Wählen Sie dabei nicht nur Themengebiete, die zu Ihrem eigenen Tätigkeitsbereich gehören, sondern nutzen Sie auch die Gelegenheit, etwas Neues zu lernen, während Sie – so ganz nebenbei – Ihr persönliches Netzwerk erweitern. Damit Ihre Bemühungen Früchte tragen, sollten Sie ein paar Tipps beherzigen, wie Sie am besten auf sich aufmerksam machen:

Cindy, die in leitender Stellung bei einer namhaften PR-Agentur tätig ist, gibt dazu folgenden Ratschlag: »Man muss nicht jeden kennen lernen. Viel wichtiger ist es, kurz und präzise darauf aufmerksam zu machen, was Sie suchen und um Empfehlungen zu bitten, die Sie Ihrem Ziel näher bringen. Je deutlicher Sie Ihre Bedürfnisse artikulieren, umso höher sind Ihre Erfolgschancen.«

Lisa, Abteilungsleiterin bei einer bekannten Unternehmensberatung, formuliert es so: »Beim Aufbau eines beruflichen Netzwerks geht es darum, sich möglichst viele persönliche Beziehungen zu schaffen. Am besten erreicht man das, indem man andere unterstützt und ihnen hilft. Lassen Sie sie von Ihren Kenntnissen und Fähigkeiten profitieren. Versuchen Sie, so viel wie möglich über Ihr Gegenüber in Erfahrung zu bringen, und erzählen Sie Ihre Geschichte. Am wichtigsten aber ist es, dass Sie glaubwürdig bleiben und sich eine zuverlässige Beziehung aufbauen.«

Bei entsprechenden Veranstaltungen Kontakte zu knüpfen, ohne zu forsch oder gar verzweifelt zu erscheinen, ist häufig ein richtiger Drahtseilakt. Julia nennt ein paar Networking-Etiketten, die Ihnen im Zweifel weiterhelfen können: »Fragen Sie zunächst nach der Visitenkarte und bitten Sie um Erlaubnis, der betreffenden Person eine E-Mail zu schicken. Im Allgemeinen können Sie von der Hilfsbereitschaft Ihres Gesprächspartners ausgehen: Wenn möglich, wird er Sie bei der Suche nach einem adäquaten Arbeitsplatz unterstützen. Falls der andere seine Hilfe nicht anbietet, lassen Sie die Sache auf sich beruhen. Wenn Sie das Gefühl haben, dass der Kontakt nicht erwünscht ist, haben Sie wahrscheinlich Recht.«

Heißer Tipp: Denken Sie daran, dass Hänsel und Gretel sich vor lauter Hunger vom Knusperhäuschen der Hexe anlocken ließen! Hüten Sie sich vor überteuerten Fortbildungsveranstaltungen oder Lernmaterialien, die nur darauf abzielen, Arbeitssuchende auszubeuten. Das Gleiche gilt für Angebote, die Ihnen schnellen Reichtum versprechen – natürlich nur, wenn Sie sich vorher von einem beträchtlichen Geldbetrag trennen. Ich habe noch nie davon gehört, dass derlei Abkürzungen ein wirklicher Ersatz für harte und gute Arbeit sind.

Wie Sie effizient telefonieren

Wenn der Erstkontakt telefonisch hergestellt wird, ist es sogar noch schwieriger, eine persönliche Beziehung herzustellen. Julie, die bereits zitierte Leiterin einer Personalagentur, gibt hierzu folgenden Tipp: »Wenn Sie sich durch einen Anruf einen Kontakt aufbauen wollen, sollten Sie bereits auf dem Anrufbeantworter detaillierte Angaben hinterlassen. Beschränken Sie sich keinesfalls nur auf Ihren Namen und Ihre Telefonnummer. Formulieren Sie es beispielsweise folgendermaßen: ›Ich hoffe, Sie können mich Herrn Günter Schmitz von der XYZ GmbH weiterempfehlen. Er arbeitet dort als Personalreferent, und soweit ich weiß, kennen Sie Ihn ganz gut.‹ Diese Information ist ausreichend. Machen Sie jetzt nicht den Fehler, auch noch zu erläutern, warum Sie für einen Job bei der XYZ GmbH besonders geeignet sind. Ihre Botschaft sollte einfach, aber klar sein, sodass Ihr Gegenüber genau weiß, was Sie wollen.«

Wie Sie beim Vorstellungsgespräch eine gute Figur machen

Nachdem es Hänsel und Gretel gelungen ist, die Hexe zu besiegen und ihre Taschen mit Juwelen zu füllen, müssen sie noch eine weitere Schwierigkeit überwinden, bevor sie wieder nach Hause zurückfinden: Sie müssen ein großes Gewässer überqueren und haben kein Boot. Bei der Jobsuche besteht diese letzte Hürde im Vorstellungsgespräch. Hier können Sie untergehen oder ans andere Ufer und damit ans Ziel gelangen.

Der erste Eindruck zählt

In der Regel bildet man sich in den ersten Minuten des Zusammentreffens eine Meinung über sein Gegenüber. Jede Sekunde zählt, deshalb …

Seien Sie pünktlich. Riskieren Sie keine Verspätung! Am besten planen Sie einen großzügigen zeitlichen Puffer ein. Wenn Sie am Zielort angekommen sind, können Sie sich ja erst einmal in ein nahe gelegenes Café setzen und dort warten. Etwa zehn Minuten vor Beginn des Vorstellungsgespräches können Sie sich bei der Sekretärin anmelden.

Wählen Sie Ihre Kleidung mit Bedacht. Wenn Sie nicht sicher sind, was für diesen speziellen Arbeitsplatz am besten geeignet ist, gehen Sie auf Nummer sicher: Klassische Kleidungsstücke mit Stil sind niemals verkehrt. Julia hat folgenden Rat für Sie: »Machen Sie sich über die Unternehmenskultur schlau. Finden Sie heraus, wie die Angestellten sich kleiden. Beim Vorstellungsgespräch sollte Ihr eigenes Outfit eine Stufe besser sein als das der Firmenmitarbeiter.«

Jeder hat Verständnis dafür, wenn Sie sich etwas förmlicher kleiden als Sie müssen, aber mit einem zu lässigen Stil beeindrucken Sie so leicht niemanden. Überlegen Sie sich schon ein paar Tage im Voraus, was Sie anziehen werden. Natürlich sollten die Kleidungsstücke fleckenlos sauber, gebügelt und frei von Katzenhaaren sein. Legen Sie gleich auch frisch geputzte Schuhe und eine frische Strumpfhose bereit.

Machen Sie sich im Vorfeld Gedanken über Ihre Antworten. Cindy, die bereits erwähnte Leiterin der PR-Agentur, hat ein paar innovative Vorschläge, wie man sich auf ein Vorstellungsgespräch vorbereitet: »Machen Sie vor dem Interview eine Liste Ihrer Stärken, wobei Sie diejenigen unterstreichen, die für diesen speziellen Job besonders relevant sind. Notieren Sie sich zu jeder markierten Stärke stichpunktartig eine Geschichte aus Ihrem Berufsleben, die diese positive Eigenschaft illustriert. *Jeder* kann behaupten, dass er sich durch Beharrlichkeit auszeichnet. Was diese Aussage aber besonders glaubwürdig macht, ist eine Geschichte, bei der gerade Beharrlichkeit zum Erfolg führte. *Diese Illustration* ist es, die Ihrem Gegenüber letztendlich im Gedächtnis haften bleiben wird.«

Beruhigen Sie sich – und den Personalverantwortlichen. »Professionelle Redner greifen häufig auf folgenden Trick zurück«, berichtet Cindy. »Vor einem Gespräch gehen Sie erst einmal in den Waschraum und trinken ein Glas Wasser. Lassen Sie heißes Wasser über Ihre Hände laufen, wenn es draußen kalt ist. Atmen Sie ein paar Mal tief durch und lächeln Sie Ihr Spiegelbild an. Jetzt hält auch Ihr Körper der psychologischen Belastung stand.« Wenn Sie Ihrem Gesprächspartner gegenübersitzen, gilt Folgendes: »Tun Sie, als ob der Betreffende bei Ihnen zu Hause zu Gast wäre. Sie selbst sind die perfekte Gastgeberin und sorgen dafür, dass er/sie sich wohl fühlt. Eigentlich ist das nichts weiter als ein psychologisches Spiel mit sich selbst – aber es wirkt, und zwar insbesondere dann, wenn Ihr Gesprächspartner außerordentlich ernst ist und nicht das kleinste Lächeln für Sie parat hat. Ihre Aufgabe besteht dann darin, eine entspannte Atmosphäre zu schaffen, in der auch der Interviewer sich wohl fühlt. Bauen Sie eine persönliche Beziehung zu ihm auf und versuchen Sie, ihm ein Lächeln abzuringen!«

»Während des Vorstellungsgespräches sollten Sie gut strukturiert und vorbereitet sein und sich kurz halten. Konzentrieren Sie sich auf das Wesentliche, und vermeiden Sie weitschweifige Erklärungen. Führen Sie sich vor Augen, dass der übliche Zeitrahmen für das erste Vorstellungsgespräch eine Stunde beträgt«, sagt Nancy, die Geschäftsführerin einer namhaften Personalagentur ist. »Achten Sie darauf, dass Ihnen genügend Zeit bleibt, um zum richtigen Zeitpunkt diejenigen Fragen zu stellen, die Sie sich vorher überlegt haben. Am wichtigsten aber ist es, dass Sie drei bis vier zwingende Gründe aufzeigen, warum Sie für diesen Job am besten geeignet sind. Außerdem gilt: Hören Sie aufmerksam zu. Wenn jemand Sie nach der Uhrzeit fragt, will er wohl kaum wissen, wie eine Uhr hergestellt wird.«

So wird Ihr Vorstellungsgespräch zum Erfolg

- Achten Sie auf Ihre Körpersprache. Nehmen Sie eine aufmerksame, aber dennoch natürliche und entspannte Körperhaltung ein. Natürlich können Sie die Beine übereinanderschlagen, aber verschränken Sie nie die Arme vor der Brust.
- Schauen Sie Ihrem Gesprächspartner in die Augen.
- Lächeln und lachen Sie an der richtigen Stelle, aber vermeiden Sie verlegenes Kichern. Es wird gern als Zeichen für Nervosität gewertet und untergräbt Ihre Autorität.
- Achten Sie genau darauf, was man Sie fragt. Preschen Sie mit Ihren Antworten nicht zu schnell vor. Geben Sie kurze, präzise Antworten; vermeiden Sie Wiederholungen, und halten Sie keine endlosen Vorträge.
- Wahrscheinlich müssen Sie Ihr – freiwilliges oder unfreiwilliges – Ausscheiden aus der letzten Firma erklären. Seien Sie dabei ebenso ehrlich wie taktvoll. Reden Sie *niemals* schlecht über Ihren vorigen Arbeitgeber.
- Vergleichen Sie die Arbeitsweise in früheren Jobs nicht mit den Methoden der Firma, in der Sie sich gerade vorstellen.
- Am besten verhalten Sie sich so, als ob Sie diesen Job definitiv haben wollen – auch wenn Sie nicht sicher sind. Sie haben immer noch die Möglichkeit, ein Angebot abzulehnen, wenn Sie es sich anders überlegen oder etwas Besseres auftun.

Wonach suchen Arbeitgeber?

Jeder Arbeitsplatz erfordert eine gewisse Bandbreite an Fähigkeiten. Aber was, wenn außer Ihnen noch 500 weitere Bewerber über die gleichen Fähigkeiten, genügend Erfahrung und gute Referenzen verfügen? Wie sehen jene besonderen Eigenschaften aus, die Sie aus der Menge anderer ebenso qualifizierter Bewerber herausheben?

Wenn ich jemanden einstelle, suche ich nach einer Person, die folgende Eigenschaften in sich vereint:

- Sie kann sich ausdrücken, ist intelligent und selbstbewusst.
- Sie ist offen und ehrlich und kann mir beim Gespräch in die Augen sehen.
- Sie ist in der Lage, problemlos mit sämtlichen innerbetrieblichen Ebenen zu kommunizieren, vom einfachen Angestellten bis hin zum Geschäftsführer.
- Sie ist teamfähig und besitzt ein bestimmtes Repertoire an Fähigkeiten.
- Sie passt in die vorherrschende Unternehmenskultur, besitzt aber genug Persönlichkeit, um ihr eine individuelle Note hinzuzufügen oder sie zum Besseren hin zu verändern.
- Sie ist begeisterungsfähig. Solche Menschen machen häufig einen besonders aufrechten und ehrlichen Eindruck.

Männliche Bewerber werden häufig nach ihrem Entwicklungspotenzial beurteilt. Bei Frauen konzentriert sich der Personalverantwortliche oft zunächst einmal auf ihre persönlichen Grenzen. Deshalb ist es für weibliche Bewerber wichtiger denn je, ihr eigenes Potenzial zu erkennen. Es ist wahr: In zahlreichen Unternehmen gibt es insbesondere in den Führungsetagen immer noch keine Chancengleichheit zwischen Mann und Frau. Frauen müssen in Vorstellungsgesprächen durch besondere Leistungen überzeugen, sie müssen ihre Fähigkeiten und ihr Potenzial bewusst in den Vordergrund rücken, sodass man sie einfach nicht ignorieren *kann*.

Vielleicht sind Sie sogar gezwungen, alles auf eine Karte zu setzen und sollen eine Aufgabe erfüllen, die Sie noch nie bewältigen mussten. Bringen Sie Ihre Risiko- und Ihre Verantwortungsbereitschaft zum Ausdruck. Wenn Sie jetzt zögern oder Ausflüchte machen, bekommen Sie mit Sicherheit eine Absage. Es reicht nicht aus, die eigenen beruflichen Erfahrungen ehrlich darzulegen, Sie müssen auch bereit sein, die Herausforderungen anzunehmen, die der neue Arbeitsplatz für Sie bereithält. Was ist das Schlimmste, das passieren kann?

Vielleicht sind Sie nicht perfekt; vielleicht scheitern Sie sogar, aber halten Sie es mit Judy, einer professionellen Golfspielerin. Beim Verlieren eines Matchs hilft nur eines: »positiv denken«. Mit anderen Worten: Golf ist ebenso wie der Beruf ein mentales Spiel. Ein Fehler ist kein Beinbruch. Denken Sie nicht mehr daran, sondern machen Sie einfach weiter. Überlegen Sie doch mal, dass Frauen Mütter werden, ohne auch nur die geringste Erfahrung in diesem Bereich zu haben. Sie sind bereit für die Herausforderung, sie glauben, sie meistern zu können und irgendwie funktioniert es auch. Verglichen dazu ist eine neue Verantwortung im Job geradezu lächerlich! Aber Sie bekommen nur dann eine Chance, zu beweisen, was in Ihnen steckt, wenn Sie im Vorstellungsgespräch selbstbewusst und sicher auftreten.

Ob Sie es glauben oder nicht: Auch Arbeitgeber sind nervös. Ich betrachte es als Privileg, jemanden einstellen zu dürfen, aber auch als riesige Verantwortung. Die Person, die ich einstelle, kann meine Karriere fördern oder knicken.

Denken sie also daran, dass der Mensch, der auf der anderen Seite des Schreibtisches sitzt, vielleicht genauso unsicher und ängstlich wie Sie selbst ist. Es liegt in Ihrer Verantwortung, ihm absolutes Vertrauen in Ihre Fähigkeiten einzuflößen.

Hans und Greta in der New Economy

Es waren einmal zwei Software-Programmierer, die gemeinsam studiert hatten und nach ihrem Abschluss beide bei einem jungen Internet-Unternehmen arbeiten. Hans und Greta fanden es aufregend, dass sie Aktienanteile der Firma erhielten und in einem modernen Loft arbeiten konnten. Die Firma war von Anfang an viel zu groß und die Aktien wurden überbewertet, aber man setzte große Hoffnungen in den wirtschaftlichen Erfolg. Kurz nach dem Dot-Com-Crash belauschte Greta den Leiter der Finanz-

abteilung, der zum Geschäftsführer sagte: »Wir müssen Ballast abwerfen. Entlassen Sie mindestens 25 Prozent der Belegschaft.«

Greta war erschrocken, aber Hans hatte eine Idee: »Wir machen uns einfach unentbehrlich«, sagte er. »Ab sofort arbeiten wir täglich 12 statt 10 Stunden.« Das taten sie, und so überlebten sie die erste Entlassungsrunde.

Eines dunklen Tages jedoch verkündete der Finanzchef, dass auch Hans und Greta aus »innerbetrieblichen Gründen« entlassen werden sollten. Greta versuchte, ihre beiden Jobs zu retten, indem sie mit dem Geschäftsführer sprach, aber der antwortete – wenn auch widerstrebend –, dass er den Anweisungen des Leiters der Finanzabteilung Folge leisten müsse. Hans und Greta wurden fristlos gekündigt und mussten ihr Büro auf der Stelle räumen. Mehr als das Versprechen, in Kürze einen Scheck in Höhe eines Zweiwochenlohns zugeschickt zu bekommen, war nicht drin.

»Mach dir keine Sorgen«, sagte Hans, als sie bei einem Latte Macchiato in ihrem Lieblingscafé saßen und über ihre missliche Lage besprachen. »Wir haben doch immer noch unsere Aktien.« Aber im Laufe der darauf folgenden Wochen fanden sie heraus, dass die Aktien wertlos waren. Die Firma hatte Konkurs angemeldet, und zahlreiche Gläubiger warteten nur darauf, sich auf die paar Krümel zu stürzen, die übrig bleiben würden.

Hans und Greta glaubten an das Wunder des World Wide Web und waren davon überzeugt, dass sie online mit Leichtigkeit einen neuen Job finden würden. Täglich verbrachten sie Stunden damit, auf Job Sites zu surfen und ihre Lebensläufe per E-Mail zu verschicken. Aber es gab einfach zu viele arbeitssuchende Programmierer, und sie blieben erfolglos. Wenn Hans und Greta sich nun im Café trafen, um ihre Kontakte und Jobangebote auszutauschen, konnten sie sich statt des köstlichen Latte Macchiato nur noch eine kleine Tasse normalen Kaffee leisten.

Eines Tages erschien Hans nicht mehr zu ihrem üblichen Treffen. Der Stapel unbezahlter Rechnungen und die fehlenden Aussichten hatten ihn in eine tiefe Depression gestürzt. Er konnte sich einfach nicht aufraffen, das Haus zu verlassen. Sein Optimismus war verpufft, er hatte die Hoffnung verloren. »Ich sitze in der Falle. Aus diesem Loch komme ich nie mehr heraus«, beklagte er sich bei Greta.

Greta erkannte, dass sie die Zügel in die Hand nehmen musste, denn Hans würde in seinem bedauernswerten Zustand wohl kaum mit neuen Kontakten und Jobangeboten aufwarten können. Greta war bislang immer zu schüchtern gewesen, um sich ein Netzwerk aus beruflichen Kontakten aufzubauen, denn sie war ein introvertierter Mensch, der sich hinter dem Bildschirm am wohlsten fühlte. Aber ihre Not zwang sie dazu, aktiv zu werden. Zunächst einmal rief sie ein paar ehemalige Kommilitonen an. Sie traf sich mit ihnen zum Mittagessen, sammelte Informationen zu möglichen Jobs und suchte die Personalverantwortlichen einiger Firmen persönlich auf. Schließlich setzte sie alles auf eine Karte und besuchte eine Konferenz für Frauen in der Technologie-Branche. Dort verwies man sie nicht an ein, sondern gleich an zwei Unternehmen, bei denen eine geeignete Position frei wurde.

Gerade als Greta darüber nachdachte, ob die beiden Stellenangebote für sie infrage kamen, rief der Geschäftsführer ihrer alten Internetfirma an. Er berichtete, dass der Chef der Finanzabteilung entlassen worden war, dass sich die Firma nach dem Konkursverfahren neu gruppierte und dass er Hans und Greta wieder einstellen wolle. Hans war durchaus bereit, das Angebot anzunehmen, denn seine Jobsuche hatte keine Früchte gezeigt, und sein Selbstwertgefühl hatte gelitten. Gretas Situation war eine andere: Sie hatte an Selbstvertrauen gewonnen und verspürte nicht die geringste Lust, ihre Fähigkeiten noch einmal in den Dienst dieses früheren betrügerischen Arbeitgebers zu stellen – der ihr immerhin noch ihren Zweiwochenlohn schuldete!

Stattdessen beschloss sie, ein Jobangebot bei einer Firma anzunehmen, die ihr eine gewisse Stabilität versprach und nicht nur ein paar lausige Aktien, sondern wirkliche Vergünstigungen bot. Auch für Hans konnte Greta etwas tun: Wenn er sich schnell entschied, konnte er, so sagte sie ihm, ebenfalls eine Anstellung in dieser Firma finden; sie würde bei dem Personalverantwortlichen ein Wort für ihn einlegen. Hans war so überwältigt von Gretas neuer Entschlossenheit, dass er beschloss, ihrem Rat zu folgen.

So fanden beide Arbeit in einer Firma, die einen soliden Hintergrund zu haben schien, obwohl man in der New Economy natürlich nie sagen kann, dass sie dort glücklich bis an ihr Lebensende arbeiteten.

Und die Moral von der Geschicht …

- Gehen Sie in die Offensive, sobald Sie merken, dass Ihr Job in Gefahr ist: Sparen Sie Geld, bilden Sie sich weiter und schaffen Sie sich Kontakte.
- Kümmern Sie sich um Ihre körperliche und emotionale Gesundheit, damit Sie für die harte Zeit der Jobsuche in Form sind.
- Betrachten Sie die Suche nach einem neuen Arbeitsplatz wie einen Job: Vermarkten und verkaufen Sie sich selbst.
- Verirren Sie sich nicht in den Wäldern der Online-Jobbörsen. Das führt zu nichts. Für aktive Jobsuche und persönliche Kontakte gibt es keinen Ersatz.
- Betrachten Sie Networking als Möglichkeit zu geben und zu nehmen. Überlegen Sie sich, wie Sie anderen Menschen, Organisationen und Zwecken von Nutzen sein können.
- Bei einem Vorstellungsgespräch sollten Sie Ihrem Gegenüber absolutes Vertrauen in Ihre Fähigkeiten vermitteln. Demonstrieren Sie die Bereitschaft, Risiken einzugehen und Herausforderungen anzunehmen.
- Denken Sie daran, dass eine Entlassung durch Ihre alte Firma neue Chancen eröffnen kann, die mit besseren Entwicklungsmöglichkeiten und einem höheren Einkommen einhergehen.

5

Das hässliche junge Entlein Wie Sie sich Gleichgesinnte suchen, die Ihre Stärken erkennen

Wie das hässliche junge Entlein werden Frauen im Berufsleben häufig ausgeschlossen und von den Kollegen lächerlich gemacht. Wer hoch hinaus und ernsthaft Karriere machen will, sieht sich häufig mit Hohn und Spott konfrontiert. Und es geschieht nur allzu häufig, dass man den Schwan in uns nicht wahrnimmt – oft sind wir uns unserer Qualitäten ja selbst nicht bewusst. Erst wenn wir uns wirklich kennen lernen und bereit sind, unsere allzu bequemen eigenen Grenzen zu überschreiten, ja sogar zu leiden, finden wir heraus, wo wir wirklich hingehören. Um unser Potenzial voll ausschöpfen zu können, brauchen wir die Unterstützung derjenigen Menschen, die unser Talent und unsere Stärke anerkennen.

Das hässliche junge Entlein ist im Gegensatz zu vielen anderen Geschichten keine schriftliche Version eines alten, mündlich überlieferten Märchens. Es wurde im Jahre 1843 von dem dänischen Dichter Hans Christian Andersen veröffentlicht und ist eines der beliebtesten seiner insgesamt 156 Märchen. Die Geschichte geht den meisten Menschen unter die Haut, denn Andersen verlieh dem Entlein menschliche Züge: Es ist sein Alter Ego, ein gesellschaftlicher Außenseiter, der seinen Platz in der Welt erst noch finden muss.

Als Sohn eines Schusters und einer Waschfrau verbrachte der später so gefeierte Autor seine Kindheit in bitterster Armut. Seine Kameraden verspotteten den außerordentlich sensiblen Jungen wegen seiner Weichheit, seinen unmännlichen Interessen und seines eher tölpelhaften Erscheinungsbildes. Andersens Vater starb, als er elf war, und der Junge musste sich als Lehrjunge in einer Reihe von Berufen verdin-

Absender

Name / Vorname

Firma / Institution

Abteilung

Straße

PLZ / Ort

@

E-Mail: Wenn Sie regelmäßig unseren Newsletter mit Informationen und Angeboten erhalten möchten, nennen Sie uns bitte Ihre E-Mail-Adresse.

Bitte freimachen, falls Marke zur Hand

Antwort

Campus Verlag GmbH
Kurfürstenstraße 49
60486 Frankfurt am Main

gen, für die er einfach kein Händchen hatte. Erst als er mit 14 Jahren nach Kopenhagen ging, um dort als Sänger, Tänzer und Schauspieler zu arbeiten, erkannte man seine Begabung. Unter den Künstlern der Stadt fand er Menschen, die ihn unterstützten, ja sogar einen Mentor, der ihm den Besuch einer Schule und später auch der Universität finanzierte. Trotzdem scheiterte er als Schauspieler und wäre beinahe verhungert. Erst als er sein kreatives Potenzial auf die Schriftstellerei konzentrierte, fand er seinen Weg. Andersen schrieb Theaterstücke, Romane, Gedichte und Reiseberichte, aber erst seine Märchen und Kunstmärchen, die in mehreren Folgebänden in den Jahren 1835 bis 1872 veröffentlicht wurden, brachten ihm nachhaltigen Ruhm.

Andersens Geschichte vom *Hässlichen jungen Entlein* ist ein wunderbar poetisches Stück Literatur und enthält Bedeutungsebenen, die sich einem Kind wahrscheinlich gar nicht alle erschließen. Ich empfehle Ihnen, die klassischen Andersen-Märchen wieder einmal zu lesen. Sie werden überrascht sein, wie viel sie uns Erwachsenen zu sagen haben. Zunächst jedoch gebe ich Ihnen hier eine Zusammenfassung der Geschichte vom *Hässlichen jungen Entlein*, jenes mutigen Wesens, von dem wir eine Menge lernen können.

Bei seiner Geburt ist das Entlein anders als seine Geschwister: Es ist größer, plump und grau. Die anderen Enten necken und quälen es erbarmungslos, weil es anders ist. Selbst seine Mutter, die anfänglich noch daran glaubt, dass es sich schon gut entwickeln wird, ist irgendwann so verzweifelt, dass sie sich wünscht, es möge fortgehen. Deshalb verlässt das hässliche junge Entlein seine Familie und schließt sich einer Gruppe wilder Gänse an. Diese aber werden bei der Jagd erschossen. Das Entlein findet Zuflucht im Haus einer alten Frau, aber die Katze und die Henne, die dort leben, blicken auf die Ente und ihre Vorliebe fürs Schwimmen herab. Schmerzhaft vermisst das Entlein das Gefühl der Freiheit, das es immer verspürte, wenn es sich auf dem Wasser treiben ließ. Deshalb kehrt es in die Wildnis zurück. Eines Tages entdeckt der Enterich einen Schwarm wunderschöner weißer Vögel, aber er wagt kaum davon zu träumen, dass er von diesen herrlichen Wesen irgendwann akzeptiert werden könnte.

Das hässliche junge Entlein durchlebt einen langen, einsamen, entbehrungsreichen Winter: Es friert im Eis ein und wird fast von einer Bäuerin erschlagen. Als aber der Frühling ins Land zieht, breitet der junge Vogel seine Schwingen aus und stellt fest, dass er stärker ist denn je. Er fliegt in einen lieblichen Garten am Ufer eines Sees, wo er auf drei wunderschöne Schwäne trifft. Dort sieht er im Wasser sein eigenes Spiegelbild: Er ist zu einem majestätischen Schwan herangewachsen. Die anderen Schwäne umringen ihn, streicheln ihn mit ihren Schnäbeln und kleine Kinder im Garten jubeln vor Freude. Er spreizt das Gefieder, reckt den Kopf der Sonne entgegen und ist erfüllt von einer Freude, die er in seinen kühnsten Träumen nicht für möglich gehalten hätte.

Erkennen Sie den »Schwan« in Ihrem Spiegelbild

Das hässliche junge Entlein muss seine Schönheit und Erhabenheit erst selbst erkennen, um von seiner Umwelt akzeptiert und geliebt werden zu können. Genauso müssen sich Frauen ihres eigenen Wertes bewusst werden, bevor sie die Anerkennung und den Lohn ernten können, die sie am Arbeitsplatz verdient haben. Das ist gar nicht so einfach, denn Frauen sind manchmal selbst ihre strengsten Kritiker und neigen dazu, sich auf ihre Defizite zu konzentrieren statt auf ihre Begabungen. Männer tun im Berufsleben genau das Gegenteil – sie posaunen ihre Stärken hinaus und vertuschen oder ignorieren ihre Schwächen.

Manche Frauen strahlen am Arbeitsplatz förmlich vor Selbstsicherheit: Sie sind von Geburt an Schwäne. Viele andere (ich selbst gehöre ebenfalls dazu) müssen bewusst an einem positiven Selbstbild arbeiten. Das ist aber nicht unbedingt von Nachteil. Einige der ehrgeizigsten und erfolgreichsten Frauen auf der Welt haben sich tagtäglich mit ihrer Unsicherheit auseinandergesetzt. Es ist ein langer Kampf, der niemals endet.

Wer sich ständig beweisen muss, verfügt oft über mehr Antrieb und

Ehrgeiz. Man muss weder von Geburt an wie ein Schwan aussehen, noch sich wie einer fühlen, um einer zu werden.

Wer mich in einer Talkshow oder bei einem meiner Vorträge vor mehr als 300 Menschen erlebt, hält mich vielleicht für einen von Natur aus eher extrovertierten und selbstbewussten Menschen. Aber im Laufe meines Berufslebens bin ich mir mehr als einmal wie ein hässliches junges Entlein vorgekommen, und damals wie heute ist konzentrierte Anstrengung vonnöten, damit ich mein Gefieder spreize und meinen Kopf so hoch trage wie ein Schwan.

Es gibt keine Zauberformel für Selbstvertrauen und Selbstwertschätzung, aber es gibt ein paar Tricks, die ganz hilfreich sein können.

Erkennen Sie Ihre Stärken

Um ein gutes Selbstwertgefühl zu entwickeln, müssen Sie als Erstes einmal erkennen, dass Sie weder vollkommen noch unfehlbar sind. Sie können vielleicht nicht *alles*, besitzen aber sicher Fähigkeiten und Talente auf bestimmten Gebieten. Manche Ihrer Ziele können Sie erreichen, andere nicht, und das ist auch völlig in Ordnung. Ihr Erfolg ist Beweis Ihrer Fähigkeiten, Ihr Scheitern zeigt Ihnen Ihre persönlichen Grenzen auf.

Hans Christian Andersen scheiterte als Schauspieler, wurde aber ein gefeierter Autor. Sein Alter Ego, das hässliche Entlein, scheiterte als Ente, als Gans und als Haustier, aber nicht als Schwan. Jede erfolgreiche Frau hat Niederlagen erlebt und wird Ihnen jederzeit versichern können, dass es immer noch ein paar Gebiete gibt, auf denen ihre Leistungen nicht gut sind.

Es gibt niemanden, der alles kann. Das Geheimnis besteht darin, die eigenen Talente und Fähigkeiten zu erkennen, sie zu kultivieren, einen Job zu finden, wo man sie einsetzen kann und mit Menschen zusammenzuarbeiten, die diese Leistung anerkennen.

Vom Entlein zum Schwan – Verwandlungsübungen

Schreiben Sie auf:

- Was Sie in Ihrem jetzigen Job besonders gut können.
- Welche Ihrer besonderen Fähigkeiten Sie in Ihrem momentanen Job leider nicht unter Beweis stellen können, weil Ihnen die Gelegenheit dazu fehlt.
- Welche Schritte Sie unternehmen müssen, damit Ihre Fähigkeiten und Begabungen bei der Arbeit besser zur Geltung kommen.
- Denkwürdige Ereignisse, bei denen Sie im Rahmen Ihres beruflichen Werdeganges etwas Besonderes erreicht haben.
- Wann Sie Anerkennung durch eine Beförderung, eine Gehaltserhöhung, einen Bonus oder eine Vergünstigung bekamen.
- Drei Schritte, die Sie unternehmen können, um am Arbeitsplatz kurzfristig mehr Anerkennung zu finden.
- Drei Schritte, die Sie unternehmen können, um langfristig mehr Anerkennung zu finden.

Klopfen Sie sich auf die Schulter

Als Marketing- und PR-Beraterin gehörte es zu meinen Aufgaben, der Öffentlichkeit zu zeigen, wie toll mein Kunde oder meine Firma war. Trotzdem fiel es mir schwer, mich selbst zu vermarkten. Ich war vom Lob anderer abhängig, und das Warten auf diese Brosamen der Anerkennung war außerordentlich kraftraubend. Schließlich jedoch lernte ich, dass Menschen, die mit ihrer Arbeit zufrieden und glücklich sind, wissen, wie sie sich auch mal auf die Schulter klopfen können und sich selbst sagen: »Das hast du aber gut gemacht« – und das sogar noch bevor jemand anders sie lobt.

Wenn Sie sich selbst gratulieren können und sich wohl dabei fühlen, lernen Sie automatisch, auch andere von Ihren Leistungen in Kenntnis zu setzen. Natürlich müssen Sie sich jetzt nicht gleich in einen ungeheuerlichen Egoisten verwandeln, der der Welt ständig seine Überlegenheit aufs Butterbrot schmiert. Aber Sie müssen bereit sein, in aller Öffentlichkeit zu Ihren Fähigkeiten zu stehen und andere von Ihrem Wert zu überzeugen.

Das Fünf-Schritte-Programm zu einer stilvollen Selbstvermarktung

1. Informieren Sie Kollegen und Vorgesetzte informell über Ihre Ergebnisse.
2. Bringen Sie zu einem günstigen Zeitpunkt Memos, Berichte oder Briefe von Kunden in Umlauf, die deren Zufriedenheit mit Ihrer Arbeit bekunden.
3. Melden Sie sich freiwillig für Präsentationen bei Meetings.
4. Schreiben Sie Artikel für die Unternehmenszeitschrift oder für Fachpublikationen.
5. Sorgen Sie dafür, dass man Sie in der Fachliteratur und in Newslettern zitiert (dafür benötigen Sie unter Umständen die Einwilligung Ihres Vorgesetzten).

Seien Sie nicht zu zurückhaltend

Durch ein positives und selbstbewusstes Auftreten entwickeln Sie bald ein besseres Selbstbild und werden von Ihrer Umwelt automatisch stärker respektiert. Connie, die als Autorin und Unternehmensberaterin arbeitet, formuliert es folgendermaßen: »Damenhaftes, weibliches Verhalten ist zu einem großen Teil auf unsere gesellschaftliche Konditionierung zurückzuführen. Diese unterwürfigen Kommunikationsmuster, die wir Frauen von Kindheit an lernen, müssen wir ablegen. Wir müssen danach streben, am Arbeitsplatz ernst genommen zu werden, besonders von unseren männlichen Kollegen. Doch oft sabotieren sich Frauen selbst, zum Beispiel indem sie Formulierungen benutzen, die ihre Glaubwürdigkeit unterminieren. Dazu gehören ständige Entschuldigungen, ausweichende Aussagen, Floskeln wie ›irgendwie, na ja, so … ich muss jetzt mal eine dumme Frage stellen, aber …‹ Zudem neigen Frauen zu weitschweifigen Erklärungen. Kommen Sie auf den Punkt. Wir Frauen müssen sagen, was wir wollen: kurz, bündig, direkt und selbstbewusst.«

Machen Sie sich nicht über sich selbst lustig

In meiner Jugend war Frauenemanzipation noch weitgehend ein Fremdwort. Nette Mädchen verbargen ihre wahre Persönlichkeit hinter vornehmer Zurückhaltung und gutem Benehmen – oder sie machten sich über sich selbst lustig.

Vor Jahren war ich in einem Unternehmen angestellt, dem eine Entlassungswelle drohte. In einer Unterhaltung mit einem Kollegen sagte ich: »Na ja, ich werde wahrscheinlich nicht so schnell entlassen werden, denn ich bin ja nur ein kleines Licht und koste die Firma nicht viel.« Schon als ich es ausgesprochen hatte, wusste ich, dass es ein Fehler gewesen war, über mein Gehalt zu spotten und meine Bedeutung für die Firma zu schmälern. Außerdem hätte ich das ernste Thema »Entlassungen« nicht durch den Kakao ziehen dürfen.

Frauen machen sich viel häufiger über sich selbst lustig als Männer – möglicherweise, weil sie anderen zuvorkommen wollen. Aber dieser Schuss geht meist nach hinten los. Durch ein solches Verhalten verkaufen Sie sich unter Wert und schwächen das Bild, das die Kollegen und Vorgesetzten von Ihnen haben – ebenso wie Ihr eigenes. Humor ist auch am Arbeitsplatz wichtig, aber er darf nie auf Ihre Kosten gehen.

Akzeptieren Sie, dass nicht jeder Ihnen hilft

Viele Frauen glauben, dass sie nur dann *gut* sind, wenn alle sie *mögen*. Deshalb kommen sie sich irgendwann wie das hässliche Entlein vor, das weder bei den Enten, noch bei den Gänsen oder im Haus der alten Frau akzeptiert wurde, egal wie sehr es sich anzupassen versuchte.

Wer in der Job-Wildnis überleben will, muss akzeptieren, dass man mit manchen Menschen einfach nicht harmonieren kann. Es ist nicht immer ausreichend, nur nett, ehrlich und teamfähig zu sein. Manche Menschen werden Sie nie sympathisch finden, egal, was Sie tun – und das ist auch gar nicht so schlimm.

Jane, die als Abteilungsleiterin in einer großen Firma arbeitete, war immer stolz auf ihr freundliches, faires und rücksichtsvolles Verhalten. Als ihr Vorgesetzter ihr eines Tages mitteilte, dass einige ihrer Mitarbeiter sie nicht mochten, war sie ebenso überrascht wie verletzt. Nachdem sie lange und gründlich über die Situation nachgedacht hatte, beschloss Jane, die Sache auf sich beruhen zu lassen, und ihre Mitarbeiter *nicht* direkt auf die Missstimmung anzusprechen. Die betreffenden Personen verhielten sich weder feindselig noch unkooperativ, deshalb erschien es ihr nicht angemessen, sie in Verlegenheit zu bringen. Aber auch eine Entschuldigung oder Erklärungen ihrerseits waren nicht notwendig, denn immerhin hatte sie sich nichts vorzuwerfen. Stattdessen beschloss sie, bei den fraglichen Mitarbeitern, deren Namen ihr Vorgesetzter ihr genannt hatte, besonders aufmerksam auf ihr eigenes Verhalten und ihre Wortwahl zu achten.

Sie nahm sich immer nur eine Person auf einmal vor und versuchte, ihr einen besonderen Gefallen zu tun, sie zum Mittagessen einzuladen oder ihre Hilfe bei einem Projekt anzubieten. Diese Strategie war ebenso versöhnlich wie subtil, sodass weder ihr Stolz noch ihre Autorität infrage gestellt wurden. Außerdem war Jane sich darüber im Klaren, dass nicht jeder ihrer Mitarbeiter in Zukunft ihr größter Fan sein würde.

Mit der Zeit zeigten ihre Anstrengungen Früchte. Einige der Kollegen waren plötzlich viel engagierter und aufgeschlossener. Sie schauten in ihrem Büro vorbei, um zu schwatzen und gaben ihr willkommene Ratschläge und Informationen. Natürlich gab es auch weiterhin Kollegen, deren wahre Einstellung ihr gegenüber sie nicht so recht durchschaute, aber sogar *sie* respektierten Jane. Die ganze Situation machte Jane selbstsicherer, denn sie konnte plötzlich damit leben, dass sie nicht jedermanns Liebling war.

Es folgen ein paar Tipps, wie Sie Kollegen behandeln, die Sie nicht mögen oder die sich kalt und distanziert verhalten, wodurch der Arbeitsalltag noch anstrengender werden kann.

- Ein offenes Gespräch schadet häufig mehr als es nützt und ist auch nicht erforderlich, solange der fragliche Kollege Ihnen keine Steine in den Weg legt.
- Die beste Methode, um andere für sich zu gewinnen, besteht darin, ihnen bei ihren Projekten zu helfen und sich als besonders teamfähig zu erweisen.
- Manchmal sind Menschen einfach zu verschieden, um miteinander klarzukommen. Unter diesen Umständen verhalten Sie sich freundlich und professionell.
- Wenn Menschen Sie nicht zu mögen scheinen, kann der Grund dafür auch Neid und Unsicherheit sein. Fassen Sie es als Kompliment auf.
- Besonderer Druck kann Zwistigkeiten fördern. In solchen Zeiten bekommen alle Kollegen zu wenig Schlaf, sind gestresst und leicht reizbar. Das hat nichts mit Ihnen zu tun. Sorgen Sie dafür, dass Sie selbst ein bisschen Ruhe bekommen und nehmen Sie die Kommentare der anderen nicht persönlich.

Verstehen Sie Ihre Familie

Die Mutter des hässlichen Entleins versucht, ihm den richtigen Entengang beizubringen und es dazu zu bringen, regelmäßig wie eine Ente zu quaken, damit es sich vom Rest der Familie nicht unterscheidet.

Trotzdem wird das Entlein von den anderen Tieren auf dem Entenhof erbarmungslos gequält, gejagt und gebissen, sogar von seinen Schwestern. Schließlich verzweifelt die Entenmutter und sagt: »Wenn du nur weit fort wärst!«

Wenn die Eltern unser Verhalten missbilligen, so ist das zwar schmerzhaft, aber oft auch unvermeidlich. Vielleicht können Sie Ihre Eltern *niemals* davon überzeugen, dass Ihre Arbeit wichtig oder wertvoll ist. Indem Sie jedoch versuchen, die Einstellung Ihrer Eltern zu Ihrem beruflichen Werdegang zu verstehen, können Sie sich von dem Gefühl, ein Versager zu sein, befreien. Die Haltung Ihrer Eltern wird sich vielleicht nie ändern, aber Sie selbst können zu einem unabhängigen, reifen Menschen heranwachsen, dessen Selbstbild nicht mehr von der elterlichen Zustimmung abhängig ist.

Der Einfluss der Familie

Wenn Sie sich am Arbeitsplatz wie ein hässliches junges Entlein vorkommen, überprüfen Sie Ihren familiären Hintergrund, der zu diesem Gefühl beigetragen haben kann. Stellen Sie sich folgende Fragen:

- Wie hätte ich mich nach Ansicht meiner Eltern entwickeln sollen?
- Welche ihrer Hoffnungen habe ich erfüllt? Welche nicht?
- Waren ihre Vorstellungen von den damaligen Geschlechterrollen geprägt?
- Ist die Einstellung meiner Eltern das Resultat ihrer eigenen Erziehung: ihrer Jugend, ihrer sozialen Herkunft oder ihrer Erfahrungen?
- Wie beurteilen sie meinen beruflichen Werdegang jetzt?

- Habe ich es akzeptiert oder kann ich es akzeptieren, dass meine Eltern mit meinen Entscheidungen vielleicht nicht immer einverstanden sind?

Selbst die wohlmeinendsten Eltern können ihrer Tochter das Gefühl geben, eine Ente auf dem Trockenen zu sein.

Ich hatte wundervolle Eltern. Sie waren und sind ein ständiger Quell der Inspiration für mich, obwohl sie mittlerweile verstorben sind. Mein Vater führte das Familienunternehmen und interessierte sich sehr für unsere Erziehung und unsere Aktivitäten. Meine Mutter zog insgesamt fünf Kinder groß und fand trotzdem Zeit für ehrenamtliches Engagement. Sie wollte immer nur das Beste für uns alle, aber sie war eine Frau ihrer Zeit, und das beeinflusste ihre Reaktionen.

Ich erinnere mich daran, wie ich eines Tages ganz aufgeregt aus der Schule nach Hause kam, weil ich endlich herausgefunden hatte, welche berufliche Richtung ich einschlagen wollte: Ich wollte als PR-Beraterin arbeiten. Ich erwartete eine positive Reaktion auf diese großen Neuigkeiten und war am Boden zerstört, als meine Mutter sagte: »Warum machst du nicht lieber eine Ausbildung als medizinisch-technische Assistentin?« Sie hatte gehört, dass die Tochter einer Freundin diesen Weg eingeschlagen hatte und fand, dass dies ein vernünftiger, bodenständiger Beruf war. In ihrer Jugend hatte meine Mutter einige finanzielle Krisen durchlebt und wünschte sich einen sicheren, beständigen Job für mich (oder noch besser einen Mann mit einem sicheren Job, der unseren Lebensunterhalt bestritt). Eine Tätigkeit in der PR-Branche hatte in ihren Augen keine realistische Basis. Es war Kinderkram, ein Griff nach den Sternen – genauso gut hätte ich den Wunsch äußern können, nach Hollywood zu gehen. Und das brachte sie aus der Fassung.

Wir Frauen aus den geburtenstarken Jahrgängen erlebten eine Zeit des kulturellen Wandels, der sich in unseren Jugendjahren vollzog. Viele unserer Eltern erwarteten von uns ein Leben als Hausfrau und Mutter. Doch in den späten 60er und 70er Jahren veränderte sich die

Welt grundlegend. Obwohl viele Eltern lernten, unsere Berufswahl und unseren Ehrgeiz nicht nur zu akzeptieren, sondern auch zu bewundern, hält sich bis heute hartnäckig der Verdacht, dass wir durch unser berufliches Engagement nicht mehr familientauglich sind.

Aber auch wenn Sie jünger sind und den Streit der Generationen über die Rolle der Frau nicht hautnah miterlebt haben, kann es diverse Gründe geben, warum Ihre Eltern enttäuscht von Ihnen sind. Möglicherweise erwarten sie zu viel von Ihnen, weil Sie Gelegenheiten hatten, die ihnen verwehrt waren. Oder sie wünschen sich einen sicheren Arbeitsplatz für ihre Tochter und halten Ihre Risikobereitschaft für problematisch. Vielleicht erhoffen sie sich eine Laufbahn als Künstlerin für Sie, während Ihr Herz für die Betriebswirtschaft schlägt. Es gibt Millionen von Möglichkeiten, wie Sie den Träumen Ihrer Eltern einen Strich durch die Rechnung machen können – aber das heißt noch lange nicht, dass Sie ein Versager sind. Besinnen Sie sich immer wieder darauf, wie stolz Sie auf Ihre Entscheidungen sein können, egal was andere Menschen von Ihnen denken – sogar jene, die Sie am meisten lieben.

Nicht nur die eigenen Eltern, auch andere Familienmitglieder können entmutigend wirken, wenn sie Ihr Potenzial nicht erkennen oder Ihr Engagement nicht unterstützen. Männer fühlen sich häufig – ob bewusst oder unbewusst – in ihrer Männlichkeit bedroht, sobald die Ehefrau mehr verdient als sie selbst. Kinder befürchten oft, dass die Mutter sich nicht mehr genug um sie kümmern kann, wenn sie eine neue Arbeitsstelle antritt oder eine Beförderung annimmt. Ihre Partnerin hegt möglicherweise den Verdacht, dass sie angesichts Ihrer hochfliegenden Karriereambitionen auf der Strecke bleibt. Geschwister und Freunde haben vielleicht das Gefühl, dass Ihre Energie und Ihr Erfolg ein schlechtes Licht auf sie werfen und ihre eigenen Defizite stärker zutage treten lassen.

Wenn die Menschen, die Sie lieben, den Schwan in Ihnen nicht erkennen – oder nicht wollen, dass ein Schwan aus Ihnen wird –, müssen Sie Geduld und Verständnis für Ihre Umgebung aufbringen. Denken Sie daran, dass negative Reaktionen häufig auf Unsicherheit zurückzuführen sind und manchmal auch einfach nur ein Zeichen für Liebe sind. Mit anderen Worten: Ihre Umwelt hat Angst, Sie zu verlieren. Es ist unerträglich, wenn Sie über die anderen hinauswachsen, sodass keiner mehr mitkommt. Sie wollen im Vergleich zu Ihnen nicht wie Versager dastehen. Es dauert sicher, bis Sie Ihre Umgebung dazu bringen, Ihre ehrgeizigen Ziele zu unterstützen, aber es ist durchaus möglich, wenn Sie sie weiterhin lieben und einfach nur Sie selbst sind.

Und manchmal bleibt Ihnen nichts anderes übrig als zu akzeptieren, dass Ihre Familie und die alten Freunde Ihnen nicht die größtmögliche Unterstützung bieten. Dann müssen Sie sich Menschen suchen, die an Sie und an Ihren Erfolg glauben.

Suchen Sie die Gesellschaft anderer Schwäne

Nachdem das hässliche junge Entlein sich selbst im Spiegelbild als Schwan erkannt hat, wird es herzlich in den Schwarm mit aufgenommen: »Und die großen Schwäne umschwammen es und streichelten es mit dem Schnabel«, heißt es in der Geschichte. »Selbst der Flieder bog sich mit den Zweigen gerade zu ihm in das Wasser hinunter, und die Sonne schien so warm und so mild.«

So eine fantastische Begrüßung werden Sie im Arbeitsleben vielleicht nicht erleben, aber Sie können ein hohes Maß an Befriedigung erleben, wenn Sie sich mit Menschen umgeben, die Ihre Stärken anerkennen und Ihre Ideen zu schätzen wissen. Manche Frauen haben das Glück, von selbst auf solche Leute zu treffen, aber meist muss man sich ganz methodisch auf die Suche nach ihnen machen und sie ermutigen.

Suchen Sie sich Unterstützung in Ihrer eigenen Firma

Das Berufsleben ist weder altruistisch noch bietet es dem Einzelnen allzu viel Unterstützung. Sie können nicht davon ausgehen, dass man Sie automatisch akzeptiert, Ihnen Hilfe anbietet oder auch nur nett zu

Ihnen ist. Aber ein erbarmungsloser Dschungel nach dem Prinzip »Fressen und Gefressen werden« muss es auch nicht sein. Die Wahrheit liegt in der Mitte. Die meisten Menschen sind überlastet und kämpfen um ihr eigenes berufliches Überleben. Sie haben viel im Kopf, viel auf dem Schreibtisch und keine Zeit, sich gedanklich mit den Bedürfnissen und Zielen ihrer Kollegen zu befassen. Deshalb bedarf es Ihrer Initiative, um sich die Unterstützung Ihres Umfeldes zu sichern, denn so etwas geschieht nur selten spontan.

Helfen Sie den anderen ein bisschen auf die Sprünge. Am besten tun Sie ihnen einen Gefallen – und das nicht nur ein einziges Mal, sondern ständig. Und stellen Sie sich gleich darauf ein, dass nicht jeder so reagiert, wie Sie es sich erhoffen. Manche Kollegen werden einfach nur ihren Vorteil aus Ihrer Hilfe ziehen. Manche werden sie annehmen, sie nutzen, und damit ist die Sache für sie erledigt. Dann haben Sie die Wahl. Sie können entweder aufhören, der Person einen Gefallen zu tun oder sich überlegen, welchen Gefallen Sie Ihrerseits von dem Betreffenden erbitten könnten (es sollte ein großer sein). Beobachten Sie, wie der Kollege reagiert. Die meisten Menschen werden froh sein, Ihnen Ihre Hilfe irgendwie vergelten zu können. Meist sind die Leute einfach nur zu sehr mit sich selbst beschäftigt, um ungefragt etwas für andere zu tun.

Halten Sie sich an Ihre Zusagen. Leere Versprechungen sind heutzutage an der Tagesordnung, deshalb ist man froh, auf einen verlässlichen Menschen zu treffen. Wenn Sie zugesagt haben, die Excel-Tabelle bis Montag fertigzustellen, sollte sie bis dahin oberste Priorität für Sie haben. Wenn Sie versprochen haben, die Ideen eines Kollegen auf der nächsten Konferenz zu unterstützen, dann halten Sie sich daran. Wenn Sie einer Kollegin zugesichert haben, ihr ein Feedback zu ihrem Bericht zu geben, dann tun Sie es bald, damit sie ihren Abgabetermin einhalten kann.

Loben Sie Ihre Kollegen. Aufrichtig gemeinte Komplimente sind besonders wichtig! Die meisten Menschen erwarten kein Lob, deshalb werden sie über einen positiven Kommentar bezüglich ihrer Leistungen mit Sicherheit überrascht, wenn nicht gar schockiert sein. Anschließend jedoch werden sie dankbar lächeln, und ihre Schultern entkrampfen sich. Lob bringt also sowohl dem anderen als auch Ihnen selbst etwas.

Seien Sie keine Klatschbase. Wir sind alle nur Menschen, und Klatsch und Tratsch gehören nun einmal dazu. Trotzdem sollten Sie unter allen Umständen vermeiden, über andere »abzulästern«. Am Anfang genießt Ihr Gesprächspartner es vielleicht, mal so richtig über andere herzuziehen, aber auf lange Sicht wird er eher denken: »Wenn diese Frau über andere klatscht, dann tut sie es auch über mich.« Wer nicht zu distanziert oder kühl erscheinen will, kann sich auf harmlosen Klatsch über Leute verlegen, die keiner der Beteiligten kennt, wie Prominente oder die Kandidaten einer Fernseh-Show. Aber Ihre Kollegen sollten Sie unter allen Umständen aus der Gerüchteküche heraushalten.

Sagen Sie nicht zu allem »Ja und Amen«. Versuchen Sie nicht, sich bei Ihren Vorgesetzten lieb Kind zu machen, indem Sie ihnen dauernd zustimmen. Die meisten Menschen durchschauen diese Taktik, und Ihr Team wird *Ihnen* die Schuld für die daraus resultierende Mehrarbeit geben. Durch ein solches Verhalten schaffen Sie sich weder ein unterstützendes kollegiales Netzwerk, noch bringt es Ihnen langfristig eine Beförderung ein. Natürlich gibt es durchaus Leute, die durch notorisches Zustimmen die Karriereleiter erklimmen, aber oben angelangt, gibt es niemanden mehr, der sie unterstützt und ihnen hilft, wenn sie in Schwierigkeiten geraten.

Halten Sie auch in beruflichen Beziehungen nach dem gewissen Extra Ausschau. Um herauszufinden, welche Beziehungen Sie in Ihrem Unternehmen besonders pflegen wollen, rät Erin, die als Geschäftsführerin eines großen Bundesverbandes für weibliche Führungskräfte arbeitet, Folgendes: »Das kennen wir doch alle: Plötzlich entdecken wir ein besonderes Band zwischen unserem Gegenüber und uns selbst.

Wir haben ähnliche Vorstellungen, ähnliche Problemlösungsstrategien oder einen ähnlichen Sinn für Humor. Suchen Sie sich jemanden, der vielleicht in einer vergleichbaren Lage ist wie Sie selbst, der Ihnen aber eine neue Sicht der Dinge oder neue Einblicke in die Unternehmensstruktur gewähren kann. So können Sie Situationen aus einer anderen Perspektive betrachten und Ihre Entscheidungen entsprechend modifizieren. Ein neuer Blickwinkel von einem Menschen, dessen Position und Fähigkeiten sich von den unseren unterscheiden, ist oft von unschätzbarem Wert.«

Deb, die Leiterin einer Künstleragentur, formuliert es folgendermaßen: »Bei meinen Kontakten steht die persönliche Ebene im Vordergrund. Ich frage nur selten nach dem konkreten Beruf meines Gesprächspartners, sondern ich lege stattdessen Wert auf einen interessanten Dialog. Oft entspinnt sich ein Gespräch über seine beruflichen Vorlieben, seine Visionen und besonderen Erkenntnisse. Jeder sollte über ein paar außergewöhnliche Beziehungen innerhalb und außerhalb der eigenen Firma verfügen, und zwar zu Menschen mit den unterschiedlichsten Hintergründen.«

Suchen Sie sich auch außerhalb Ihres Unternehmens Unterstützung

In einer unternehmensunabhängigen Organisation haben Sie die Möglichkeit, auf Gleichgesinnte zu treffen, die ähnliche Interessen, Vorlieben und eine ähnliche Motivation haben wie Sie selbst. Außerdem ist solch eine Organisation oder ein Verein ein hervorragendes Übungsfeld: Wer ein Komitee oder eine Gruppe bei einer Aufgabe oder in einem Projekt leitet, erwirbt Fähigkeiten, die sein Job allein ihm wohl kaum hätte vermitteln können. Dort haben Sie nicht nur Erfolg, sondern Sie schaffen sich auch ein Netzwerk aus Menschen, die Sie unterstützen, was Ihnen wiederum genug Selbstvertrauen gibt, um am Arbeitsplatz mehr Risiken und Verantwortung zu übernehmen.

Susanna, die an einer großen Universität ein Forschungsprojekt zur Stellung der Frau im Beruf leitet, ist der Ansicht, dass die beste Methode, um sich die Unterstützung der anderen zu sichern, darin besteht, sich zu engagieren. »Schließen Sie sich Frauenorganisationen und/oder berufsspezifischen Organisationen oder gemeinnützigen Vereinen an, und nehmen Sie an deren Programmen teil«, schlägt sie vor. »Stellen Sie anderen Ihr Wissen zur Verfügung, und bieten Sie ihnen Ihre Unterstützung an – irgendwann werden Sie davon profitieren.«

Schließen Sie sich einer branchenspezifischen Organisation an. Egal, welchen Beruf Sie haben, es gibt ganz sicher eine Organisation oder einen Verein, der wie auf Sie zugeschnitten ist. Sprechen Sie darüber mit Ihren Kollegen oder recherchieren Sie online. Wer sich einer solchen Gruppierung anschließt, der geht eine verbindliche Verpflichtung ein. Deshalb ist es ratsam, sich genau zu informieren, bevor man sich dort engagiert. Sehen Sie sich die Website an, und lassen Sie sich Informationsmaterial schicken. Treffen Sie sich, wenn möglich, mit einem aktiven Mitglied bei einer Tasse Kaffee, um es über die Ziele, die Bedingungen zur Mitgliedschaft und über die genauen Aktivitäten der Organisation zu befragen.

Suchen Sie sich eine Vereinigung mit berufsübergreifender Zielsetzung. Sie müssen sich keineswegs auf Gruppierungen konzentrieren, in deren Profil Sie hundertprozentig hineinpassen. Öffnen Sie sich auch anderen Möglichkeiten. Ich zum Beispiel fand viel Unterstützung bei dem hiesigen Netzwerk für freiberufliche und selbstständige Frauen, obwohl ich gar keine eigene Firma besitze. Ich konnte mich mit den Frauen dieses Vereins identifizieren und stellte fest, dass sie sowohl das gleiche Arbeitsethos, als auch den gleichen Arbeitsstil wie ich hatten. Im Anhang dieses Buches finden Sie eine Liste von interessanten Adressen und Links.

Schaffen Sie sich ein persönliches Netzwerk über das Internet. Immer mehr Kontakte ergeben sich durch die Suche über das WWW.

Zum einen finden wir informelle soziale Netzwerke, die uns mit unzähligen Freunden und Freunden von Freunden verbinden. Auf der anderen – ernsteren – Seite des Spektrums finden wir Websites, mit deren Hilfe wir uns auch online ein berufliches Netzwerk aufbauen können. Das bietet sich besonders dann an, wenn wir auf Jobsuche sind und uns auf eine Empfehlung hin bewerben, aber natürlich gibt es auch andere Anwendungsgebiete. Im Netz findet man potenzielle Geschäftspartner und kann Experten um Rat und um ihre Meinung fragen. Aber seien Sie vorsichtig, wenn Sie online agieren: Eine glaubwürdige Website erkennen Sie meist an ihrer Struktur und Aufmachung.

Schließen Sie sich einer Gemeinde an oder engagieren Sie sich in der Schule. Für viele Frauen sind Vereine, Bücherzirkel, Bibelkreise und andere Gruppierungen, die nichts mit der Arbeit zu tun haben, ein Quell großer emotionaler Unterstützung. Vielleicht ergibt sich aus derlei Aktivitäten ja sogar ein berufsrelevanter Kontakt, vielleicht auch nicht. Auf jeden Fall steigert die Mitgliedschaft Ihr Selbstwertgefühl und gibt Ihnen – so ganz nebenbei – zusätzliches Selbstvertrauen für den Job.

Gründen Sie Ihre eigene Gruppe. Wenn Sie nichts finden, was Sie anspricht, denken Sie mal darüber nach, selbst eine Gruppe zu gründen. Deirdre, eine berufstätige Mutter, war eine eher unkonventionelle Frau und hatte mit Vereinen nichts am Hut. Eines Tages meldete sie ihre Tochter in einer kleinen Kindertageseinrichtung mit einer alternativen Erziehungsphilosophie an. Diese Einrichtung schien auch andere Eltern anzuziehen, die etwas außerhalb der Norm standen, sodass sich bald gemeinsame Gesprächsthemen ergaben. Als die Kinder eingeschult wurden, stellte Deirdre fest, dass sie die anderen Frauen vermisste. Also organisierte sie einmal im Monat ein Treffen für die anderen Mütter. Die Frauen gingen zum Italiener um die Ecke und schwatzten über Kinder, Partner und Stress. Sie stellten fest, dass diese Abendessen eine hervorragende Gelegenheit waren, um über den schwierigen Spagat zwischen Familie und Karriere zu reden. Von Zeit zu Zeit gaben sie sich Tipps über potenzielle Kunden oder Jobangebote. Aber der wichtigste Vorteil dieser Gruppe war das Gefühl, von den anderen Frauen akzeptiert und ermutigt zu werden.

Bleiben Sie trotz Ebbe und Flut auf Kurs

Es ist nicht damit getan, sich Verbündete zu suchen, man muss sie auch langfristig an sich binden. Keiner kann sich auf seinen Lorbeeren ausruhen und sich darauf verlassen, dass er ein ganzes Leben lang auf einen harten Kern von Menschen zurückgreifen kann, die für ihn da sind und ihn motivieren. Vielleicht haben Sie ja ein paar Schwäne gefunden, die Ihnen Gesellschaft leisten – aber über kurz oder lang müssen Sie damit rechnen, dass sie wieder in unterschiedliche Richtungen davonfliegen. Diese Lektion habe ich in den letzten zehn Jahren lernen müssen, als ich mein Programm für weibliche Geschäftsreisende – Women On Their Way (WOTW) – ins Leben rief.

In der Gründungsphase stand die Geschäftsführerin der Wyndham Hotelkette hundertprozentig hinter mir, nur ein paar Mitglieder des mittleren Managements waren skeptisch. Ich musste mich beweisen, musste Erfolge und Resultate vorweisen. Trotzdem war ich so von meinem Projekt und dem ihm innewohnenden Potenzial überzeugt, dass es kein Halten für mich gab. Ich wusste, dass ich erfolgreich sein würde und wollte keine Chance verpassen.

In der zweiten Phase trugen meine Bemühungen Früchte. Ich konnte Briefe und Zeitungsartikel vorweisen, die mir meinen Erfolg schwarz auf weiß bestätigten und der Umsatz stieg. Aber trotz aller Zustimmung gab es immer noch einige Skeptiker. Deshalb leistete ich weiterhin Überzeugungsarbeit, und das war – offen gesagt – am anstrengendsten. Ich blieb zwar auf Kurs, aber ich investierte viel zu viel Energie in die Zweifler.

Heute gehe ich gelassener mit einer solchen Situation um. Ich habe gelernt, zwischen kompetenter und inkompetenter Kritik zu unterscheiden. Ich schenke den Menschen, die mich unterstützen, ebenso viel Aufmerksamkeit und Glauben wie meinen Kritikern. Außerdem – und das ist am wichtigsten – gewähre ich meinen Mitarbeitern regelmäßigen Einblick in unsere Erfolge. Ich pflege die Beziehung zu ihnen nicht dadurch, dass ich ständig meine eigenen Leistungen hervorhebe, sondern, indem ich für die Ideen jedes Einzelnen offen bin. So haben *alle* das Gefühl, persönlichen Anteil an diesem Programm zu haben.

Dieser Ansatz brachte eine interessante Veränderung mit sich, denn nun bekam ich sogar von männlicher Seite Unterstützung. Darunter waren insbesondere junge Männer, die gerade ihre Ausbildung abgeschlossen hatten: eine neue Generation, die keine Probleme damit hatte, bei einem Frauenprogramm mitzuwirken. Diese intelligenten jungen Mitarbeiter suchen auch jetzt noch regelmäßig das Gespräch mit mir und geben mir neue Impulse.

Tatsächlich läuft im Berufsleben vieles wie in der Schule oder an der Uni ab. Die »Lehrer« (oder besser: die erfahrenen Arbeitskräfte wie ich) bewundern die Energie und den Enthusiasmus der Jüngeren und freuen sich über jede Idee, die man ihnen unterbreitet. Die Mitglieder der eigenen Peergroup hingegen, die Gleichaltrigen und Kollegen, versuchen oft eher, einen zurückzuhalten: Sie bevorzugen weniger zielstrebige Kollegen. Ehrgeiz ruft unter Gleichgestellten häufig Angstgefühle hervor, die das Selbstbewusstsein ankratzen. Und so manch einer verbirgt die eigene Unsicherheit hinter Hohn und Spott.

Doch alle Firmen benötigen neue Ideen und jugendlichen Enthusiasmus – und zwar von Menschen aller Altersstufen. Lassen Sie sich also nicht entmutigen: Tun Sie sich mit Kollegen und Gleichaltrigen zusammen, die die gleichen Ansichten, Visionen und einen ähnlichen Ehrgeiz haben wie Sie selbst, und lassen Sie den Rest außen vor. Sprechen Sie mit Ihrem direkten Vorgesetzten, aber auch mit dem Management über Ihre Ideen. Klopfen Sie an Türen, passen Sie den Geschäftsführer in der Eingangshalle ab ... packen Sie den Stier bei den Hörnern!

Und lassen Sie sich von Kritik *niemals* unterkriegen. Wenn keiner Sie kritisiert oder lächerlich macht, sollten Sie im Gegenteil sogar davon ausgehen, dass Sie sich nicht genügend anstrengen. Es kommt nur selten vor, dass jemand sagt: »Meine Güte, Maria hat aber in letzter Zeit einiges geleistet. Laden wir sie doch mal ins Restaurant ein.« Mit neuen Ideen können Sie das Boot ganz schön zum Schaukeln bringen. Manche Kollegen sind beeindruckt, andere wiederum reagieren mit Ablehnung. Aber Ihre Energie und Originalität werden nicht nur Ihre Firma, sondern vor allem auch Ihre eigene Karriere nach vorn bringen.

Vielleicht dauert es eine Zeit, bis Sie die Anerkennung und die Unterstützung bekommen, die Sie verdient haben. Vielleicht müssen Sie auf den richtigen Augenblick warten, bis die Unternehmenskultur, der Markt und sogar die Gesellschaft im Ganzen für Ihre Ideen und Bemühungen reif sind. Haben Sie Geduld und denken Sie daran, dass die Anerkennung, für die wir am härtesten arbeiten müssen, uns oftmals am meisten befriedigt.

»Es war ordentlich froh über all die Not und Bedrängnis, die es hatte erdulden müssen. Nun erkannte es erst recht sein Glück an all der Herrlichkeit, die ihm zuteil wurde«, schrieb Hans Christian Andersen über die Gefühle des hässlichen jungen Entleins, das sich als Schwan entpuppt.

Zeigen Sie Ausdauer und ziehen Sie an den quakenden Enten und meckernden Hühnern vorbei. Schwimmen sie unbeirrt auf Ihr Ziel zu.

Das hässliche junge Entlein an der Wall Street

Vor nicht allzu langer Zeit, als die Mütter noch zu Hause blieben, um zu kochen und sauber zu machen, während die Väter das Geld nach Hause brachten, kam ein kleines Mädchen namens Olga zur Welt. Sie war die jüngste von drei Schwestern.

Im Kindergarten wollte die kleine Olga nicht mit der Spielküche oder den Puppen spielen wie all die anderen Mädchen. Stattdessen spielte sie mit Bauklötzen oder puzzelte vor sich hin. In der zweiten Klasse spielte sie nach der Schule am liebsten Schach oder Karten, statt sich zusammen mit ihren Schwestern als Prinzessin zu verkleiden. Auf der weiterführenden Schule, als alle Mädchen sich die Lippen schminkten und am Telefon stundenlang über Jungs sprachen, entdeckte Olga eine andere Leidenschaft: die Welt der Hochfinanz. Während ihre Schulkameradinnen in Modezeitschriften blätterten, studierte sie die Aktienwerte. Und so kam es, dass einige ihrer Mitschülerinnen sie nur noch das hässliche junge Entlein nannten.

Kurz vor dem Abitur teilte Olga ihren Eltern mit, dass sie an einer renommierten privaten Hochschule, die weit entfernt in einer anderen Stadt lag, Betriebswirtschaft studieren wollte.

»Aber Olga, warum kannst du nicht wie alle auf die hiesige Fachhochschule gehen?«, fragte ihre Mutter. »Immerhin studieren Mädchen heutzutage doch nur, um sich einen vernünftigen Mann zu angeln. Warum willst du so weit weggehen?«

»Aber ich will nicht heiraten und Kinder kriegen«, sagte Olga. »Ich möchte Karriere in der Finanzwelt machen!«

»Nicht heiraten? Oh Olga, ich weiß nicht, was ich mit dir anstellen soll«, seufzte ihre Mutter.»Also dann geh auf diese Uni, wenn dein Herz dran hängt.«

Also zog Olga in die andere Stadt und studierte BWL in der Hoffnung, dort auf ein paar Gleichgesinnte zu treffen. Aber in ihrem Jahrgang gab es kaum andere Frauen, und die arbeiteten allesamt zu hart, um Zeit für Freundschaften zu haben. An den Wochenenden luden die jungen Männer die Mädchen aus der Umgebung zu ihren Studentenpartys ein, denn die wenigen Mädchen an der ökonomischen Fakultät waren in ihren Augen hässliche junge Entlein. Die arme Olga schluckte ihre Einsamkeit herunter und konzentrierte sich auf ihre Studien.

Nach dem Examen bekam sie eine Anstellung bei einer Bank. Einer der männlichen Angestellten dort hielt sie prompt für eine Sekretärin und bat sie, ihm einen Kaffee zu bringen. Als man aber herausfand, dass sie als Händlerin tätig war, begann man, sie zu meiden. Sie wurde nicht zu den gemeinsamen Abendessen eingeladen, ebenso wenig wie zu der Golfpartie am Wochenende. Da Olga hart arbeitete, zollten ihr einige der Kollegen wider-

willigen Respekt, aber immer noch kam sie sich vor wie das hässliche junge Entlein.

Eines Tages saß Olga wieder einmal einsam beim Mittagessen an ihrem Schreibtisch und sah durch das Fenster auf die emsige Stadt hinaus. Sie wusste einfach, dass es noch andere Frauen geben musste, die die gleichen Ambitionen hatten wie sie selbst. Da sie in jenen alten Tagen noch keine schnelle Internetrecherche durchführen konnte, zückte sie das Telefonbuch. Dort fand sie eine Organisation mit dem Titel »Frauen in der Finanzwelt«.

Olga nahm an einer Konferenz teil, die diese Gruppierung in einem nahe gelegenen Hotel abhielt, in dessen Atrium ein großer Brunnen stand. Schweigend setzte sie sich in die hintere Reihe des Konferenzsaales. Die gelassenen, intelligenten Rednerinnen beeindruckten sie sehr. »Diese Frauen sind so klug und selbstbewusst«, dachte sie. »Mit einer Frau wie mir werden sie sich niemals unterhalten wollen.« So stahl sie sich unbemerkt wieder hinaus und kehrte in ihr Büro zurück.

Nach einem weiteren kalten, trostlosen Winter in den zugigen Höhlen der Wall Street kam der Frühling und mit ihm erblühte auch die Hoffnung aufs Neue. Olga beschloss, ihr Lunchpaket mit nach draußen zu nehmen und draußen zu essen. Sie wählte einen großen Platz mit einem Brunnen, dessen Plätschern eine wohltuende Wirkung auf sie hatte. Dort betrachtete sie die unzähligen berufstätigen Frauen, die vorübereilten. Und plötzlich hatte sie eine Idee. Sie alle verdienten schließlich Geld und benötigten doch sicher fachkundigen Rat, wie sie es sparen, anlegen und investieren konnten. Wie wäre es mit einem Investment-Programm ausschließlich für Frauen?

Voller Hoffnung ging Olga zum Chef ihrer Firma. Aber der verhöhnte ihre Idee und blies ein paar Rauchringe in ihre Richtung. »Die meisten Frauen haben doch gar nicht genug Geld, um etwas davon zu investieren. Und selbst wenn sie es tun, haben sie nicht genug Köpfchen, um dabei auch noch Erfolg zu haben«, bemerkte er.

Doch Olga hatte nun eine Vision, und sie wusste, dass die Zeit für ihre Idee reif war! Wenn man das Geld Tausender Frauen »bündelte« und anlegte, erschloss sich ein neuer, riesiger Markt an Kunden.

In diesem Augenblick erinnerte Olga sich auch an die Organisation »Frauen in der Finanzwelt«. Sie rief die Vorstandsvorsitzende an und bat um einen Termin. Die Vorsitzende brachte drei weitere Mitglieder ihres Vereins zu dem Treffen mit. Alle hielten Olgas Idee für brillant. Durch die Kontakte, über die die Organisation verfügte, konnte Olga eine Großbank finden, die gewillt war, ihr Programm auf den Markt zu bringen und vorwärts zu treiben. Sie kündigte bei ihrem alten Arbeitgeber und fand einen Arbeitsplatz bei dem neuen Unternehmen, wo sie – nach harter Arbeit – viel Unterstützung durch Kunden, Kollegen und schließlich sogar durch den Vorstand erhielt.

Wenn sie nun zur Arbeit ging, sonnte sie sich förmlich in der hellen Wärme der Menschen, die ihre Vision und ihr Arbeitsethos teilten. Ein solches Glück hätte sie sich nie vorzustellen gewagt.

Aber Olga war nicht der Typ, der sich auf seinen Lorbeeren ausruht. Sie machte schon wieder fleißig Pläne, um ihr Investment-Programm für Frauen im darauf folgenden Frühling weiter zu optimieren.

Und die Moral von der Geschicht…

- Erkennen Sie Ihre eigenen Stärken und Begabungen, auch wenn man Ihnen am Arbeitsplatz noch nicht die Wertschätzung entgegenbringt, die Sie verdienen.
- Loben Sie sich selbst, statt darauf zu warten, dass andere Ihnen anerkennend auf die Schulter klopfen.
- Akzeptieren Sie, dass nicht jeder Sie unterstützen wird und sorgen Sie dafür, dass Ihr Selbstwertgefühl nicht darunter leidet.
- Suchen Sie sich Verbündete in Ihrem Unternehmen. Die finden Sie am ehesten, wenn Sie den Betreffenden gefällig sind, Ihre Versprechungen halten und nicht mit verdientem Lob sparen.
- Umgeben Sie sich mit anderen »Schwänen«, indem Sie sich einer fachspezifischen oder fachfremden Organisation oder Gruppierung anschließen.
- Verschaffen Sie sich die Unterstützung Gleichgesinnter, indem Sie einer Gruppe außerhalb Ihrer Berufstätigkeit beitreten oder selbst eine gründen.

- Erweitern Sie Ihre Fähigkeiten und bilden Sie sich auf einem Gebiet weiter, das Sie schon immer interessiert hat. Suchen Sie dabei den Kontakt zu Menschen, die Sie in den jeweiligen Aufgabengebieten immer schon kennen lernen wollten.
- Die Unterstützung durch andere kommt und geht wie Ebbe und Flut. Bleiben Sie stets auf Kurs, und steuern Sie unbeirrt auf Ihr persönliches Ziel zu!

6

Däumelinchen Wie Eigeninitiative und persönliche Integrität Sie zum Erfolg führen

Däumelinchen ist vielleicht die kleinste Märchenheldin, die es gibt, aber auch die mutigste. Dieses winzige Energiebündel fragt nicht ständig um Erlaubnis und folgt keineswegs ausschließlich den Weisungen der »hohen Tiere«. Sie tut das, was sie für richtig hält und sie sagt, was sie denkt. Sie erkennt, dass Loyalität ihre Grenzen hat. Und sie hat keine Angst vor Risiken, um ihren Platz an der Sonne zu finden.

Diese beliebte Geschichte des Dichters Hans Christian Andersen, die im Dänischen den Titel *Tommelise* trug, ist eine bezaubernde Parabel von einem winzigen Mädchens mit großen Träumen und hochfliegenden Idealen. Sie richtet sich an Menschen aller Altersgruppen, die sich klein und unwichtig vorkommen, aber dennoch bereit sind, für ihr Recht auf Freiheit und Erfüllung einzutreten.

Hier eine Zusammenfassung der Geschichte dieses Mädchens, das vielen von uns als Miniatur-Vorbild dienen sollte:

Eine Frau, die selbst keine Kinder bekommen kann, bittet eine Hexe um Hilfe. Diese gibt ihr ein Gerstenkorn, aus dem eine wunderschöne Tulpe erwächst. In der Blume befindet sich ein niedliches kleines Mädchen, das nicht größer als ein Daumen ist. Sie lebt glücklich bei der Frau, schläft in einer Walnussschale und vertreibt sich die Zeit, indem sie sich auf einem Tulpenblatt treiben lässt, das in einem Teller mit Wasser schwimmt. Ihr wunderschöner Gesang lockt eine gemeine, alte Kröte an, die Däumelinchen mit ihrem Sohn verheiraten will.

Die Kröte entführt Däumelinchen im Schlaf und setzt sie auf einem Seerosenblatt inmitten eines großen, breiten Flusses aus. Mit der Hilfe der Fische und eines Schmetterlings kann unsere Heldin entkommen und landet schließlich in einem Wald. Dort richtet sie sich häuslich ein, aber als der Winter anbricht, kann sie allein nicht mehr überleben.

Däumelinchen findet Unterschlupf im Haus einer Feldmaus. Um dort bleiben zu dürfen, muss sie die Stube sauber halten und der Maus Geschichten erzählen. Eines Tages empfängt die Feldmaus einen reichen, wenn auch blinden Maulwurf als Gast, der sich wegen ihrer schönen Singstimme in Däumelinchen verliebt. Die Wohnungen der Maus und des Maulwurfes sind durch einen langen Gang miteinander verbunden. Dort finden sie eine scheinbar tote Schwalbe. Die Maus und der Maulwurf halten den Vogel für wertlos, aber Däumelinchen schleicht sich zurück. Sie stellt fest, dass die Schwalbe nicht tot, sondern nur vor Kälte erstarrt ist und pflegt sie wieder gesund. Als der Vogel wieder genesen ist, macht er seiner Retterin den Vorschlag, sich auf seinen Rücken zu setzen und mit ihr davonzufliegen. Aber Däumelinchen glaubt, der Maus etwas schuldig zu sein und kommt nicht mit.

Doch dann findet sie heraus, dass die gierige Maus sich vom Reichtum des Maulwurfs hat blenden lassen und sie gegen ihren Willen mit ihm verheiraten will. Als die Schwalbe kurz vor der geplanten Hochzeit zurückkehrt, springt Däumelinchen glücklich auf ihren Rücken und lässt sich von ihr davontragen. Der Vogel fliegt mit ihr gen Süden und setzt sie auf einer weißen Blume am Fuße eines marmornen Palastes ab. In dieser Blume findet Däumelinchen einen schönen jungen Mann, der als König über all die winzigen Wesen herrscht, die in den Blumen wohnen. Sie heiraten, und als Hochzeitsgeschenk erhält Däumelinchen ein winziges Paar Flügel, sodass sie in Zukunft selbst fliegen kann.

Kühnheit und Initiative

Däumelinchen ist nicht größer als ein Daumen und doch ist sie kühn und wagemutig. Trotz ihres Mangels an Körpergröße gibt sie die Hoffnungen nicht auf und scheut vor Veränderungen und Entscheidungen nicht zurück.

Mitarbeiter größerer Unternehmen glauben oft, nicht mehr zu sein als winzige, bedeutungslose Zahnrädchen im Getriebe. Dieses deprimierende Gefühl bekämpft man am besten, indem man bewusst in größerem Maßstab zu denken versucht.

Melinda, die als Geschäftsführerin eines großen Hotels arbeitet, ist nur 1,50 m groß und hat langes, blondes Haar – eigentlich ist sie eher eine moderne Version von Rapunzel als von Däumelinchen. Aber wie unsere Märchenheldin glaubt Melinda fest daran, dass man in großen Zusammenhängen denken muss. Sie rät uns, das Motto »Sei kühn!« auf einen Zettel zu schreiben und es an den Badezimmerspiegel zu kleben, damit es das Erste ist, was man morgens nach dem Aufstehen liest. Außerdem empfiehlt sie die Anschaffung eines professionellen Systems zur Verwaltung der vertikalen (also nach oben führenden) und der horizontalen Kontakte (also solcher, die der eigenen Peergroup angehören), welche Ihre persönlichen Netzwerke bilden.

Fünf Schritte, um größer zu erscheinen

1. Erkennen Sie, dass Sie Ihrem Unternehmen eine einzigartige Kombination aus Fähigkeiten und Begabungen zur Verfügung stellen.
2. Machen Sie sich klar, was für einen wichtigen Beitrag Sie für Ihr Team leisten.
3. Bitten Sie um die Gelegenheit, mehr Verantwortung zu übernehmen oder ein Projekt zu leiten.
4. Entwickeln Sie außergewöhnliche oder originelle Ideen für ein neues Produkt oder eine Dienstleistung. Und zwar mehrfach.
5. Bilden Sie sich weiter, und setzen Sie Ihre Kenntnisse zum Wohl der Firma ein, entweder um dem Unternehmensziel näher zu kommen oder um das aktuelle Projekt Ihres Vorgesetzten besser unterstützen zu können.
6. Zeigen Sie als Mitarbeiterin Ihres Unternehmens Unternehmergeist.

Unternehmerische Motivation

Wir alle kennen die Geschichten vom legendären Erfolg weiblicher Unternehmer, die eine eigene Firma zum Erfolg führten: Jil Sander, Estée Lauder, Elizabeth Arden oder Coco Chanel, Aenne Burda, Oprah Winfrey und viele andere. Diese Frauen repräsentieren unterschiedliche Produkte, Firmenphilosophien und Kunden, aber sie alle weisen bestimmte charakteristische Merkmale auf, die jeden erfolgreichen Unternehmer auszeichnen.

- Leidenschaftliches Engagement für ihre Arbeit und ihre Produkte
- Einen tiefen Glauben an ihren Erfolg
- Respekt für andere und Identifikation mit den Kunden
- Eine hohe Bereitschaft, sämtliche Hindernisse und Rückschläge zu überwinden

Eine Unternehmerin kann man als risikobereite Geschäftsfrau definieren, also als Person, die ein neues Wirtschaftsunternehmen gründet und finanziert, um Profit zu machen. Doch ein üppiger Gewinn ist nicht die einzige unternehmerische Triebfeder des Handelns. Tatsächlich liegt die Hauptmotivation in dem Bedürfnis, die eigenen Vorstellungen und Ziele zu verwirklichen. Um eine Vision wahr werden zu lassen, benötigen Unternehmer Selbstvertrauen. Sie brauchen Charisma, um andere Menschen mit ihrer Begeisterung anzustecken und zu inspirieren. Und sie benötigen eine hohe Risikotoleranz.

Viele Frauen träumen davon, ihr eigenes Unternehmen zu gründen, und viele wagen den Sprung ins kalte Wasser tatsächlich. Dem amerikanischen Center for Women's Business Research zufolge wurden in den Jahren 1997 bis 2004 weltweit fast doppelt so viele Firmen gegründet, deren Eigner oder Teilhaber Frauen waren, wie andere. Im Jahre 2004 gab es 10,6 Millionen Privatunternehmen, die mindestens zu 50 Prozent in weiblichem Besitz waren. Sie machten insgesamt etwa 2,46 Trillionen Dollar Umsatz und beschäftigten 19,1 Millionen Menschen.

Doch trotz der beeindruckenden statistischen Angaben hat diese explosionsartige Gründungswelle auch eine Kehrseite. Nach Angaben der United States Small Business Administration müssen die Hälfte aller kleineren Unternehmen innerhalb des ersten Jahres Konkurs anmelden. Im deutschsprachigen Raum ist die Situation vergleichbar. Zwar gibt es unterschiedliche Angaben über den langfristigen geschäftlichen Erfolg von Neugründungen, aber man ist sich darüber einig, dass etwa 80 Prozent aller frischgebackenen Kleinunternehmer in den ersten fünf Jahren zur Geschäftsaufgabe gezwungen sind.

Vielleicht sind Sie nicht in der Lage oder auch gar nicht bereit, das finanzielle Risiko einer Geschäftsgründung auf sich zu nehmen. Vielleicht bevorzugen Sie die Sicherheit einer Festanstellung. Oder Sie arbeiten lieber mit den finanziellen und menschlichen Ressourcen, die ein großes Unternehmen Ihnen bietet und sind einfach nicht zum Einzelkämpfer geboren. Ich selbst gründete meine Firma mit 29. Nach einer Weile jedoch beschloss ich, sie wieder zu verkaufen und in ein Festanstellungsverhältnis zurückzukehren. Innerhalb der großen Firma, in der ich jetzt arbeite, habe ich genug Gelegenheiten gefunden, um wie eine Unternehmerin zu denken und zu handeln.

Eine Festanstellung bedeutet also keineswegs, auf den unternehmerischen Aspekt verzichten zu müssen. Im Gegenteil: Mit einem großen Arbeitgeber im Rücken können Sie durch die Nutzung Ihrer unternehmerischen Schlüsselqualifikationen große Erfolge erzielen, indem Sie zum Beispiel die folgenden Ratschläge beachten.

Gehen Sie in vernünftigem Rahmen Risiken ein. Wenn jemand Sie bittet, eine Präsentation zu halten, sagen Sie zu, auch wenn Sie bei dem Gedanken, vor vielen Menschen sprechen zu müssen, weiche Knie bekommen. Wenn Sie an einer Schulung für ein neues Programm teilnehmen können, das keiner in der Firma beherrscht, nehmen Sie die Gelegenheit sofort wahr. Wenn in Ihrer Firma ein verantwortungsvollerer Posten frei wird, bei dem Sie zeigen können, was Sie können, bewerben Sie sich darum. Der Mensch wächst mit seinen Aufgaben. Vergraben Sie sich nicht im Maulwurfshügel!

Erfüllen Sie mehr als Ihr tägliches Soll. Wenn Sie befördert werden wollen, sollten Sie auch mehr Verantwortung übernehmen. Suchen Sie nach Möglichkeiten, sich unter Beweis zu stellen. Entwickeln Sie Ideen, um die Verkaufszahlen zu verbessern. Denken Sie darüber nach, wie Sie komplizierte Arbeitsprozesse vereinfachen können. Arbeiten Sie freiwillig in einem Ausschuss mit oder bitten Sie darum, an den wichtigen Meetings teilnehmen zu können. Erwerben Sie neue, berufsbezogene Fähigkeiten und erweitern Sie Ihre rhetorischen sowie Ihre Fremdsprachenkenntnisse. Sie werden schnell feststellen, dass Ihre Vorgesetzten nichts dagegen haben, wenn Sie *mehr* tun, als man von Ihnen erwartet (es wird nur nicht gern gesehen, wenn Sie weniger tun). Menschen, die freiwillig mehr Aufgaben übernehmen, betrachtet man schon bald als Mitarbeiter, in denen das Potenzial für einen verantwortungsvolleren Posten und eine bessere Bezahlung steckt.

Wie gern würde ich mich häufiger abends mit meinem Mann aufs Sofa kuscheln, mir einen guten Film ansehen und Popcorn knabbern. Aber stattdessen warte ich zu diesem Zeitpunkt oft auf das Flugzeug, das mich zu meinem nächsten Vortragstermin bringt. Genauso häufig sitze ich an meinem Schreibtisch und arbeite an einem Projekt, das eigentlich gar nicht zu meinen Aufgaben gehört. Ich müsste nicht die Hälfte des Pensums absolvieren, das ich mir auferlegt habe, aber meine Motivation treibt mich voran – und zwar schnell!

Wer nur tut, was man ihm sagt, kommt nicht weiter – und schon gar nicht an die Spitze. Frauen müssen sich sogar noch stärker selbst beweisen als Männer: Sie müssen sich für die Firma unentbehrlich machen. Sie müssen für einen exzellenten Ruf in ihrem Fachbereich sorgen und auf jede erdenkliche Weise über das Mittelmaß hinauswachsen.

Legen Sie die Meßlatte immer höher. Unternehmer zeichnen sich dadurch aus, dass sie sich immer anspruchsvollere Ziele setzen. Angestellte hingegen, die nicht durch direkten Profit angesporn werden, neigen eher zur Lustlosigkeit.

Wenn Sie die Erfolgsleiter erklimmen wollen, ist es wichtig, Ihre

Maßstäbe an sich selbst ständig zu steigern. Sonst bleiben Sie für immer dort, wo die Firmenhierarchie Sie eingeordnet hat.

Wenn Sie Ihre Verkaufsziele bereits erfüllt haben, bemühen Sie sich, unter den ersten fünf Verkäufern der Firma zu sein. Wenn Ihr Vorgesetzter mit Ihrer Arbeit zufrieden ist, überlegen Sie sich, was Sie im nächsten Jahr tun können, um dem Team von noch größerem Nutzen zu sein. Wenn ein System gut funktioniert, denken Sie über weitere Optimierungsmöglichkeiten nach.

Lassen Sie sich nicht richtungslos treiben. Vermeiden Sie Selbstgefälligkeit. Verlangen Sie noch mehr von sich selbst – und übertreffen Sie Ihre eigenen Erwartungen.

Georgette, Geschäftsführerin und Managerin einer namhaften PR-Agentur, hat für Frauen, die im Rahmen eines Festanstellungsverhältnisses wie ein Unternehmer denken wollen, folgenden Ratschlag parat: »Übernehmen Sie die gedankliche Führung und setzen Sie sich für Veränderungen ein. Machen Sie sich zum Katalysator, zu jemandem, der den Status quo grundsätzlich infrage stellt, um neue Wege zum wirtschaftlichen Erfolg zu finden und das Gesamtunternehmen unter den Konkurrenten besonders hervorzuheben.«

Engagieren Sie sich leidenschaftlich für Ihre Arbeit. Unternehmer stehen mit ganzem Herzen hinter ihren Ideen, ihren Produkten und ihren Dienstleistungen. Und diesen leidenschaftlichen Einsatz brauchen Sie auch, sonst wären Sie niemals in der Lage, sowohl Investoren, als auch Kunden für Ihr Produkt zu begeistern!

Aber auch in einem Festanstellungsverhältnis ist es die Leidenschaft, die erfolgreiche Dynamiker von weniger erfolgreichen, stagnierenden Mitarbeitern unterscheidet.

»Leidenschaft, Zielstrebigkeit und Beharrlichkeit sind die drei Eckpfeiler meiner Karriere«, sagt Dee, die in leitender Position für eine große Fluggesellschaft tätig ist. »Wer mit Leidenschaft bei der Sache ist, der zeigt anderen, dass er auf seinem Gebiet der Beste ist. Zielstrebigkeit bedeutet zu wissen, was man will und zu tun, was man muss, um ans Ziel zu gelangen. Und schließlich Beharrlichkeit: Ich habe nur deshalb so viel erreicht, weil ich immer so lange bei der Sache blieb, bis ich wusste, dass ich alles getan hatte, was ich konnte.«

Achten Sie auf Kleinigkeiten und kleine Schritte. Erfolgreiche Unternehmer besitzen die Fähigkeit, sich auf Details und winzige Schritte zu konzentrieren, die sie ihrer großen Vision näher bringen. Sie verbringen unendlich viel Zeit damit, einen Entwurf zu überarbeiten, einen neuen Kunden zu umwerben und den kleinsten Fehler im System zu suchen – was immer eben notwendig ist.

»Oft sind es die kleinen Schritte, die uns nach vorn bringen«, sagt Gail, Autorin und Leiterin eines erfolgreichen Redaktionsbüros, »Es ist ein Fehler, seine Kenntnisse oder seine Energie nur in die ›großen Themen‹ zu investieren. Im Berufsleben sind die Kleinigkeiten häufig viel wichtiger.«

Denken Sie an die einfachen Grundlagen. Meine Tante leitete 16 Jahre lang eine Buchhandlung. Als Heranwachsende gehörte sie zu den wenigen Geschäftsfrauen, die ich kannte und war ein wichtiges Vorbild für mich. Im Rückblick auf ihre Berufstätigkeit pflegte sie zu sagen: »Wenn ich in den 16 Jahren meiner Selbstständigkeit eines gelernt habe, dann das: Man darf sich vor Entscheidungen nicht drücken, sollte Telefonanrufe sofort beantworten, sollte immer gute Beziehungen mit Verlagen und Grossisten pflegen und seine Rechnungen rechtzeitig bezahlen.« Diese Regeln sind die beste Handlungsgrundlage für jeden unternehmerischen Geist, egal wo man arbeitet.

Intrapreneurship oder Binnenunternehmertum

Im Jahre 1985 publizierte der Berater Gifford Pinchot ein international anerkanntes Werk mit dem Titel *Intrapreneuring: Why You Don't Have to Leave the Corporation to Become an Entrepreneur*. Pinchots These zufolge müssen große Firmen zu innovativen Mitteln greifen, um überleben zu können. Deshalb sollten kreative Mitarbeiter ermutigt werden, als Unternehmer innerhalb des Unternehmens zu arbeiten, was ihnen den Freiraum und die Ressourcen zur Verfügung stellt, um ihre Visionen zu verwirklichen.*

Einen Intrapreneur oder Binnenunternehmer kann man als eine Person definieren, die innerhalb eines großen Unternehmens eine Idee eigenverantwortlich in ein profitables Endprodukt überführt, und zwar durch selbstbewusstes Risikomanagement und Innovationsfreude.

Binnenunternehmer und Unternehmer haben viele gemeinsame Eigenschaften. Sie haben originelle Ideen, an die sie glauben. Sie sind motiviert und von dem Wunsch beseelt, ihre Vision Wirklichkeit werden zu lassen, sodass sie Früchte trägt. Sie tun das nicht bloß, um reich zu werden (obwohl das ein grundsätzlich willkommenes Nebenprodukt ist). Sie sind voller Hingabe für ihre Arbeit, konzentrieren sich nur auf das eine und arbeiten unermüdlich. Und sie blühen auf, wenn sie voranpreschen und aktiv werden können, ohne um Erlaubnis fragen oder ein langwieriges Genehmigungsverfahren abwarten zu müssen.

Seien Sie sich darüber im Klaren, wie weit Sie gehen können

Viele Frauen fühlen sich gezwungen, eine eigene Firma zu gründen, weil sie unter den Restriktionen und Grenzen ihres ursprünglichen Unternehmens gelitten haben. Und tatsächlich *existieren* bestimmte Grenzen in großen Firmen. Sie müssen herausfinden, wie Sie Ihre unternehmerische Motivation auf vernünftige Weise mit den Parametern und der Unternehmenspolitik Ihres Arbeitgebers in Einklang bringen können. Erfolgreiche Binnenunternehmerinnen sind häufig Meister in der Kunst, unabhängig zu bleiben, ohne bestimmte Grenzen zu überschreiten.

---

* Anm. d. Übers.: Leider liegt Pinchots Buch nicht in deutscher Übersetzung vor. Das Binnenunternehmertum ist in der Literatur ein vielfach und auch kontrovers diskutiertes Thema. Wer sich in deutscher Sprache dazu weiter informieren will, dem sei das folgende Werk empfohlen: Anne Draeger, *Vitalisierendes Intrapreneurship. Gestaltungskonzept und Fallstudie.* Mering, 2004.

»Bauen Sie gute Beziehungen zu hochrangigen Mitarbeitern auf. Sorgen Sie dafür, dass Sie ihnen als glaubwürdige und integere Kollegin in Erinnerung bleiben«, schlägt Georgette, die Geschäftsführerin einer PR-Agentur, vor. »Teilen Sie ihnen mit, was Sie für die Firma erreichen wollen. Achten Sie darauf, dass Ihre eigene Vision vom Firmenerfolg mit den Vorstellungen und Werten der Firma übereinstimmt. Wenn Sie Einfluss nehmen wollen, müssen Sie wissen, was Ihr Unternehmen an die Spitze führt.«

Wie man sich in seiner Firma Flügel verleiht

- Zuerst sollten Sie sich die Unterstützung Ihres direkten Vorgesetzten für das von Ihnen angestrebte Projekt oder Ihre Idee sichern.
- Erzählen Sie Ihren Kollegen davon, versuchen Sie, sie zu begeistern und zur Mitarbeit zu bewegen.
- Bereiten Sie sich gut vor, wenn Sie Ihr Konzept oder Projekt den Vorgesetzten präsentieren. Recherchieren Sie genau: Sämtliche Aussagen müssen auf Fakten basieren.
- Achten Sie auf das richtige Timing. Um 10 Uhr morgens, wenn Ihre Abteilungsleiterin frisch und ausgeruht ist, hat sie sicher etwas für Ihre kühne Idee übrig. Wenn Sie sie aber während ihres nachmittäglichen Leistungstiefs ansprechen, riskieren Sie eine ablehnende Reaktion.
- Ihr Vorgesetzter ist von Ihrer Idee nicht begeistert? Bevor Sie sich an die nächsthöhere Instanz wenden, sollten Sie sich zunächst über die firmenpolitische Situation klar werden.
- Bei der Angabe von Zeitlimits und voraussichtlichen Ergebnissen sollten Sie vorsichtig sein. Es ist kein Problem, wenn das Projekt schneller als erwartet fertig ist oder wenn Sie ein besse-

res Ergebnis vorweisen können, aber das Gegenteil schadet Ihrer Glaubwürdigkeit.

- Sobald Sie Ergebnisse vorweisen können, sollten Sie sie auf angemessene Weise veröffentlichen: Nutzen Sie dazu E-Mails, Berichte, Präsentationen, die Firmenzeitung, Organisationen, die sich auf Ihr Fachgebiet spezialisiert haben und, falls nötig, sogar die Medien.

Heute klingt es unglaublich, aber als ich seinerzeit die Idee eines Programms für weibliche Geschäftsreisende aufbrachte, hielten viele meiner Kollegen dieses Marktsegment für zu klein und zu unbedeutend, um Energie darauf zu verwenden. Aber immerhin konnte ich meine damalige Vorgesetzte für meine Idee begeistern, und sie gab mir grünes Licht. Nachdem sie die Firma verlassen hatte, dauerte es über ein Jahr, bis ihr Posten wieder besetzt wurde. In dieser Zeit arbeitete ich hart an meinem Programm. Ich konnte immer mehr Frauen bewegen, in den neuen Wyndham Hotels zu wohnen, die im ganzen Land wie Pilze aus der Erde schossen. Es war eine aufregende Zeit. Ich arbeitete ohne Chef, musste nicht um Erlaubnis fragen, erzielte gute Ergebnisse und sonnte mich in meiner Unabhängigkeit.

Dann jedoch wurde ein neuer Abteilungsleiter eingestellt. Einer meiner Kollegen steckte ihm sogleich, dass ich angeblich keinerlei Teamgeist besaß. Ich akquirierte zwar neue Kunden und machte Gewinn, aber meine Unabhängigkeit war vielen Leuten ein Dorn im Auge. Und so wurden Zweifel im Herzen meines neuen Chefs wach. Ich verspürte den unwillkürlichen Drang, mich zu verteidigen und die Kollegen, die mir das Leben schwer machten, ebenfalls zu verunglimpfen. Aber dann beschloss ich, die Sache zunächst einmal auf sich beruhen zu lassen. Es dauerte nicht lang, da hatte auch mein neuer Chef erkannt, wie wertvoll ich für die Firma war, sodass er mein Women On Their Way-Programm aus vollem Herzen unterstützte. Außerdem merkte er, dass ich durchaus teamfähig war, jedoch einen gewissen Grad an Autonomie benötigte, um beruflich gedeihen zu können. So konnte ich mein leidenschaftliches Engagement auch weiterhin in den Dienst einer Firma stellen, die mir meine Unabhängigkeit gewährte.

Mittlerweile habe ich gelernt, schwierige Zeiten unbeschadet zu überstehen und meine ganze Aufmerksamkeit auf meine Ziele zu richten. Außerdem bemühe ich mich, meine Kollegen fair und respektvoll zu behandeln, auch in Krisenzeiten (was mir keineswegs immer gelingt). Aber ich weigere mich einfach zu glauben, dass man gierig, selbstsüchtig oder gemein sein muss, um im Berufsleben Erfolg zu haben. Ich bin sogar fest davon überzeugt, dass auf lange Sicht das Gegenteil der Fall ist. Positives Verhalten bringt früher oder später gute Ergebnisse ein. Und unterdessen ist das gute Gewissen ein Ruhekissen.

Tun Sie das Richtige

Däumelinchen rettet die hilflose Schwalbe nicht, weil sie von ihr eine Gegenleistung erwartet, sondern weil sie dem Rat ihres Herzens folgt. Diese Uneigennützigkeit bringt ihr unerwarteten Nutzen.

Im Berufsleben können Sie natürlich nicht davon ausgehen, dass Gleiches automatisch mit Gleichem vergolten wird. Menschen, denen wir geholfen haben, reagieren manchmal nicht nur undankbar, sondern missbrauchen sogar unser Vertrauen. Trotzdem bringt Anständigkeit Ihnen auf lange Sicht nur Vorteile. Wer sich seinen Mitmenschen gegenüber altruistisch und rücksichtsvoll verhält, kann ihnen erhobenen Hauptes gegenübertreten, auch wenn man ihm übel mitspielt. Die Mehrheit Ihrer Kollegen wird Sie unterstützen und Gleichrangige aus anderen Firmen werden Sie respektieren. Und vielleicht entpuppt sich jemand, dem Sie etwas Gutes getan haben, als unerwarteter, aber wichtiger Verbündeter – wie die Schwalbe für Däumelinchen.

Im Rahmen einer größeren Umstrukturierung wurden in Maggies Firma viele Angestellte entlassen. Eine der Betroffenen war Maggies

Kollegin Sarah. Plötzlich begannen Leute, die bislang freundlich zu Sarah gewesen waren, sie wie die Pest zu meiden, als ob die Entlassung ansteckend sei.

Obwohl Maggie und Sarah sich niemals sehr nahe gestanden hatten, fand Maggie, dass ein freundlicher Schwatz nicht schaden konnte. Sie wählte bewusst unverfängliche Themen und empfahl Sarah beispielsweise eine amüsante Bettlektüre, die sie selbst gerade zu Ende gelesen hatte. Sarah wollte sich das Buch ausleihen und Maggie brachte es ihr schon am darauf folgenden Tag mit, der gleichzeitig Sarahs letzter Arbeitstag war. Eine Woche später erhielt Maggie eine E-Mail von Sarah: Sie beschrieb die Lektüre als willkommene Ablenkung von ihrer misslichen Lage.

Etwa ein Jahr später hörte Maggie, dass Sarah eine Neuanstellung bei einem weltweit operierenden, großen Konzern gefunden hatte. Zu diesem Zeitpunkt war Maggie selbst ebenfalls entlassen worden und musste sich nach einem neuen Posten umschauen. Sie rief Sarah an, die gern bereit war, Maggie unter die Arme zu greifen. Sie vermittelte ein Vorstellungsgespräch, Maggie wurde eingestellt und an ihrem ersten Arbeitstag fand sie das Buch, das sie vor so langer Zeit ausgeliehen hatte, auf ihrem Schreibtisch. Darauf lag eine Nachricht von Sarah: »Ich bin froh, dass ich Ihnen das zurückgeben konnte!«

Die Medien neigen dazu, eher die rücksichtslose Seite des Jobs zu betonen. Ein Beitrag oder Artikel, der die Geschäftswelt als Arena und die Arbeitnehmer als Gladiatoren definiert, zieht bestimmt alle in seinen Bann, aber die Wirklichkeit sieht dann doch anders aus. Natürlich geht es im Beruf oft grausam, unfair, rücksichtslos und unsachlich zu. Aber ich glaube fest daran, dass es nicht so sein muss. Weil immer mehr einflussreiche Posten durch Frauen besetzt werden, lernen wir, dass Zusammenarbeit und gegenseitige Unterstützung uns viel eher zum Erfolg führen als Konkurrenzkampf zwischen Kollegen.

Natürlich gibt es dafür keine Belohnung. Initiative wird oft als fehlender Teamgeist interpretiert, Integrität trifft auf Verrat, Fairness auf Intrigen. Aber wenn Sie auf dem rechten Weg bleiben und sich moralisch verhalten, wird sich alles zum Guten wenden. Kollegen, die anderen das Leben schwer machen, erklimmen oft schnell die Karriereleiter, fallen danach aber umso tiefer. Umso häufiger aber können sich integere und rücksichtsvolle Frauen einer besonders *langlebigen* Karriere erfreuen.

Auch der Erfolgreiche sollte die Goldene Regel beherzigen: *Was du nicht willst, das man dir tu, das füg' auch keinem anderen zu.*

Gerade in Führungspositionen können Sie von Anständigkeit nur profitieren. Das ist nicht nur die moralischste Variante, sondern auch die beste Strategie, um ein engagiertes, loyales und ehrgeiziges Team an sich zu binden, das die Firma zum Erfolg führt.

Wendy ist Geschäftsführerin bei einer großen Maschinenbaufirma, die etwa 300 Menschen beschäftigt. »Der Königsweg besteht meiner Meinung nach darin, Menschen die Möglichkeit zur freien Entfaltung zu bieten und sie dann zu unterstützen und zu ermutigen«, sagte sie. »Der Erfolg des Einzelnen ist der Erfolg des Unternehmens. Man muss eine Atmosphäre schaffen, in der die Mitarbeiter das Gefühl haben, dass man sie schätzt und unterstützt, damit sie der Firma ihr Bestes geben. Deshalb lautet mein Rat: Übertragen Sie Ihren Mitarbeitern Verantwortung, und geben Sie ihnen die Gelegenheit, Großes zu leisten.«

Michelle, die als Geschäftsführerin bei einem namhaften Reiseveranstalter arbeitet, hat ein paar innovative Methoden entwickelt, um sich der Loyalität ihrer Mitarbeiter zu versichern. »Ich verteile allwöchentlich Prämien an ein bis zwei Mitarbeiter, die ein Ziel besonders engagiert und leidenschaftlich verfolgt haben, oder besonders gute, neue Ideen hatten. Nominiert werden sie durch ihre Kollegen. In einer entsprechenden E-Mail hebe ich ihre Leistungen hervor und der Betreffende erhält einen kleinen finanziellen Bonus«, sagt sie. »Wir feiern unsere Erfolge und manchmal sogar auch unsere Fehler, weil wir daraus nur lernen können. Ich erwarte eine Menge von meinem Team, aber meine Leute wissen auch, dass ich in schweren Zeiten immer für sie da bin. Zweimal in der Woche esse ich mit Angehörigen sämtlicher Hierarchieebenen zu Mittag, um in einem informellen Gespräch herauszufinden, was sie bewegt, welche Schwierigkeiten sie haben etc.«

Die Grenzen der Loyalität

Nachdem die Schwalbe ihre Flügel wieder gebrauchen kann und bereit ist, die Höhle des Maulwurfes zu verlassen, schlägt sie Däumelinchen vor, sie zu begleiten. Zwar sehnt sich unsere Märchenheldin danach, in den warmen Sonnenschein hinauszufliegen, doch aus Loyalität bleibt sie bei der Feldmaus, die ihr im Winter Zuflucht gewährt hat. Doch bald darauf verkündet die Feldmaus, dass Däumelinchen den verachtenswerten Maulwurf heiraten soll. Sie soll ihr Leben unter der Erde verbringen, ohne jemals wieder die Blumen oder den Sonnenschein zu sehen. Als Däumelinchen sich weigert, versucht die habgierige Maus, sie zu zwingen, indem sie ihr droht: »Sei nicht widerspenstig, sonst beiße ich dich mit meinen weißen Zähnen.«

Diese Wendung des Märchens wirft ein paar interessante Fragen über die Grenzen der Loyalität auf. Wir alle kennen die Geschichte von Menschen, die ihrem Arbeitgeber jahrelang treu ergeben waren und schließlich ohne goldene Armbanduhr oder großzügige Abfindung entlassen werden. Früher ging man davon aus, dass Loyalität sich auszahlte: Man rechnete mit einem sicheren Arbeitsplatz und mit einer betrieblichen Altersvorsorge – heutzutage kommen derlei Erwartungen einem geradezu naiv vor. Das Konzept der Loyalität der Firma gegenüber hat in den vergangenen 10 bis 20 Jahren einen entscheidenden Wandel erlebt.

Doch obwohl die meisten Arbeitnehmer nicht mehr davon ausgehen, dass die Firma ihre Treue belohnt, indem sie lebenslang für sie sorgt, gibt es nach wie vor Gründe, die für ein loyales Verhalten sprechen. Viele Menschen fürchten sich zu Recht vor Arbeitslosigkeit. Deshalb ist es sinnvoll, an dem eigenen Job festzuhalten. Manchmal ist man auch einfach nur loyal, weil man die Kollegen, den Vorgesetzten, den Ort, das Gehalt oder die Arbeit selbst mag.

Frauen sind häufig loyaler als Männer. Wir wollen so gern daran glauben, dass unsere harte Arbeit uns Ruhm und Ehre einbringt. Dabei wird sie doch mittlerweile als selbstverständlich betrachtet und schafft uns keinerlei Garantien.

Sie müssen sich der kalten, harten Tatsache stellen, dass Sie nur so lange auf die Loyalität Ihres Unternehmens zählen können, solange es von ihrer Arbeit profitiert und Sie gute Ergebnisse erzielen. Unter Schauspielern gibt es die Redensart: »Du bist immer nur so gut wie dein letzter Film.« Im Geschäftsleben könnte man sagen: »Du bist immer nur so gut wie dein letzter Vierteljahresbericht.«

Frauen nehmen es gern persönlich, wenn sie bei der Beurteilung durch ihren Vorgesetzten schlecht abschneiden oder Letzterer sie nicht für eine Beförderung oder eine Gehaltserhöhung vorschlägt. Aber heutzutage ist Loyalität keine Gunst mehr, sondern eine Gegenleistung: Sie können sie nur erwarten, wenn Ihr Vorgesetzter aus Ihren Leistungen und Ihren Ergebnissen Nutzen zieht.

Vertrauen Sie nicht darauf, dass Ihr Chef schon zu Ihnen halten wird, nur weil er Sie sympathisch findet oder weil er weiß, dass Sie sich bemühen. Diese Art von Loyalität erlebt man nur noch in der Familie, unter alten Freunden oder Kameraden. Aber am Arbeitsplatz gilt: Dienst ist Dienst, und wer nichts leistet, kann auch nicht damit rechnen, dass andere ihn unterstützen.

Diese Realität sollten Sie im Hinterkopf halten, wenn Sie Ihr eigenes Konzept von Loyalität am Arbeitsplatz überdenken. Heutzutage ist es nicht mehr selbstverständlich, dass Sie Ihrem Vorgesetzten oder Ihrer Firma gegenüber treu ergeben sind. Sie können sich bewusst dafür oder dagegen entscheiden, und das ist gar nicht so einfach. Deshalb sollten Sie sich im Vorfeld genau überlegen, welche Kriterien ein Mensch oder ein Unternehmen erfüllen muss, um sich Ihre Loyalität zu verdienen und wie diese Loyalität konkret aussehen sollte. Es ist wichtig, genau zu wissen, wo man die Grenze zieht.

Lackmustest für Loyalität

Beantworten Sie folgenden Fragen mit Ja oder Nein.

- Glaube ich an die Ziele der Firma und passe ich zur Unternehmenskultur?

- Gefällt mir mein Arbeitsalltag?
- Bekomme ich regelmäßige Gehaltserhöhungen?
- Bietet die Firma gute Sozialleistungen?
- Behandelt mein direkter Vorgesetzter mich respektvoll, und zeigt er mir seine Wertschätzung?
- Arbeite ich gern mit meinen Kollegen zusammen, und fühle ich mich im Team wohl?
- Gibt mir meine Firma genug Gelegenheiten zur Weiterbildung?
- Steht in absehbarer Zeit eine Beförderung ins Haus?
- Kann ich Beruf und Familie gut miteinander vereinbaren? (zum Beispiel durch flexible Arbeitszeiten, einen Heimarbeitsplatz, eine großzügige Urlaubsregelung oder Ähnliches)

Wenn Sie die meisten dieser Fragen mit Ja beantworten, haben Sie allen Grund, loyal zu sein. Wenn die Antwort aber häufiger Nein lautet, hat Ihr Unternehmen Ihre bedingungslose Loyalität nicht verdient. Erweitern Sie Ihr Netzwerk, und halten Sie die Augen offen, ob sich Ihnen nicht eine Gelegenheit zur Weiterentwicklung bietet.

Wem Sie Ihre Loyalität schenken, hängt unter anderem auch von Ihren persönlichen Wertvorstellungen ab. Vielen Frauen sind Wertschätzung und Anerkennung besonders wichtig. Das Lob des Vorgesetzten oder die Ernennung zum »Mitarbeiter der Woche« kann für sie ein ungeheurer Ansporn sein. Für andere besteht der beste Dank im finanziellen Ausgleich. Wieder andere halten es für wichtiger, dass sie ihre Kreativität entfalten können und dass die Zusammenarbeit mit Kollegen und Vorgesetzten Spaß macht. Fragen Sie sich also, wie Ihre persönlichen Vorlieben aussehen, bevor Sie entscheiden, wer oder was Ihre Loyalität verdient hat.

Wo zieht man die Grenze?

Manchmal versuchen Vorgesetzte oder Firmen, ihre Angestellten zu unmoralischem Verhalten zu verführen, indem sie die Loyalitätskarte ausspielen. Einen solch offensichtlichen Missbrauch sollte man niemals tolerieren. Kein Zweifel: Jeder, der Sie um etwas bittet, das gegen Ihre Grundsätze und Moralvorstellungen verstößt, hat Ihre Loyalität nicht verdient.

Zudem ist es ein Irrglaube, dass Ihnen Ihre Treue vergolten wird. Wenn die Sache auffliegt und Sie werden bei einer unrechtmäßigen Handlung erwischt, wird Ihr Vorgesetzter unweigerlich leugnen, dass er die Order dazu gab.

Wenn Ihr Vorgesetzter etwas Unmoralisches oder Unehrliches von Ihnen verlangt, haben Sie folgende Möglichkeiten:

- Vielleicht hat der Betreffende ja gar nicht registriert, dass seine Forderung unmoralisch ist. Erklären Sie ihm also, warum Sie so denken. Vielleicht gelingt es Ihnen, ihn wachzurütteln.
- Wenn Sie einen lockeren Umgangston pflegen, können Sie versuchen, die Situation mit Humor oder gespielter Ungläubigkeit zu entschärfen. »*Was* soll ich tun? Ach, Sie machen ja Witze… ich habe Sie falsch verstanden… aber das meinen Sie doch ganz bestimmt nicht ernst.«
- Vergessen Sie geflissentlich, die fragliche Aufgabe zu erledigen. Vielleicht sind Sie vor lauter Arbeit ja auch einfach nicht dazu gekommen (diese passiv-aggressive Taktik sollten Sie normalerweise natürlich nicht anwenden). Möglicherweise zögert Ihr Vorgesetzter, Ihnen stärker zuzusetzen, weil er weiß, dass er etwas Falsches von Ihnen verlangt hat.
- Unter Umständen hat Ihr Chef selbst ja eine entsprechende Weisung bekommen und sucht nur jemanden, der sich für ihn die Hände schmutzig macht. Seien Sie deshalb vorsichtig, ehe Sie sich an den nächsthöheren Vorgesetzten wenden.
- Bitten Sie Ihren Chef, seine Arbeitsanweisung schriftlich niederzu-

legen. Antworten Sie ebenfalls schriftlich, und begründen Sie Ihre Ablehnung.

- Wenn es sich bei Ihrem Arbeitgeber um eine AG handelt, haben Sie mehrere Möglichkeiten. Unternehmen, die an US-Börsen gelistet sind oder ausländische Töchter amerikanischer Firmen müssen sich seit dem Jahre 2002 an den sogenannten Sarbanes-Oxley-Act halten, ein Gesetz, das Vorstand und Prüfer haftbar macht, falls die von ihnen veröffentlichten Daten nicht der Wahrheit entsprechen. Auch hierzulande existiert ein entsprechendes Aktiengesetz, dessen Paragraf 93 die Sorgfaltspflicht und Verantwortlichkeit der Vorstandsmitglieder entsprechend regelt.
- Wenn Ihr Vorgesetzter immer noch darauf besteht, dass Sie gegen die Vorschriften verstoßen, müssen Sie sich gegebenenfalls an die Personalabteilung und/oder die Rechtsabteilung Ihrer Firma wenden. Wenn möglich sollten Sie eine vertrauenswürdige Person aus den genannten Ressorts fragen, wie Ihr erster Schritt aussehen sollte. Wenn Sie innerhalb oder außerhalb der Firma einen Mentor haben, wenden Sie sich an ihn.

Stumm, aber nicht unehrlich

Wenn Ihr Vorgesetzter etwas von Ihnen verlangt, das der Firma Ihrer Ansicht nach nicht allzu viel nützt, aber auch nicht unmoralisch ist, so stellt dies andere Anforderungen an Ihren Sinn für Loyalität. Sie haben folgende Möglichkeiten zu reagieren:

1. Stellen Sie Fragen und seien Sie offen für die Erklärungen, die Ihr Vorgesetzter für seine Entscheidung parat hat. Möglicherweise hat der Betreffende ein paar Gründe, warum er bestimmte Veränderungen für nötig hält, die Ihnen persönlich momentan nicht unmittelbar einleuchten.
2. Nennen Sie die Gründe, warum Sie gegen die Entscheidung sind. Halten Sie Ihren Standpunkt schriftlich fest, und schicken Sie dieses

Schreiben Ihrem Vorgesetzten per E-Mail, dann haben Sie gleich ein Protokoll. Wenn man Ihre Empfehlungen ignoriert, können Sie sich später zumindest darauf berufen, dass Sie aus Ihren Ansichten keinen Hehl gemacht haben.

3. Wenn Sie das Projekt für eine schlechte Idee halten, die die Firma in den Ruin treibt, sprechen Sie darüber mit einem anderen Firmenmitarbeiter Ihres Vertrauens – wenn möglich, mit Ihrem Mentor, einem gleichrangigen Kollegen oder einem Vorgesetzten der nächsthöheren Stufe.

Man kann nur hoffen, dass einer dieser Schritte dazu beiträgt, das fehlgeleitete Projekt im Keim zu ersticken. Wenn Ihr Vorgesetzter jedoch darauf besteht, dass Sie etwas tun, was Sie selbst für unklug halten, so müssen Sie seinen Anweisungen – zumindest solange sie moralisch vertretbar sind – Folge leisten. Wenn eine solche Situation häufiger eintritt, sollten Sie darüber nachdenken, Ihre Loyalität jemand anderem zu schenken.

Die Loyalität des Loslassens

Die Schwalbe liebt Däumelinchen und hätte sie am liebsten in ihr Nest hoch oben in einem prächtigen Marmorschloss mitgenommen. Aber sie weiß, dass das Leben in einer wunderschönen weißen Blüte auf der Erde für sie angenehmer ist. »Such dir lieber eine von den prächtigen Blumen aus, die dort unten wachsen«, sagt die Schwalbe, »dann will ich dich hineinsetzen, und du sollst es so gut haben, wie du es nur wünschst.«

Manchmal müssen wir uns auch am Arbeitsplatz von dem trennen, was wir lieben. Vielleicht muss ein Mentor seinen Mentee ziehen lassen. Möglicherweise haben Sie maßgeblich an der Entwicklung und Einführung eines neuen Produktes mitgewirkt, erkennen aber nun, dass es klüger ist, die Verantwortung einem anderen Kollegen zu übertragen. Vielleicht haben Sie einen außerordentlich sympathischen

Chef, in dessen Abteilung Sie jedoch niemals eine Chance haben, befördert zu werden, weshalb Sie sich nach anderen Entwicklungsmöglichkeiten umschauen müssen. Insbesondere ehrgeizige Menschen sind oft gezwungen, eine Firma zu verlassen, in der sie sich wohl gefühlt haben, um woanders ihr Glück zu suchen.

Das schönste Hochzeitsgeschenk, das der Protagonistin unseres Märchens gemacht wurde, waren »ein paar schöne Flügel von einer großen, weißen Fliege. Die wurden Däumelinchen am Rücken festgebunden, und nun konnte sie auch von Blume zu Blume fliegen.« Das wahre Glück findet unsere kleine Märchenheldin, als sie selbst fliegen kann und nicht länger von einem Schmetterling oder einem Vogel abhängig ist, um sich in die Lüfte zu erheben. Wie stolz die Schwalbe nun war! Und ein guter Mentor wird ebenfalls stolz sein, wenn Sie Karriere machen.

Letztlich sollte ihre Loyalität Ihren eigenen Karrierezielen und Ihrem eigenen Potenzial gehören. Es ist kein Zeichen für Untreue, wenn man den alten Job hinter sich lässt, um anderswo größere Befriedigung zu finden. Vorgesetzte und Kollegen, die Ihnen gegenüber wahrhaft loyal sind, werden akzeptieren, dass Sie sich weiterentwickeln müssen – sie werden Ihnen sogar zu einem guten Start, einem guten Flug verhelfen.

Daniela Däumelina

Es war einmal eine junge Frau namens Daniela, die war so klein und zierlich, dass ihre Freunde und ihre Familie sie nur Daniela Däumelina nannten.

Eines Tages bekam sie einen Job bei einer großen Telekommunikationsfirma. Doch sie war darauf bedacht, dass niemand etwas von ihrem Spitznamen erfuhr, denn ihr war klar, dass er ihre Glaubwürdigkeit unterminierte. Schließlich war es schon schwer genug, ernst genommen zu werden, wenn man so klein war, dass man in einem größeren Zimmer leicht übersehen werden konnte. Glücklicherweise war Daniela mit drei älteren Brüdern aufgewachsen und hatte gelernt, selbstbewusst aufzutreten.

Daniela musste doppelt so hart arbeiten wie ihre männlichen Kollegen, um ihre Fähigkeiten unter Beweis zu stellen und befördert zu werden. Nach fünf Jahren engagierter Mitarbeit für die Firma wurde sie zur Teamleiterin ernannt und hatte sympathische Mitarbeiter, die sie in jeder Hinsicht unterstützten. Sie hatte sogar ihr eigenes kleines, helles Büro.

Eines Tages jedoch wurde Daniela vom Management informiert, dass sie in eine andere Abteilung versetzt werden sollte. Dem dortigen Abteilungsleiter eilte ein schrecklicher Ruf voraus. »Für diese Kröte arbeite ich nicht«, sagte Daniela zu ihren Freunden. »Ich werde mir einen neuen Job suchen.«

Daniela kündigte und ging mit Pioniergeist und Optimismus auf Arbeitssuche. Aber nach sechs Monaten fruchtloser Suche kam sie sich klein und verloren vor und hatte das Gefühl, nur noch ziellos dahinzutreiben.

Schließlich fand sie eine Anstellung in einem Großkonzern, wo ihr eine winzige, fensterlose Zelle als Büro zugewiesen wurde. Im Vergleich zu ihrer vorherigen Tätigkeit stellte diese Position einen Rückschritt dar, aber immerhin konnte sie dort so lange überleben, bis sich ihre Branche wieder erholt hatte. »Es gibt so viele Arbeitssuchende: Ich hätte locker jemanden mit mehr Erfahrung einstellen können«, teilte Danielas neue Chefin ihr mit. »Aber Sie haben mir einfach leidgetan.«

Ihre neue Vorgesetzte sah aus wie eine graue Maus, war aber so listig wie ein Fuchs, wenn es um firmenpolitische Entscheidungen ging. Eines Tages sagte sie zu Daniela: »Wenn ich Sie wäre, würde ich nicht mehr mit Silvia essen gehen. Sie steht kurz vor ihrer Entlassung.« Daniela war überrascht, als sie diese Neuigkeiten über ihre Kollegin hörte, denn Silvia war intelligent und fleißig. »Ich warne Sie! Diese Beziehung ist nicht der Mühe wert«, betonte ihre Chefin.

Trotzdem traf Daniela sich weiterhin mit Silvia zum Mittagessen und gab ihr ein paar diskrete Hinweise über die Gerüchte, die im Büro kursierten. Dank dieser Information konnte sich Silvia einen besseren Job suchen, noch bevor ihr gekündigt wurde. Silvia schlug vor, dass Daniela sich ebenfalls bei ihrem neuen Arbeitgeber bewerben sollte, aber Daniela lehnte ab. »Meine Chefin hat mich eingestellt, obwohl es mir an Erfahrung fehlte. Ich habe das Gefühl, ihr etwas schuldig zu sein. Deshalb sollte ich jetzt, da ich meinen Arbeitsplatz endlich ausfülle, auch bleiben.«

Daniela schuftete also weiter im trüben Neonlicht ihrer Zelle vor sich hin. An einem düsteren Montag gab ihre Chefin ihr den Auftrag, die Zahlen »anzupassen«, die die Abteilung für den Vierteljahresbericht zusammenstellen sollte. »Ich halte das nicht für richtig«, antwortete Daniela. »Das muss ein Irrtum sein.«

Da reagierte die Chefin ziemlich gemein: »Die Anweisung kommt von höchster Stelle!«, sagte sie. »Und Sie tun besser, was man Ihnen sagt, sonst stehen Sie bald auf der Abschussliste!«

Jetzt wurde Daniela klar, dass sie einen schlimmen Fehler gemacht hatte, als sie Silvia nicht gefolgt war. Sie rief Silvia an und schilderte ihr die Situation, und die Freundin antwortete: »Ich würde gern mit dir zusammenarbeiten, aber ich glaube, für dich wäre eine kleine Firma besser, in der man stärker auf dich aufmerksam wird. Ich werde versuchen, dich mit ein paar Leuten bekannt zu machen, die dir weiterhelfen können.«

Daniela nutzte die neuen Kontakte, und als sie einen neuen Job gefunden hatte, schickte sie Silvia als Dankeschön eine Vase mit weißen Tulpen. Ab sofort arbeitete Daniela in einer kleinen, wachstumsorientierten Telekommunikationsfirma, wo sie ein kleines, sonniges Büro nur für sich hatte.

Und die Moral von der Geschicht...

- Denken Sie in großem Maßstab, egal was für eine berufliche Laufbahn Sie verfolgen.
- Zeichnen Sie sich durch unternehmerisches Denken aus: Gehen Sie Risiken ein, zeigen Sie Initiative und setzen Sie sich immer höhere Ziele.
- Achten Sie darauf, dass Ihre unternehmerische Energie in vernünftiger Weise mit den Parametern und der Politik Ihrer Firma einhergeht.
- Behandeln Sie Kollegen sämtlicher Hierarchiestufen respektvoll und freundlich, tun Sie Gutes, indem Sie gut sind.

- Machen Sie sich klar, dass Sie keine Loyalität von der Firma erwarten können, wenn Sie nicht fortwährend geschäftliche Erfolge vorweisen können und zum Wohl der Firma beitragen.
- Jemand, der etwas Unehrliches oder Unmoralisches von Ihnen verlangt, hat Ihre Loyalität nicht verdient.
- Manchmal müssen Sie sich von einem netten Chef oder der Firma, in der Sie sich wohl fühlen, lösen, um woanders Möglichkeiten zur Weiterentwicklung zu finden.

7

Dornröschen Wie Sie Ihre Mitmenschen integrieren und Ihr Potenzial ausschöpfen

Als der König, Dornröschens Vater, eine Fee von den Tauffeierlichkeiten für seine Tochter ausschließt, ist dies eine Entscheidung mit katastrophalen Konsequenzen. Sein Fehler setzt eine Kette von Ereignissen in Gang, die fast den ganzen Hof ins Verderben stürzt, auf jeden Fall aber seine geliebte Tochter. Auch am Arbeitsplatz kann es leicht zu Problemen führen, wenn ein Kollege ausgeschlossen wird: Er fühlt sich diskriminiert, entwickelt eine schlechte Arbeitsmoral und wendet vielleicht sogar die moderne Version des Feen-Fluchs an und verwickelt den Arbeitgeber in kostspielige Rechtsstreitigkeiten.

Ironischerweise erteilt uns das Märchen *Dornröschen* eine wichtige Lektion über Integration, obwohl viele Leser diese Geschichte eigentlich als ausgesprochen rückschrittlich betrachten. Dornröschen selbst ist eine der passivsten Märchenheldinnen überhaupt. Sie arbeitet nicht, sie ist nicht auf Abenteuer aus, ihre einzige wichtige Aktion – nämlich die Spindel zu berühren – ist vom Fluch der Fee vorbestimmt. Für ihren kurzen Flirt mit der Unabhängigkeit wird sie sofort bestraft, um daraufhin vom Prinzen gerettet zu werden. Ein solches Märchen verursacht jeder liberalen Mutter, die ihrer Tochter eine Gutenachtgeschichte vorliest, eine Gänsehaut!

Trotz dieser Defizite hat *Dornröschen* eine lange und spektakuläre Entwicklungsgeschichte. Das Märchen geht zurück auf den altfranzösischen *Roman de Perceforest* (um 1340) sowie auf Giambattista Basiles *Sonne, Mond und Talia*, eine Geschichte, die zwischen 1634 und 1636 in einer Märchensammlung mit dem Titel *Die Erzählung der Erzählungen oder Unterhaltung für die Jugend* erschien. Charles

Perrault hat *Dornröschen* (*La belle au bois dormant*) zur ersten Geschichte seiner berühmten, im Jahre 1697 publizierten Sammlung gemacht. Diese frühe Version endet nicht damit, dass Dornröschen und der Prinz auf ewig glücklich miteinander sind. Sie berichtet davon, was *nach* der Eheschließung passiert, und das ist alles andere als erbaulich. Es stellt sich heraus, dass die Mutter des Prinzen eine Menschenfresserin ist, die versucht, die beiden Kinder des Paares und Dornröschen selbst zu kochen und zu verspeisen, was durch die List eines mitleidigen Haushofmeisters vereitelt wird. Als die Königsmutter erfährt, dass man sie hinters Licht geführt hat, schwört sie Rache. Sie lässt ein Fass mit Vipern und Nattern aufstellen, in dem Dornröschen und die beiden Kinder sterben sollen. Glücklicherweise kommt der Prinz – nun König – gerade noch rechtzeitig nach Hause und erwischt seine Mutter bei ihrem schändlichen Treiben. Daraufhin stürzt sich die Menschenfresserin selbst in besagtes Fass und kommt darin zu Tode.

Von diesem grausamen Plot ist in der Grimmschen Fassung nichts mehr wiederzufinden. Diese Version endet so, wie die meisten von uns sich an die Geschichte erinnern: mit dem Kuss, der Dornröschen und den gesamten Hof aufweckt, und der Hochzeit. Hier eine kurze Zusammenfassung.

Ein König und eine Königin planen ein prächtiges Tauffest für ihr kleines Mädchen. Der König besitzt nur zwölf goldene Teller, deshalb wird die dreizehnte Fee des Königreiches nicht eingeladen. Auf dem Fest beschenken elf der Feen das Kind mit Wundergaben: mit Tugend, Schönheit, Reichtum und »mit allem, was auf der Welt zu wünschen ist«. Dann aber erscheint die dreizehnte Fee. Sie ist erbost darüber, dass man sie ausgeschlossen hat, und verflucht das Mädchen: »Die Königstochter soll sich in ihrem fünfzehnten Jahr an einer Spindel stechen und tot hinfallen.« Die zwölfte Fee, die ihren Wunsch noch nicht ausgesprochen hatte, kann den Fluch nicht aufheben, aber sie kann ihn mildern: »Es soll aber kein Tod sein, sondern ein hundertjähriger tiefer Schlaf, in welchen die Königstochter fällt.«

Der König lässt alle Spindeln im Land verbrennen. Doch an ihrem fünf-

zehnten Geburtstag irrt die Prinzessin durch das Schloss und gelangt in einen alten Turm, wo sie eine alte Frau vorfindet, die Flachs spinnt. Das Mädchen sticht sich an der Spindel, und der Fluch geht in Erfüllung: Sie fällt in einen tiefen Schlaf, der sich über das ganze Schloss und seine Bewohner ausbreitet.

Eine dichte Dornenhecke umwuchert das Schloss. Viele tapfere Königssöhne versuchen, die Hecke zu durchdringen, aber immer bleiben sie in den Dornen hängen, kommen nicht mehr los und müssen sterben. Gerade nach Ablauf der hundert Jahre taucht erneut ein Königssohn auf. Für ihn teilt sich die Dornenhecke, und er betritt das Schloss, ohne Schaden zu nehmen. Er küsst das schlafende Dornröschen, und sie öffnet die Augen. Mit ihr erwacht auch der gesamte Hof, und das Paar feiert eine prächtige Hochzeit.

Die romantische Geschichte von *Dornröschen* bildet auch die Grundlage eines großen, klassischen Balletts nach der Musik von Peter Iljitsch Tschaikowski und der Choreografie von Marius Petipa. Das Ballett feierte im Jahre 1890 Premiere in St. Petersburg und ist bis heute ein Publikumsrenner. George Balanchine, der führende Choreograf des 20. Jahrhunderts debütierte als kindlicher Balletttänzer in der Rolle Cupidos. Rudolf Nurejew feierte als Prinz in Dornröschen rauschende Erfolge.

Tschaikowskis Musik wurde zum Teil auch in Walt Disneys Zeichentrick-Verfilmung von *Dornröschen* aus dem Jahre 1959 verwendet. Dieser Film gehört zu den künstlerischsten Arbeiten Walt Disneys. Wunderschöne, handgemalte Hintergrundbilder und bezaubernde Lieder wie das in einem glockenhellen Sopran gesungene »Once Upon a Dream« tragen zum Gesamteindruck bei. Die schlafende Schönheit oder Aurora, wie sie im Disney-Film genannt wird, wurde zum Superstar von Disney World. Heutzutage ist sie Mitglied der Disney-Prinzessinnen-Riege, und ihr langes, blondes Haar schmückt eine endlose Fülle von Merchandising-Produkten.

Doch im Gegensatz zu *Cinderella* inspirierte Dornröschen keine Unzahl von Frauenpower-Filmen, die den Stoff in aktualisierter Fassung bearbeiteten. Vielmehr provozierte ihre Passivität einen Sturm politisch korrekter Kritik. Noch heute wird sie als Beispiel für die schädlichen weiblichen Stereotypen zitiert, die durch Märchen am Leben erhalten werden.

Ich bestreite nicht, dass Dornröschen kein gutes Vorbild für moderne Frauen ist. Aber geben wir der Geschichte doch trotzdem eine Chance und konzentrieren uns auf die wertvolle Lektion, die sie uns in Bezug auf die heutige Zeit erteilt: Es ist gefährlich, jemanden auszuschließen und wichtig, niemanden zu vergessen, damit alle gedeihen können: der Einzelne genauso wie das gesamte Unternehmen.

Beanspruchen Sie Ihren Platz am Tisch

In der Perraultschen Version von *Dornröschen* lässt der König für die sieben eingeladenen Feen des Königreichs besonderes Besteck bereitlegen: »ein herrliches goldenes, mit Diamanten und Rubinen besetztes Besteck, Messer, Gabel und Löffel, in einem prächtigen Futteral«.

Als die achte Fee auftaucht, die man einzuladen vergessen hat, ist der König »in großer Verlegenheit, denn schon damals hatten die Könige nicht immer so viel Gold, wie sie brauchten. Man legte ihr also ein gewöhnliches Besteck vor und entschuldigte sich.«

Wie leicht können Frauen am Arbeitsplatz sich genauso vorkommen wie jene Fee, die nicht zum Fest eingeladen ist. Und wenn eine solche Kollegin trotzdem »mitmischen« will, muss sie sich mit schlechteren Startchancen abfinden.

Als ich im Jahre 1982 meinen neuen Arbeitsplatz als Pressesprecherin für den Vorsitzenden der Senatsmehrheit, Howard Baker, antrat, war ich voller Begeisterung und geradezu wild auf Arbeit. Immerhin war ich *die* Pressesprecherin. Was ich damals noch nicht wusste: Jetzt, da ich mich gegen meine Mitbewerber durchgesetzt hatte, musste ich wieder ganz unten anfangen und mich nach oben kämpfen – echte Knochenarbeit also!

Die gläserne Decke

Frauen setzen sich gegen zahllose Mitbewerber durch und nehmen in Scharen an jenem großen Fest teil, das sich »Geschäftswelt« nennt. Das amerikanische Ministerium für Arbeit fand heraus, dass im Jahre 2003 Frauen weltweit 47 Prozent der arbeitenden Bevölkerung stellten. Von über 68,2 Millionen weiblichen, potenziellen Arbeitskräften befanden sich im Jahre 2003 64,4 Millionen in einem Anstellungsverhältnis.

Ja, Frauen sind im Kommen. Aber erhalten sie wirklich das ihnen zustehende Maß an goldenem Geschirr und juwelenbesetztem Besteck? Einem Bericht des amerikanischen Institute for Women's Policy Research zufolge verdienten amerikanische Frauen im Jahre 2004 im Schnitt 24 Prozent weniger als ihre männliche Kollegen für eine vergleichbare Tätigkeit (im Jahre 2002 waren es immerhin 27 Prozent weniger).

Bei der Besetzung leitender Positionen bevorzugt man nach wie vor Männer. Die sprichwörtliche gläserne Decke gibt es also tatsächlich, auch wenn sie Risse zeigt. Im Jahre 2004 wurden nur acht der Fortune-500-Firmen von Frauen geleitet. Bei insgesamt 16 Fortune-1000-Unternehmen fanden sich Frauen in leitender Position.* Einer Studie von *Catalyst* zufolge wurden im Jahre 2002 nur 15,7 Prozent sämtlicher Direktorenposten von Frauen besetzt.

Doch diese Zahlen spiegeln einen gewissen Fortschritt wider. In den USA stieg seit 1995 die Zahl weiblicher Führungskräfte um 113 Prozent. In amerikanischen Fortune-500 Unternehmen erhöhte sich der Anteil der Frauen in gehobenen Positionen um etwa 5,2 Prozent. In Europa ist die Tendenz nicht ganz so rasant aber sie geht in eine ähnliche Richtung. Wir sind auf dem Weg, aber noch lange nicht angekommen.

---

* *Fortune* ist eine amerikanische Wirtschaftszeitschrift, die verschiedene Ranglisten führt. Mit Fortune 500 und Fortune 1000 ermitteln sie regelmäßig die umsatzstärksten amerikanischen Unternehmen.

»Frauen werden im Berufsleben nach wie vor benachteiligt«, sagt Sharon, die an einer großen Universität ein Forschungsprojekt leitet, das sich mit der Position von Frauen im Beruf befasst. »Wer mit diesem Problem fertig werden will, muss sich eine erfahrene Mentorin suchen und den Rat eines Außenstehenden einholen. Dies kann zum Beispiel ein weibliches Ausschuss-Mitglied sein, das in Geschäftsleitung oder Verwaltungsrat mitmischt. Versuchen Sie selbst ebenfalls, an höchster Stelle Einfluss zu nehmen. Nur so kommen Sie weiter. Wenn Ihre Bemühungen keine Früchte tragen, kontaktieren Sie Headhunter und lassen Sie sie wissen, dass Sie sich verändern möchten und eine Führungsposition anstreben – oder machen Sie sich selbstständig!«

Unsere viel zitierte Globalisierung bringt auch für die Wirtschaft einige Neuerungen mit sich. Carina, Leiterin der Marketing-Abteilung bei einem international operierenden Unternehmen in Frankfurt, formuliert es folgendermaßen: »Die Diskriminierung von Frauen am Arbeitsplatz hängt von ein paar wichtigen Einzelfaktoren ab, zum Beispiel vom Land, von der Kultur, von der Größe der Firma und von der Branche. Man sollte sich stets ins Gedächtnis rufen, dass Diskriminierung oft auf Einzelne zurückgeht und nur selten repräsentativ für die gesamte Branche oder Firma ist.«

Schließt man Sie aus?

Steigern Sie sich nicht in das Gefühl hinein, dass Sie nur aufgrund ihrer Weiblichkeit ausgeschlossen werden. Versuchen Sie stattdessen, *genauestens* herauszufinden, wo und wie sich die Diskriminierung manifestiert und welche Strategien Sie sich gegen frauenfeindliches Verhalten Ihrer Kollegen zurechtlegen können.

Beantworten Sie sich selbst folgende Fragen:

- Bin ich mit meinem Gehalt zufrieden? Wäre mein Einkommen als Mann höher?

- Wurde ich bei einer verdienten Beförderung übergangen? Hat ein Mann den betreffenden Job bekommen? War er qualifizierter? Habe ich nachgefragt, warum ich nicht befördert wurde?
- Werden meine Ideen ernst genommen?
- Werde ich zu den wichtigen Meetings eingeladen, und bringt man mir während der Besprechungen den nötigen Respekt entgegen?
- Sind meine Projekte gleichwertig mit denen männlicher Kollegen?
- Gibt man mir die personelle Unterstützung, die ich benötige? Erhalten gleichgestellte Männer mehr Unterstützung?
- Hat mein Büro eine meiner Position angemessene Größe?

Die beiden Eckpfeiler: Bezahlung und Beförderung

Am 18.08.2006 trat im deutschen Arbeitsrecht das AGG, das Allgemeine Gleichbehandlungsgesetz, in Kraft. Dieses neue Diskriminierungsverbot aus Gründen der Rasse, des Geschlechts, des Alters oder der ethnischen Herkunft und Weltanschauung gilt für Stellenausschreibungen, Einstellungen, Urlaubsgewährung, Gehaltserhöhung und Fortbildungsmaßnahmen. Kommt ein Arbeitgeber seiner Pflicht, Diskriminierung am Arbeitsplatz zu verhindern, nicht nach, so kann das zu Schadensersatzansprüchen seitens des Arbeitnehmers führen.

Wenn Sie glauben, dass Sie in puncto Gehalt und Beförderung als Frau diskriminiert werden, sollten Sie sich zunächst an die Personalabteilung Ihres Unternehmens wenden. Wird Ihre Beschwerde nicht verfolgt, können Sie juristisch dagegen vorgehen. Doch ein solcher Schritt will gut überlegt sein, denn er kann auf beruflicher, emotionaler und finanzieller Ebene tiefgreifende Auswirkungen haben. Betrachten Sie den Gang zum Richter als letzte Alternative.

Bevor Sie drastische Maßnahmen ergreifen, probieren Sie doch einmal folgende Strategien aus, um die Probleme in den Griff zu bekommen.

Fünf Schritte auf dem Weg zu einem fairen Gehalt

1. Informieren Sie sich über die Höhe der Gehälter in vergleichbaren Positionen.
2. Bitten Sie Ihren Mentor oder Gleichgestellte aus anderen Firmen um Rat.
3. Dokumentieren Sie Ihre Leistungen und Ihre Ergebnisse.
4. Bereiten Sie sich auf die Gehaltsgespräche gut vor, und überlegen Sie sich genau, wie Sie sich präsentieren wollen.
5. Achten Sie darauf, dass Sie Ihre Bitte um eine Gehaltserhöhung auf selbstbewusste Weise vorbringen.

»Wenn Sie am Arbeitsplatz gute Leistungen erbringen, ist es viel leichter, eine Gehaltserhöhung oder eine Sonderzahlung auszuhandeln. Betrachten Sie es also als Teil Ihrer täglichen Aufgaben, über Ihre Leistungen und Erfolge Buch zu führen und sie schriftlich festzuhalten«, rät Maria, die als Frauenbeauftragte bei einer großen Radio- und Fernsehanstalt arbeitet. »Wenn Sie mit Ihrem Arbeitgeber verhandeln, sollten Sie Ihre Fähigkeiten detailliert und selbstbewusst hervorheben, eitle Selbstdarstellung jedoch vermeiden. Seien Sie eloquent, aber reden Sie nicht zu viel. Seien Sie darauf vorbereitet, messbare Erfolge nachzuweisen«, empfiehlt sie. »Und denken Sie daran: Niemand verdient nur deshalb eine Gehaltserhöhung, weil seine Mietkosten gestiegen sind. Was zählt, ist einzig und allein die persönliche Leistung. Hoffen Sie nicht auf ›mildernde Umstände‹, sondern passen Sie Ihre Argumentationsstrategie dem Beitrag an, den Sie für die Firma leisten – und zwar unabhängig davon, ob es um eine Beförderung oder eine Gehaltserhöhung geht.«

Die beste Taktik auf dem Weg zur Beförderung

Wenn Sie glauben, dass man Sie aufgrund Ihres Geschlechts nicht befördert, gehen Sie folgendermaßen vor:

- Erledigen Sie Aufgaben, bevor man Sie dazu auffordert. Übernehmen Sie zusätzliche Verantwortungsbereiche, bei denen Sie zeigen können, was in Ihnen steckt.
- Bilden Sie sich weiter. Machen Sie Abschlüsse und Zertifikate, die Ihnen bei der Beförderung dienlich sein können.
- Machen Sie eine dezidierte Aufstellung Ihrer Qualifikationen und Leistungen, um Ihren Gehaltsforderungen Substanz zu verleihen.
- Seien Sie sich Ihrer Schwächen bewusst, und nehmen Sie etwaige Herausforderungen an, auch wenn sie Ihre Qualifikationen momentan noch überschreiten.
- Suchen Sie sich Unternehmen, die spezielle Frauenförderungsprogramme unterstützen.
- Durchkämmen Sie das Netz nach denjenigen Unternehmen, die für weibliche Arbeitnehmer am besten geeignet sind.

Laila, die Leiterin einer Hotelfachschule, gibt folgenden Ratschlag, um Hindernisse, die einem zur Beförderung im Weg stehen, aus dem Weg zu räumen: »Legen Sie Ihr Ziel fest, und überlegen Sie sich, wie Männer ihren beruflichen Aufstieg gemanagt haben. Dabei ist es besonders wichtig, die eigenen Stärken und Schwächen zu kennen, damit einem nicht hinterher nachgesagt wird, dass man ›den Anforderungen nicht gerecht‹ wurde.«

Besonders bei Beförderungsverhandlungen sollte man klar zum Ausdruck bringen, dass man bereit ist, viel Zeit zu investieren. Eine aktuelle Studie aus den USA, die von Heidi Hartmann, der Vorsitzenden des Institute for Women's Policy Research in Zusammenarbeit mit dem Wirtschaftswissenschaftler Stephen J. Rose durchgeführt wurde, förderte interessante Ergebnisse zutage: Zahlreiche Arbeitgeber benachteiligen Frauen deshalb, weil sie befürchten, dass sie in der Familiengründungsphase ausfallen. Dies steigert die ohnehin schon vorhandene Tendenz, in weibliche Arbeitskräfte weniger zu investieren und ihnen Jobs zu geben, denen es an Perspektive mangelt. Wenn Sie weiterhin einer Vollzeitbeschäftigung nachgehen wollen, sollten Sie Ihrem Arbeitgeber dies auch deutlich machen, damit derlei Vorurteile nicht der eigentliche Grund sind, warum sie übergangen werden.

Und lassen Sie sich nicht entmutigen! Greifen Sie immer wieder nach den Sternen! Erfolg erfordert ein Zusammenwirken von Beharrlichkeit und richtigem Timing.

Im Märchen *Dornröschen* versuchen viele edle Jünglinge, die Dornenhecke, die das Schloss umgibt, zu durchdringen. Doch sie bleiben in den Dornen hängen und müssen sterben. Aber als der glückliche Prinz vorbeikommt, neigt sich der hundertjährige Bann gerade dem Ende zu. Die Dornenhecke teilt sich wie von selbst und gewährt ihm Einlass ins Schloss. Dieser Teil der Geschichte verdeutlicht, wie wichtig das richtige Timing ist, wenn man Grenzen überwinden will. Vielleicht gibt es eine bestimmte Position in Ihrer Firma, die noch nie eine Frau innehatte, aber das bedeutet noch lange nicht, dass Sie selbst nicht die erste Frau sein könnten, der es gelingt. Vielleicht sind Sie die richtige Frau zum richtigen Zeitpunkt.

Wie man die Dornenhecke durchdringt

Abgesehen von den beiden Hauptthemen Bezahlung und Beförderung gibt es noch zahlreiche andere Bereiche, in denen Frauen herabgesetzt werden. Diese heimtückischeren Formen der Diskriminierung können schmerzhaft wie Dornen sein und Ihnen jegliche Energie rauben, sodass Sie darin gefangen zu sein scheinen. Im Folgenden schildere ich Ihnen ein paar Methoden, wie Sie sich durch die Dornenhecke hindurchkämpfen können, um Ihren Weg zum Schloss fortzusetzen.

Wie Sie erreichen, dass Männer (und Frauen) Ihre Ideen ernster nehmen

- Proben Sie Ihre Rede: Tragen Sie Ihre Ideen einer Person vor, die Ihnen entsprechendes Feedback geben kann: vorzugsweise einem Mann, einem erfahrenen Coach oder einer Frau, die intensiv mit Männern zusammenarbeitet.
- Stützen Sie jede einzelne Idee, indem Sie kurz skizzieren, was sie bewirkt hat oder bewirken wird, wie sie das Unternehmen nach vorn bringt. Setzen Sie dazu Grafiken und Tabellen ein, aber halten Sie die Informationen kurz und knapp.
- Achten Sie darauf, wie Unterhaltungen sich entwickeln und überlegen Sie sich genau, wie Sie Ihr Thema zur Sprache bringen können. Unterbrechen Sie niemanden, und verschaffen Sie sich auch nicht mit Gewalt Gehör. Seien Sie einfach nur bereit. Manche Männer könnten Ihr Verhalten sonst leicht als Verzweiflung werten.
- Überdenken Sie die Kommunikationsgewohnheiten, die Sie vor langer Zeit von Eltern oder Lehrern übernommen haben. Vielleicht müssen Sie neue Wege gehen und ein paar ineffektive Strategien über Bord werfen. Das ist nicht einfach. Ich selbst bin als braves, katholisches Mädchen erzogen worden, das niemandem auf die Zehen treten durfte. Aber wenn ich mich über meine Erziehung hinwegsetze, empfinde ich das als sehr befreiend!
- Wenn eine von Ihnen präsentierte Idee bei einem Vorgesetzten oder Entscheidungsträger durchgefallen ist, bitten Sie eine Person Ihres Vertrauens um Feedback. Vielleicht lag es ja gar nicht an Ihrer Idee, sondern an Ihrem Vortrag, und Sie sollten die Präsentation für den nächsten Versuch noch etwas optimieren.

- Akzeptieren Sie niemals ein Nein als Antwort. Negativen Reaktionen sollten Sie keinesfalls automatisch zustimmen. Sagen Sie so etwas wie: »Hmmm… ich werde noch einmal drüber nachdenken. Ich darf Sie doch sicher noch einmal kontaktieren; vielleicht fällt mir ja noch etwas ein…«
- Wenn Sie bei offiziellen Meetings ausgeschlossen oder übergangen werden, sorgen Sie, dafür, dass Ihr Anliegen im Vorfeld schriftlich als Tagesordnungspunkt festgehalten wird. Wenn Männer herabsetzende Bemerkungen über Sie machen, empfiehlt es sich, gelassen zu bleiben und keinesfalls gleich auf Konfrontationskurs zu gehen. Setzen Sie sich nach der Konferenz mit ihnen auseinander und vertreten Sie ruhig und gelassen weiterhin Ihre Standpunkte.

Ein weiteres interessantes Phänomen, dem Sie bei Ihren Überlegungen Rechnung tragen sollten, ist die erotische Spannung, die zwischen Männern und Frauen am Arbeitsplatz in der Luft liegt, und die die Kommunikation zwischen den Geschlechtern erschwert. Die meisten Frauen sind frustriert, denn sie glauben, dass diese erotische Spannung minimiert werden könnte, wenn Männer mehr Verständnis für die geschlechtlichen Unterschiede entwickeln würden. Und die Männer wünschen sich schlicht und ergreifend, dass diese Spannung verschwindet. Sie finden, dass die Zusammenarbeit mit Frauen einem Eierlauf gleicht. Zwar sind sie sich nicht darüber im Klaren, was diese Spannung verursacht, aber sie wissen, dass sie mit der Anwesenheit von Frauen zusammenhängt. Aus diesem Grund suchen Männer unbewusst immer wieder nach einem Vorwand, um Frauen von Führungspositionen fernzuhalten.

Sorgen Sie für ein angemessenes Budget und für qualifiziertes Personal

Manchmal bekommen Managerinnen für ihre Projekte oder Abteilungen ein kleineres Budget zugewiesen als ihre männlichen Kollegen: Man gibt ihnen »Haushaltsgeld«, statt sie an den größeren, finanziellen Ressourcen teilhaben zu lassen. Wenn es Ihnen ebenso geht, wirken Sie der Tendenz entgegen, indem Sie sorgfältig recherchierte Zahlen und Fakten vorlegen, die zeigen, warum Sie mehr Geld benötigen. Halten Sie sich ausschließlich an die Tatsachen, vermeiden Sie ein emotionales Plädoyer. Versuchen Sie, sich eine Rechtfertigung für ein höheres Budget zurechtzulegen, an der es kaum etwas zu rütteln gibt.

Sowohl Männer als auch Frauen klagen über Personal- und Mitarbeitermangel, da die Unternehmen heutzutage allesamt abspecken müssen. Aber das Management ist oft noch knauseriger, wenn es darum geht, weiblichen Führungskräften Mitarbeiter zuzuweisen. Schließlich spukt in vielen Köpfen noch ein Bild herum, das die Frau in der Rolle der Assistentin des Mannes sieht.

Wenn Sie das Gefühl haben, dass der Personalmangel in Ihrer Abteilung auf geschlechtliche Diskriminierung zurückzuführen ist, bereiten Sie eine starke, ausschließlich auf Fakten basierende Beweisführung vor, die deutlich macht, warum Sie mehr Mitarbeiter benötigen. Dabei sollten Sie stets hervorheben, inwieweit ein oder zwei zusätzliche Kollegen oder auch externe, freie Mitarbeiter Ihre Arbeit nicht nur effektiver machen, sondern sich auch positiv auf die Bilanz Ihrer Firma auswirken. Reiten Sie unter gar keinen Umständen darauf herum, wie überarbeitet und überlastet Sie sich fühlen. Sagen Sie nicht: »Ich habe einfach zu viel Papierkram zu erledigen … der hemmt meine Produktivität … ich habe keine Zeit, mich mit Kunden zu treffen.« Formulieren Sie es stattdessen positiv: »Durch diesen zusätzlichen Mitarbeiter, der sich um meine Spesenabrechnung und den Papierkram kümmert, kann ich wöchentlich bestimmt ein Dutzend mehr potenzielle Kunden ansprechen, was uns langfristig viele tausend Euro an zusätzlichen Einnahmen bescheren wird.«

Das Büro einer Frau ist ihr Schloss

Auch durch die Zuweisung von Büroräumlichkeiten werden Frauen auf subtile Weise erniedrigt.

Jillian hatte sich in einem hübschen kleinen Büro etabliert, als ihr Vorgesetzter versuchte, ihr buchstäblich den Teppich unter den Füßen wegzuziehen. Er teilte ihr mit, dass sie in ein weniger attraktives Zimmer umziehen müsse, da ein Mitarbeiter, der einer höheren Verantwortungsstufe angehörte als sie, von nun an ihren Raum für sich beanspruchte. Ihre Antwort war genau richtig: »Dann müssen Sie mich eben befördern, damit ich nicht umziehen muss – sonst sieht es wie eine *Degradierung* aus.« Erstaunlicherweise brachte diese ebenso lässige wie offensive Bemerkung ihren Chef zum Nachdenken, und bald wurde Jillian tatsächlich befördert.

Natürlich funktioniert das nicht immer so. Männer betrachten ihr Büro als ihr Revier und sichern sich deshalb die größeren und besseren Räume. Wenn jedoch Frauen viel Aufhebens um ihr Büro machen, werden sie gern als kleinlich abgestempelt. Deshalb ist es ratsam, sich immer zuerst einmal zu fragen, ob es die Auseinandersetzung wert ist, bevor Sie sich ins Zeug legen. Wenn Ihnen die Sache wirklich wichtig genug ist, überprüfen Sie, welche alternativen Räume verfügbar sind oder wann sich eine Umzugsmöglichkeit in ein anderes Büro eröffnet. Auf diese Weise können Sie eine klar formulierte Forderung stellen, wie zum Beispiel: »Wenn Johannes in den zweiten Stock zieht, möchte ich sein Büro, Zimmer 21, haben.« Einen solchen Vorschlag kann man weniger schnell abschlagen als eine allgemeine Bitte um ein größeres oder besseres Büro.

Vermeiden Sie altersbedingte Diskriminierung

In der Disney-Version von *Dornröschen* ist die böse Fee Malefiz durchaus attraktiv und auf ihre diabolische Weise auch schön. Aber in der Geschichte Charles Perraults wird sie als »alte Fee« beschrieben, »die nicht eingeladen war und die man vergessen hatte, weil man seit mehr als hundert Jahren nichts von ihr wusste und sie für tot oder verschollen hielt«. Der König hält es für unproblematisch, sie nicht einzuladen, weil sie die besten Jahre hinter sich hat.

Auch am Arbeitsplatz ist Diskriminierung aufgrund des Alters ein Thema, das Frauen betrifft, obwohl man sich hier vor Verallgemeinerung hüten sollte. Ich habe herausgefunden, dass es von der Haltung der Frauen einerseits und der Unternehmenskultur andererseits abhängt, ob älteren Mitarbeiterinnen die gleichen Chancen eingeräumt werden wie anderen. In der Hotel- oder der Reisebranche zum Beispiel arbeiten viele ältere Frauen, die nicht nur stets auf ein gepflegtes Erscheinungsbild achten, sondern vor allem aufgrund ihrer langjährigen Erfahrung geschätzt werden.

Es gibt bestimmte Branchen, in denen sich altersbedingte Diskriminierung einfach nicht ausmerzen lässt. Aber in den meisten Unternehmen herrscht Einigkeit darüber, dass das Erscheinungsbild und die Einstellung stimmen müssen; das Alter spielt immer seltener eine Rolle. Gutes Aussehen ist dabei ganz sicher von Nutzen, trotzdem muss man keineswegs *jugendlich* aussehen.

»Ältere Kollegen stehen häufig in dem Verdacht, weniger Energie zu haben, weniger kreativ zu sein und die neuesten Business-Konzepte nicht zu kennen«, sagt Sharon. »Jeder Mitarbeiter, egal ob Mann oder Frau, kann diesen altersbedingten Bedenken entgegenwirken, indem er aktiv ist, ein hohes Maß an Energie in seinen Job investiert, auf dem Laufenden bleibt und ständig offen für neue Ideen ist.«

Alter als Vorteil

Aufgrund der Umkehrung der demografischen Alterspyramide erfreuen sich ältere Mitarbeiter immer größerer Wertschätzung. Die geburtenstarken Jahrgänge mit ihrer enormen Kaufkraft sind keine Küken mehr. Experten messen diesem riesigen Kundenpotenzial hohe Bedeutung bei.

Genau wie die Marketing-Experten halte ich diesen Trend für sehr positiv. Zudem bin ich fest davon überzeugt, dass man ältere Arbeitnehmer nicht nur als potenzielle Kunden betrachten sollte, sondern auch als wertvollen Quell von Wissen und Erfahrung. Ich bin die jüngste von vier Schwestern (außerdem habe ich noch einen jüngeren Bruder und drei Stiefbrüder). Ich bin mit einem älteren Mann verheiratet und hatte zahlreiche ältere Vorgesetzte, die mich als Mentoren unter ihre Fittiche nahmen. Ich empfand es immer schon als Privileg, mit älteren Menschen zusammenzusein und zu arbeiten.

Meine Lieblingscousine Pat, die in der Verwaltung eines großen Unternehmens für medizinische Bedarfsartikel Karriere gemacht hat, findet, dass ältere Frauen stärker in sich selber ruhen als jüngere: »Den meisten Frauen fällt es schwer, die richtige Balance zwischen weiblichem und selbstbewusstem Auftreten zu finden, besonders da Selbstbewusstsein häufig mit Aggressivität verwechselt wird«, sagt sie. »Glücklicherweise entwickeln sie umso mehr Selbstvertrauen, je älter sie werden. Vielleicht kommt das ja auch daher, dass das Urteil anderer uns mit den Jahren nicht mehr so wichtig ist!«

Ein weiterer Pluspunkt älterer Kollegen ist ihr Realismus bei der Einschätzung von Arbeitsabläufen. Nichts bringt mich mehr auf die Palme, als Leute mit wenig Erfahrung, die große Versprechungen machen, von denen sie nur einen Bruchteil einhalten können, und das nur, weil sie sich für allwissend halten. Viele Projekte könnten deutlich reibungsloser abgewickelt werden, wenn die entscheidenden Mitarbeiter ein paar gezielte Fragen stellen würden. Als Anfänger sollten Sie sich deshalb niemals scheuen, um Rat zu bitten. Betrachten Sie ältere Teammitglieder als wertvolle Hilfe, statt sie für realitätsfremd und überaltert zu halten.

Altersdiskriminierung kann sich zum Beispiel auch darin manifestieren, dass jüngere Angestellte lieber für eine Frau oder einen Mann arbeiten, der unter vierzig ist. Sie glauben, dass ein älterer Mitarbeiter keine Chance mehr hat, sich beruflich weiterzuentwickeln und folglich ihrer Karriere nicht mehr nützlich sein kann. Machen Sie nicht den Fehler, die Bedeutung älterer Frauen in Ihrem Unternehmen zu unterschätzen – unter Umständen entpuppen gerade sie sich als die stärksten Verbündeten und Mentorinnen. Sie können Ihnen zum Beispiel einen neuen Job in einer jungen, dynamischen Firma vermitteln, in der Sie Gelegenheit zur Pionierarbeit erhalten. Denn auch wenn

Frauen als Firmeneigner prozentual noch immer unterrepräsentiert sind, wächst ihre Rolle bei Firmenneugründungen beträchtlich.

Bringen Sie kein Unglück über die Firma

Frauen sind nicht nur *Opfer* von Diskriminierung, sondern oft auch *Schuldige*. Auch sie landen wegen Diskriminierung vor dem Richter, was die Firma eine Menge Geld kostet: hohe Verteidigungskosten, negative Publicity, schlechte Arbeitsmoral und finanzielle Einbußen durch das Abwandern von Kunden.

Auch ein kleiner Fehltritt kann zum großen Problem werden. Genevieve hatte zwar eine einflussreiche Position, aber keine Sekretärin, die ihr dabei half, die unzähligen E-Mails und Anrufe zu sichten, die täglich bei ihr eingingen. Manchmal ging ihr einfach etwas durch. So geschah es, dass sie eine E-Mail von einer Kundin löschte, weil sie sie irrtümlich für Spam gehalten hatte. Die Kundin war beleidigt und glaubte, aufgrund ihrer ethnischen Zugehörigkeit bewusst ignoriert worden zu sein.

Sie suchte sich also einen anderen Geschäftspartner und schrieb dem Geschäftsführer von Genevieves Unternehmen einen Brief, in dem sie sie der Vorurteile bezichtigte. Zwar entschuldigte Genevieve sich und erklärte, dass es sich lediglich um ein Versehen gehandelt habe, trotzdem hatten sie die Kundin für immer verloren. Der Schaden war angerichtet. Für Genevieve war das besonders schmerzlich, denn sie engagierte sich in verschiedenen Organisationen für Frauen und glaubte an eine gewisse Kameradschaft unter den Mitarbeiterinnen in ihrer Branche. Ihre Situation ist vergleichbar mit der des Königs, der es versäumte, in der Geschichte von Dornröschen, ein weiteres Gedeck auflegen zu lassen – keineswegs eine absichtliche Verfehlung, sondern ein Missgeschick mit schwerwiegenden Konsequenzen.

Das moderne Arbeitsleben ist so kompliziert und vielfältig, dass man Missverständnisse dieser Art nicht immer verhindern kann. Aber es gibt ein paar Möglichkeiten, wie man die häufigsten Fallgruben umgehen kann.

Halten Sie immer ein Ersatzgedeck in der Hinterhand

Behandeln Sie sämtliche Kollegen aller Geschlechter, ethnischen oder religiösen Zugehörigkeiten höflich und respektvoll. Wenn Ihr Gegenüber Ihnen etwas bedeutet, erkundigen Sie sich nach seinen Kindern und seinem Befinden. Falls er keine Bedeutung für Sie hat, reden Sie nur über das, was Sie selbst interessiert: über Sport, Musik, Kunst, Autorennen oder Gartenpflege. Finden Sie heraus, was Sie mit den Menschen in Ihrer Umgebung gemeinsam haben.

In leitender Stellung sollten Sie sämtliche Entscheidungen – wie unwichtig Sie Ihnen auch erscheinen mögen – genau überdenken. Ihr Ziel sollte darin bestehen, allen Mitarbeitern die gleichen Chancen zu geben. Colleen ist ehemalige Geschäftsführerin einer Unternehmensberatung mit Schwerpunkt Diversity Management, deren Motto »Von der kulturellen Vielfalt zur Harmonie« Bände spricht. Naturgemäß liegt es ihr besonders am Herzen, Frauen verschiedener sozialer Herkunft dieselben beruflichen Möglichkeiten zu eröffnen: »Wer seine Mitarbeiter fair behandelt und niemanden bevorzugt, gerät seltener in den Verdacht, Einzelne zu diskriminieren. Oft sind es die kleinen Gesten, derer wir uns kaum bewusst sind, weshalb ein Kollege sich herabgesetzt fühlt. Nehmen Sie sich also Zeit, um Ihr Verhalten genau zu studieren.«

An dieser Stelle möchte ich noch ein Wort über die Männer am Arbeitsplatz verlieren, die sich oft für den Nabel der Welt halten. In vielen Fällen sind sie diejenigen, die das Sagen haben. Wenn die Führungsrolle aber Ihnen als Frau zufällt, dann sorgen Sie dafür, dass Ihre männlichen Angestellten genauso viele Gelegenheiten erhalten, sich zu beweisen, wie alle anderen. Das ist nur fair.

Allerdings ist es nicht sinnvoll, zu streng mit sich ins Gericht zu gehen, wenn man sich um Fairness bemüht hat und trotzdem etwas schiefgeht. Denken Sie an den König in unserer Geschichte, der keinen Augenblick daran zweifelte, dass er das Richtige tat. Bei manchen Menschen hat man nun mal einfach keine Chance.

Öffnen Sie sich anderen Kulturen

»Um individuelle und kulturelle Unterschiede schätzen und nutzen zu lernen, sollte man sich Zeit nehmen, andere wirklich zu verstehen«, sagt Colleen.

Und wenn ich versuche, etwas über die Kultur meiner ausländischen Kollegen zu erfahren, so ist das nicht nur Pflicht, sondern auch Vergnügen. Probieren Sie doch einmal Folgendes aus:

- Gehen Sie einmal im Monat mit einem ausländischen Kollegen essen. Sie werden bald feststellen, dass der Betreffende genauso neugierig auf Sie ist wie Sie auf ihn.
- Wenn Sie die Person besser kennen gelernt haben, fragen Sie sie, ob es im täglichen Miteinander mit ihr irgendwelche Besonderheiten zu beachten gibt. Geben Sie zu, dass sie unsicher sind, aber lernen wollen.
- Schlagen Sie der Personalabteilung vor, einmal im Monat eine bestimmte Kultur oder Nationalität besonders hervorzuheben. So könnten zum Beispiel in der Kantine entsprechende Nationalgerichte gereicht werden, oder in speziellen Ausstellungen könnten die Mitarbeiter mehr über diese andere Kultur erfahren.
- Vermitteln Sie Ihren ausländischen Kollegen etwas über Ihre eigene Kultur. Ob Fußballspiel oder Nikolausfeier, eine entsprechende Einladung trägt beträchtlich zur Integration bei.

In den meisten Fällen wissen wir, welche Bemerkungen oder Verhaltensweisen wir vermeiden müssen, die eindeutig diskriminierend sind. Aber heutzutage ist das Klima am Arbeitsplatz übersensibel, und schon der kleinste Fauxpas kann den falschen Eindruck hinterlassen. Nehmen Sie deshalb Rücksicht auf kulturelle Eigenheiten – auch wenn sie Ihnen noch so nebensächlich erscheinen. Einen gläubigen Juden sollten Sie beispielsweise niemals am späten Freitagnachmittag anrufen und in ein langes Gespräch verwickeln. Dann befindet er sich nämlich gerade auf dem Heimweg und bereitet sich auf den Sabbat vor. Und berichten Sie nicht endlos von ihrem neuesten Versuch, drei Kilo abzunehmen, wenn Ihr Gegenüber ein echtes Gewichtsproblem hat.

Eines ist besonders wichtig: Sprechen Sie den Namen Ihres Gegenübers richtig aus! Der Name hat für jeden Menschen große Bedeutung, besonders aber möglicherweise für Angehörige anderer Kulturkreise. Ihren Namen korrekt aussprechen zu lernen ist ein wichtiges Zeichen des Respekts. Und Respekt ist neben der richtigen Gelegenheit die zweite Säule der Integration.

Unterstützen Sie multikulturelle Initiativen

Setzen Sie sich für multikulturelle Belange ein, und zwar sowohl innerhalb Ihres Unternehmens als auch in anderen beruflichen Organisationen, und sorgen Sie dafür, dass Ihr Engagement bekannt wird. Menschen unterschiedlicher Kulturen zu unterstützen ist nicht nur eine moralische Entscheidung, sondern auch eine kluge Methode, um beruflich voranzukommen. Als Dornröschen sich an der Spindel sticht, fällt nicht nur sie selbst in tiefen Schlaf – der ganze Hof tut es auch! Die Fee auszuschließen hat weitreichende Konsequenzen: Der gesamte Palast wird aus seinen Aktivitäten herausgerissen und zu einem hundertjährigen Schlaf gezwungen.

Ähnlich verhält es sich im Geschäftsleben des 21. Jahrhunderts: Ohne multikulturelle Ausrichtung kann heutzutage kein Unternehmen gedeihen. Ausländische Mitbürger und Minderheiten bilden einen großen Prozentsatz der arbeitenden Gesamtbevölkerung, und die Zahlen steigen weiter. Keine Firma kann es sich leisten, dieses Potenzial an Arbeitskräften nicht auszuschöpfen.

Trotzdem: Wenn Sie sich für eine Minderheiten-Initiative einsetzen – oder auch für eine Frauenorganisation –, müssen Sie auf Gegenreaktionen gefasst sein. Manche Menschen befürchten sicherlich, dass die Firma ihre Anstrengungen plötzlich nicht mehr ausreichend honoriert, nur weil sie eben *keiner* Minderheit angehören. Manche hegen den Verdacht, dass einige Gruppierungen bevorzugt behandelt werden sollen. Multikulturelle oder Frauen-Initiativen haben häufig eine Wirkung, die einer Firmenübernahme oder einer Fusion gleichkommt. Jeder Mitarbeiter muss sich eine neue Position im Unternehmen erkämpfen. Derlei Veränderungen bringen in den Menschen das Beste und das Schlimmste zum Vorschein. Glauben Sie weiterhin an sich selbst.

»Ich möchte alle Frauen dazu ermutigen, an dem festzuhalten, was recht, wahr und gerecht ist«, sagt Felicitas, die sich eine führende Position in der Reisebranche erkämpft hat und der der multikulturelle Gedanke besonders am Herzen liegt. »Selbst inmitten aller Widrigkeiten kann ich den Frauen nur eines versichern: Es gibt Freude, es gibt Hoffnung, es kann sogar Frieden geben.«

Lassen Sie sich nicht in Gerüchte, Panikmache und Bürointrigen verwickeln, bei denen Angehörige anderer Kulturen verunglimpft werden. Wenn Sie sich von derlei Problemen fernhalten, regeln sie sich meist von selbst. Und engagieren Sie sich weiterhin mit ganzem Herzen dafür, dass alle Mitglieder Ihrer Firma Gelegenheit erhalten, ihr volles Potenzial auszuschöpfen.

Aurora zeigt es ihnen allen

Es war einmal vor etwa dreißig Jahren ein kleines Mädchen namens Aurora. Ihre Eltern behandelten sie von ihrem ersten Lebenstag an wie eine Prinzessin. Sie planten eine prächtige Tauffeier im Garten ihres palastartigen Hauses. Sie luden sämtliche Nachbarn ein mit Ausnahme eines zurückgezogen lebenden alten Mannes, den niemand mochte, weil er seinen Rasen nicht mähte und seine Hecken nicht regelmäßig schnitt.

Auf der Tauffeier hoben sämtliche betuchten Gäste ihre Champagner-Gläser, um der Kleinen zuzuprosten.

»Ich wünsche ihr Schönheit«, sagte der erste Gast, die alternde Schönheitskönigin des Ortes, die sich immer noch genauso frisierte wie in ihrer Jugend.

»Ich wünsche ihr einen reichen Ehemann, der sie anbetet«, sagte die attraktive junge Ehefrau eines älteren, wohlhabenden Mannes.

»Ich wünsche ihr, dass sie eine gute Tennisspielerin wird«, sagte der dritte Gast, eine stets sonnengebräunte Frau, die selbst Regionalmeisterin war.

»Ich wünsche ihr das absolute Gehör«, sagte ein Klavierlehrer, der in dem schlafenden Kind eine lukrative, zukünftige Schülerin sah.

»Ich wünsche ihr gute Noten und die Möglichkeit, eine gute Schule zu besuchen«, sagte der fünfte Gast, den die Oberflächlichkeit der anderen Wünsche entsetzte.

»Ich wünsche ihr, dass sie sich sozial engagiert und ein Herz für die weniger Begüterten hat«, sagte der sechste Gast, eine Dame, die sich für wohltätige Zwecke einsetzte.

»Ich wünsche ihr einen interessanten Beruf«, lautete der siebte Wunsch von der einzigen Frau in der Nachbarschaft, die sich ihr eigenes Haus gekauft hatte.

In diesem Augenblick wurde die Party von der Ankunft des alten Mannes unterbrochen, dem das heruntergekommene Grundstück gehörte. Schließlich feierte man im Garten, also war er einfach hereinmarschiert in der Hoffnung, eine kostenlose Mahlzeit zu bekommen. »Und ich wünsche ihr, dass sie lernt, dass die Frau hinter den heimischen Herd gehört!«, bellte er. Dann schnappte er sich ein paar Riesengarnelen von einem Silbertablett und stopfte sie sich in den Mund.

Die Tante des Mädchens schob den Mann beiseite. »Ich bin Auroras Patin«, sagte sie. »Und ich wünsche ihr, dass sie mit den Jahren erkennt, dass Frauen alles tun können, was sie wollen, egal was die anderen sagen.«

Die Jahre vergingen und Aurora wuchs zu einer freundlichen und gebildeten jungen Frau heran.

Nachdem sie ihr Marketingstudium abgeschlossen hatte, erhielt sie eine Anstellung bei dem weltweit größten Matratzenhersteller.

Unschuldig wie sie war, übersah sie das Warnsignal, dass in der obersten

Führungsebene dieses Unternehmens keine Frauen arbeiteten. Männer mit mittelmäßigen Fähigkeiten wurden befördert, während die weiblichen Mitarbeiter in Positionen dahinvegetierten, die keine Entwicklungsmöglichkeiten boten. Diejenigen Frauen, die den Mut hatten, um eine Beförderung zu bitten, waren nicht in der Lage, das Dickicht tief verwurzelter Frauendiskriminierung zu durchdringen, das die Firma umgab. Auora erkannte, dass sie trotz ihres hervorragenden Abschlusses keine Chance hatte. Doch sie beschloss, auf jeden Fall ein volles Jahr durchzuhalten, um Pluspunkte für ihren Lebenslauf zu sammeln.

Die Tage zogen träge ins Land, und Aurora hatte das Gefühl, seit hundert Jahren dort festzusitzen. Schlechte Verkaufszahlen zwangen die Firma jedoch, eine Unternehmensberatung zurate zu ziehen. Die Empfehlung lautete, Frauen durch entsprechende Weiterbildungsmaßnahmen auf Führungspositionen vorzubereiten. Die dieser Entscheidung zugrunde liegende Überlegung war, dass der Matratzenkauf hauptsächlich Frauensache ist. Deshalb war die weibliche Perspektive auch in den Chefetagen unverzichtbar geworden.

Als ein Mentoring- und Networking-Programm für Frauen ins Leben gerufen wurde, meldete sich Aurora sofort an. Sechs Monate später wurden sie und ein paar andere Frauen befördert, und ein frischer Wind wehte durch die Firma. Die jungen Talente entledigten sich des Mülls unternehmerischer Stagnation und machten den Weg frei für hervorragende Geschäftsergebnisse.

Aurora arbeitete dort glücklich und zufrieden, bis ihr ein aufstrebendes Möbelhaus bessere Aufstiegschancen bot. Immerhin bestand die große weite Welt ja nicht ausschließlich aus Matratzen.

Und die Moral von der Geschicht ...

- Wer eine Beförderung oder Gehaltserhöhung anstrebt, sollte seinen Job besonders gut machen und seine Leistungen täglich schriftlich dokumentieren.
- Erledigen Sie schon vor der Beförderung Arbeiten, die in den Auf-

gabenbereich der von Ihnen angestrebten Position fallen. Auf diese Weise können Sie Ihre Fähigkeiten unter Beweis stellen.

- Geben Sie nicht auf, bis sich Ihnen die richtige Gelegenheit zum richtigen Zeitpunkt bietet. Beharrlichkeit und Timing sind zwei wichtige Säulen des Erfolges.
- Ihr Erscheinungsbild und Ihre Einstellung sind am Arbeitsplatz das Wichtigste. Das Alter ist oft sekundär. Lassen Sie in Ihren Bemühungen nicht nach und seien Sie immer aufgeschlossen für neue Ideen.
- Behandeln Sie Ihre Kollegen rücksichtsvoll und bevorzugen Sie niemanden, damit Sie nicht in den Verdacht geraten, andere herabzusetzen oder zu diskriminieren.
- Achten Sie auf kleine Gesten und Schnitzer, die falsch interpretiert werden könnten. Informieren Sie sich über die kulturellen Eigenheiten Ihrer Kollegen – und lernen Sie, ihre Namen richtig auszusprechen!
- Die ganze Firma stagniert und leidet, wenn bestimmte Mitarbeiter nicht integriert werden. Unterstützen Sie multikulturelle Initiativen, und engagieren Sie sich dort mit Hingabe.

8

Die roten Schuhe Wie Sie im Job die Kontrolle behalten

In dieser tragischen Geschichte von Hans Christian Andersen bekommt ein Mädchen die von ihm heiß ersehnten roten Schuhe geschenkt, findet aber bald heraus, dass sie einen erbarmungslosen eigenen Willen haben. Die Schuhe zwingen sie, Tag und Nacht zu tanzen. Schließlich bittet das verzweifelte Mädchen den Henker darum, ihr die Füße abzuhacken. Diese eindringliche Metapher des Fast-zu-Tode-getanzt-Werdens wirkt auf die meisten erschöpften Karrierefrauen von heute ausgesprochen beeindruckend.

Manchmal kommt es uns so vor, als ob wir dafür bestraft würden, weil wir es wagen, uns auf den Tanz mit einer ehrgeizigen Karriere einzulassen. Wir kämpfen gegen Arbeitsüberlastung, knappe Zeitlimits, Personaleinsparungen und einen immensen Erfolgsdruck. Und wenn wir endlich Feierabend haben, sehen wir uns häufig mit der nächsten Herausforderung konfrontiert: mit unserer Verantwortung für Haus und Familie. Wir sind genauso erschöpft wie das Mädchen, dessen rote Schuhe sie erst hierhin, dann dorthin tanzen lassen – Tag und Nacht.

Die tragische Hauptperson des Märchens mit dem Titel *Die roten Schuhe* heißt Karen, weshalb man vermutet, dass die Figur Ähnlichkeit mit Andersens illegitimer Halbschwester Karen Marie hatte. Diese führte ein Leben in Armut und arbeitete möglicherweise eine Zeit lang als Prostituierte, bevor sie im Jahre 1846 verstarb.

Es folgt eine Zusammenfassung der traurigen Geschichte:

Eine arme Waise namens Karen, die von einer alten Dame aufgenommen wird, sieht eines Tages eine Prinzessin, die ein Paar wunderschöne rote

Schuhe trägt. Als es Zeit für ihre Einsegnung ist, bekommt Karen ein Paar rote Schuhe vom Schuhmacher, die sie in der Kirche trägt. Die alte Frau findet es heraus und verbietet Karen, die roten Schuhe jemals wieder in der Kirche anzuziehen, aber das eitle Mädchen ist ungehorsam. Ein alter, verkrüppelter Soldat vor der Kirche klopft ihr mit der Hand auf die Fußsohlen und sagt: »Sieh, was für hübsche Tanzschuhe! Sitzt fest, wenn ihr tanzt.«

Dann wird die alte Frau krank, und Karen soll sie pflegen, aber sie zieht lieber ihre roten Schuhe an und geht auf einen großen Ball. Von diesem Zeitpunkt an scheinen die Schuhe ein Eigenleben zu führen. Sie tanzen mit ihr davon in den dunklen Wald. Sie sind an ihren Füßen festgewachsen und Karen muss Tag und Nacht tanzen. Vor der Kirche trifft sie auf einen Engel, der sagt: »Tanzen sollst du, in deinen roten Schuhen tanzen, bis deine Haut zu einem Gerippe zusammenschrumpft!« Schließlich bittet Karen den Scharfrichter, ihr die Füße abzuhacken, damit sie die Schuhe loswird.

Karen will wieder in die Kirche gehen, doch die roten Schuhe tanzen mit ihren Füßen um sie herum und verwehren ihr den Eintritt. Tief betrübt findet die verkrüppelte und reumütige Karen schließlich Zuflucht beim Pfarrer und seiner Frau, die sie in ihren Dienst nehmen. Eines Sonntags erscheint ihr der Engel erneut. Er gewährt ihrem Geist Zutritt zur Kirche: Ihre Sünden sind vergeben. Ihr Herz bricht vor Freude, und ihre Seele fliegt in den Himmel empor, wo niemand ist, der nach roten Schuhen fragt.

Die roten Schuhe ist eine strenge, religiöse Geschichte, die eine düstere Warnung gegen die Sünde der Eitelkeit ausspricht. Aber wir finden darin auch eine erheblich wichtigere Botschaft: Wir erfahren, wie gefährlich es ist, unsere Wünsche unermüdlich zu verfolgen, ohne die Konsequenzen zu bedenken. Außerdem zeigt die Geschichte, dass unsere Ängste (vor dem Verlust des Arbeitsplatzes, vor dem Scheitern im Job, vor finanziellen Notsituationen) uns dazu bringen können, dem Unerreichbaren hinterher zu tanzen.

Zwei der größten britischen Filmemacher der Nachkriegszeit, Michael Powell und Emeric Pressburger, erkundeten die tieferen Schichten der Geschichte in ihrem melodramatischen Film *Die roten Schuhe* (1948). Der zentrale Handlungsstrang befasst sich mit der rothaarigen Ballerina, die sich zwischen ihrem beruflichen Ehrgeiz und ihrer Liebe für einen jungen Komponisten entscheiden muss. (Der Film beinhaltet auch eine 15-minütige Ballettversion der Geschichte von Hans Christian Andersen, die die fantastischste Ballettsequenz enthält, die jemals auf die Leinwand gebannt wurde!)

Doch leider haben die meisten Frauen nicht derlei fantastische Möglichkeiten. Wir müssen uns nicht zwischen einer glanzvollen Karriere als Tänzerin und einer glückseligen Ehe mit einem viel versprechenden Komponisten entscheiden. Tatsächlich ist sogar die Vorstellung, zwischen Beruf und Familie zu wählen, passé. Heute erwarten wir ein befriedigendes Privatleben *und* eine ebensolche Karriere.

Selbst wenn wir unseren Beruf für die Familie aufgeben *wollten*, könnten wir es nicht. Wir *müssen* arbeiten, und zwar nicht, um unsere persönliche Erfüllung zu finden, sondern aufgrund der wirtschaftlichen Notwendigkeit. Wir müssen weitertanzen, um unsere Rechnungen bezahlen zu können.

Wir haben gar nicht die Möglichkeit, aufzugeben. Deshalb darf unsere Arbeit nicht außer Kontrolle geraten. Wir müssen lernen, zu delegieren, zu verhandeln und manchmal auch Nein zu sagen. Wir müssen nach kreativen Möglichkeiten suchen, um unsere beruflichen und persönlichen Prioritäten unter einen Hut zu bekommen. Wir müssen die Richtung unseres beruflichen Tanzes selbst bestimmen.

Delegieren, Verhandeln und Abgrenzen

»Als sie aber zur Rechten wollte, tanzten die Schuhe zur Linken, und als sie den Saal hinauftanzen wollte, tanzten die Schuhe hinab, die Treppe hinunter, durch die Straße und durch das Stadttor hinaus. Sie tanzte und musste tanzen, gerade hinaus in den dunklen Wald.« So berichtet uns die Geschichte – und so ist es auch in Wirklichkeit.

Manchmal hat es den Anschein, als ob unsere Arbeit ihrem eigenen

Willen folgt und die Tanzrichtung bestimmt. Die Papiere stapeln sich auf unserem Schreibtisch, und unsere Tage wirbeln uns unkontrolliert ins Verderben hinein – es sei denn, wir beherrschen zwei Schlüsselqualifikationen: Aufgaben zu delegieren und uns an der richtigen Stelle abzugrenzen.

Delegieren

Eine der wichtigsten Fähigkeiten von Frauen, die Ihre Arbeitsmenge bewältigen wollen, besteht im Delegieren von Aufgaben. Aber das ist oft gar nicht so einfach. Überlegen Sie sich, welche Hindernisse Sie überwinden müssen, um effizient zu delegieren, und schaffen Sie sie aus der Welt.

Sie glauben, die Arbeit besser zu machen. Möglicherweise sind Sie ja wirklich die Beste. Aber erfordert die fragliche Aufgabe wirklich ein so hohes Maß an fachlicher Kompetenz? Kann nicht jemand anders sie ebenso gut erledigen, wenn auch vielleicht nicht so hervorragend wie Sie selbst?

Sie glauben, die Arbeit schneller zu schaffen als andere. Das trifft wahrscheinlich sogar zu. Aber Ihre Zeit ist nun einmal begrenzt, und vielleicht könnten Sie stattdessen eine andere Aufgabe erledigen, die letztendlich profitabler ist.

Sie finden, dass Sie die Arbeit in der Zeit, die Sie zur Einarbeitung eines anderen benötigen, zweimal selbst erledigt haben. Auch das stimmt vielleicht – zumindest zu Anfang. Aber wenn Sie den Kollegen *jetzt* in ein Themengebiet einweisen, das später zu seinen festen Aufgaben gehört, sparen Sie langfristig eine Menge Zeit.

Sie fürchten die schlechte Meinung Ihres Vorgesetzten, weil Sie ein paar Aufgaben nicht selbst erledigt haben. Das ist ein Trugschluss.

Menschen in führenden Positionen wissen, wie man delegiert. In den Augen Ihres Chefs können Sie also nur an Ansehen gewinnen, wenn Sie zeigen, dass Sie diese Managementfähigkeit beherrschen.

Sie befürchten, für die Firma nicht mehr unentbehrlich zu sein, wenn Sie Arbeit delegieren. Wenn Sie ein oder zwei Aufgaben an einen Kollegen weitergeben, wird Ihnen das kaum schaden. Im Gegenteil: Ihre Vorgesetzten werden sich an den Gedanken gewöhnen, dass Sie sich auf die wichtigen Aspekte Ihrer Arbeit konzentrieren, und werden Routinearbeiten einem anderen Mitarbeiter übertragen.

Sie befürchten, dass die Person, an die Sie die Arbeit weitergeben, Ihnen über kurz oder lang den Arbeitsplatz wegnimmt. Vielleicht tut der Betreffende das sogar – allerdings erst nach Ihrer Beförderung. Wer delegiert, der schafft sich zeitliche Freiräume für Arbeiten, die mehr Begabung und Talent erfordern, was den Weg für eine erfolgreiche Karriere ebnet.

Delegierungsplan

Machen Sie eine Liste der Aufgaben, die Sie am Arbeitsplatz zu erledigen haben. Weisen Sie jeder Arbeit eine Priorität zu, wobei Sie zwischen Prioritätsstufe 1, 2 und 3 unterscheiden:

- *Stufe 1:* Aufgaben, bei denen Sie sicher wissen, dass sie keiner sonst erledigen kann.
- *Stufe 2:* Aufgaben, die jemand anders übernehmen kann, die jedoch zusätzlichen Trainings- oder Ausbildungsaufwand voraussetzen.
- *Stufe 3:* Aufgaben, die jemand anders übernehmen kann, ohne eingearbeitet werden zu müssen.

Neben jede Aufgabe der Stufe **3** notieren Sie einen Namen, an den Sie sie weitergeben könnten.

Neben jede Aufgabe der Stufe **2** schreiben Sie sich ebenfalls einen passenden Kandidaten. Halten Sie außerdem fest, welche konkrete Zusatzqualifikation der Betreffende dafür erwerben muss.

Der Unterschied zwischen Delegieren und Abwälzen

Im stressigen Berufsalltag von heute ist es von entscheidender Bedeutung, den Unterschied zwischen effektivem Delegieren einerseits und dem Versuch, anderen seine Arbeit aufzuhalsen, zu kennen und in Bezug auf dieses Thema einfühlsam mit den Kollegen umzugehen.

Wer Aufgaben weitergibt, ohne die Fähigkeiten, Erfahrungen oder die Zeit seines Gegenübers zu bedenken, versucht, seine Verpflichtungen rücksichtslos auf andere abzuwälzen. Effektives Delegieren setzt zunächst ein Gespräch mit dem fraglichen Mitarbeiter voraus. Überzeugen Sie sich davon, dass er die erforderlichen Fähigkeiten besitzt, und falls nicht, wie sie ihm zusätzliche Qualifikationen oder eine umfassende Einarbeitung ermöglichen können.

Wie viel Zeit dem anderen zur Verfügung steht, ist immer ein heikles Thema. Heutzutage arbeiten wir einfach alle unter Druck. Auf die Frage: »Haben Sie Zeit, diese Aufgabe für mich zu erledigen?«, wird wahrscheinlich jeder mit »Nein!« antworten. Oft ist es geschickter, es etwa folgendermaßen zu formulieren: »Wie können Sie diese Aufgabe in Ihren Zeitplan integrieren?« Wenn Sie dann eine ablehnende Antwort erhalten, helfen Sie dem Betreffenden bei der Überlegung, was er selbst wiederum delegieren oder aufschieben könnte, um Zeit für den neuen Verantwortungsbereich zu schaffen.

Außerdem sollte Ihr Teammitglied über folgende Punkte informiert sein:

- das letztendliche Ziel der Aufgabe oder des Projekts
- die Schritte, die notwendig sind, um das Ziel zu erreichen
- Fristen und Abgabe- beziehungsweise Fertigstellungstermine
- Quellen, aus denen er Hilfe und Informationen schöpfen kann

Motivieren

Wenn Sie langfristig erfolgreich delegieren wollen, müssen Sie die Menschen, an die Sie Arbeit weitergeben, inspirieren und motivieren. Betonen Sie zunächst einmal, dass Sie an die Fähigkeiten Ihres Teammitgliedes glauben. Dann versichern Sie dem Mitarbeiter, dass Sie als Ansprechpartner immer verfügbar sind (obwohl Sie natürlich sicher sind, dass der Betreffende die Aufgabe eigenständig abwickeln kann). Erklären Sie alles ausführlich, aber gehen Sie nicht zu sehr ins Detail. Überlassen Sie dem anderen die Lorbeeren für dieses Projekt.

Finden Sie anerkennende Worte für Ihren Mitarbeiter, sobald er die Aufgabe beendet hat, auch wenn er nicht so schnell oder gut gearbeitet hat, wie Sie anfänglich hofften. Versuchen Sie niemals, zu »ent-delegieren« oder die Arbeit zu schnell wieder an sich zu reißen. Machen Sie sich stattdessen lieber Gedanken darüber, wie Sie den Betreffenden auf Hochtouren bringen können.

Die deutlichste Sprache sprechen Geld und Beförderung. Wenn Sie eine einflussreiche Position innehaben, lassen Sie durchblicken, dass auf den erfolgreichen Mitarbeiter eine Belohnung wartet. Können Sie den Betreffenden, an den Sie eine bestimmte Aufgabe weitergegeben haben, nicht direkt belohnen, legen Sie ein gutes Wort bei Ihren Vorgesetzten für ihn ein.

»Ich bin im ständigen Dialog mit meinen Mitarbeitern, immer ansprechbar und großzügig mit Lob. Deshalb sind alle hoch motiviert«, sagt Ray, die Geschäftsführerin eines namhaften Unternehmens zur Organisation und Ausrichtung internationaler Messen. »Weil ich allen Mitarbeitern einen Verantwortungsbereich übertrage, der speziell auf ihre Fähigkeiten zugeschnitten ist, betrachtet jeder Einzelne seine

Arbeit als seine ureigenste Leistung und ist stolz darauf. Jedes Teammitglied wird als Aktivposten betrachtet, der zum Gesamterfolg der Firma beiträgt. In einer solchen Atmosphäre gedeiht Motivation am besten.«

Wenn Ihnen niemand zur Verfügung steht

In den meisten Unternehmen ist Schmalhans Küchenmeister, und Personal ist knapp. Vielleicht stehen Ihnen keine Mitarbeiter zur Verfügung, an die Sie die Arbeit delegieren können. Unter diesen Umständen können Sie eine Aufgabe an gleichgestellte Kollegen weitergeben – aber vorsichtig. Achten Sie darauf, niemandem auf die Füße zu treten, indem Sie das Wort »delegieren« in den Mund nehmen. »Teamwork« klingt viel taktvoller und hat auch keinen hierarchischen Beigeschmack.

Wenn buchstäblich niemand zur Verfügung steht, versuchen Sie, herauszufinden, ob das Budget für eine Aushilfskraft oder einen freien Mitarbeiter ausreicht. Wenn das auch nicht der Fall ist, haben Sie noch zwei Möglichkeiten:

1. Verschieben Sie die Arbeit auf später (auf nächste Woche oder nächsten Monat) oder
2. bereiten Sie sich darauf vor, Ihrem Chef zu erklären, dass Sie keine Kapazitäten für diese Aufgabe frei haben.

Die Kunst des Nein-Sagens

In meiner Jugend brachte man uns bei, dass anständige Mädchen Nein sagen sollten, wenn die Jungs frech wurden. Zu dumm nur, dass uns keiner beigebracht hat, Nein zu einem Übermaß an Arbeit zu sagen! Es ist doch sehr sinnvoll, abzulehnen, wenn wir weder über die nötige Zeit noch über die erforderlichen Fähigkeiten verfügen, um einer Aufgabe gerecht zu werden. Warum also fällt uns das so schwer?

Frauen glauben, Männer übertreffen zu müssen. Es ist nicht genug, genauso gute Arbeit zu leisten wie die männlichen Kollegen. Wir müssen besser, schneller und effizienter sein. Und deshalb glauben wir, jede Herausforderung annehmen zu müssen, die sich uns stellt. Aber zwischen beruflicher Weiterentwicklung und Überlastung besteht ein himmelweiter Unterschied. Bevor Sie sich mit einer bestimmten Aufgabe einverstanden erklären, sollten Sie ein paar Minuten darüber nachdenken. Überzeugen Sie sich davon, dass Sie eine realistische Erfolgschance haben und dass Ihnen genügend Zeit zur Verfügung steht, um Ihr Bestes zu geben.

Frauen wollen gefallen. Frauen gehen typischerweise davon aus, dass man sie mehr schätzt, wenn sie anderen gefallen. Und wie kann man sich dieser Zuneigung der anderen versichern? Indem man ständig versichert: »Ja klar, ich kümmere mich für dich darum.« Aber Sie können nicht immer jedem gefallen. Wenn Sie alles übernehmen, müssen Sie andere über kurz oder lang enttäuschen und Sie selbst sind irgendwann am Ende Ihrer Kraft.

Frauen wollen positiv sein. Wir geben uns gern den Anstrich der energischen Power-Frau. Aber wir müssen unseren Optimismus an die Realität anpassen. Ja, gehen Sie Risiken ein, entwickeln Sie sich weiter, streben Sie nach Gold. Aber treiben Sie sich nicht selbst an den Rand der Erschöpfung. Legen Sie die Latte nicht so hoch, dass Sie gar keine Chance haben, heil darüber zu springen. Die Erwartungen anderer zu übertreffen, ist viel besser, als ein Versprechen nicht einhalten zu können.

»Ein Nein ist normalerweise vollkommen unproblematisch, solange man eine positive und freundliche Haltung einnimmt und ein paar wohlüberlegte Gründe formuliert«, sagt Barbara, die in leitender Position bei einer Fluggesellschaft tätig ist. »Mein Arbeitgeber und ich wissen, dass wir nicht jeden Geschmack befriedigen können. Seit jeher lautet unsere Unternehmensstrategie: wenig versprechen und viel leisten.«

Wie man Nein sagt, ohne als Schwarzseher dazustehen

- Fahren Sie nicht gleich aus der Haut. Die Devise lautet: Ruhe bewahren.
- Betonen Sie, wie gern Sie die Aufgabe erfüllen würden, dass Ihnen jedoch die Zeit dazu fehlt.
- Wenn der Zeitfaktor tatsächlich das kritische Moment ist, erklären Sie, welche Ihrer Aufgaben momentan Priorität haben.
- Denken Sie darüber nach, wann Sie das fragliche Projekt in Zukunft abwickeln könnten.
- Wenn Sie nicht qualifiziert genug für die Aufgabe sind, bitten Sie um zusätzliche Schulungen und Trainings.
- Wenn Sie diese Aufgabe oder dieses Projekt in der Vergangenheit schon einmal erfolgreich abgeschlossen haben, jetzt aber keine Zeit dafür aufbringen können, bieten Sie an, die einzelnen Arbeitsschritte schriftlich festzuhalten oder jemand anders einzuarbeiten und zu unterstützen.

Warum man Nein sagen sollte

Wenn Sie sich dabei ertappen, dass Sie am Arbeitsplatz viel zu häufig Nein sagen, ist es vielleicht sinnvoll, sich ein bisschen Zeit zu nehmen, um die eigenen Motive zu überdenken.

Ihre Firma oder Ihre Abteilung ist unterbesetzt. Möglicherweise wurde Personal abgebaut, und das Management verlangt von den übrig gebliebenen Mitarbeitern mehr als menschenmöglich ist. Falls dies zutrifft, studieren Sie zunächst einmal genauestens Ihre Arbeitsplatzbeschreibung. Auf dieser Grundlage schlagen Sie Ihrem Vorgesetzten vor, gemeinsam eine tägliche oder wöchentliche Prioritätenliste zu erstellen, damit Sie die wichtigsten Aufgaben stets erfüllen können.

Sie finden Ihren Job langweilig. Ein weiteres denkbares Szenario ist, dass Ihre ablehnende Haltung aus Ihrer Langeweile resultiert. Möglicherweise ist Ihr Job zur Routine geworden und stellt nicht genügend Anforderungen an Sie. Um dieses Problem zu beheben, sollten Sie sich Projekte suchen, die Sie herausfordern und zum Nachdenken anregen, Ihre Fähigkeiten aber trotzdem nicht übersteigen.

Sie haben Probleme mit Ihren Kollegen. Manchmal ist die Zusammenarbeit mit manchen Menschen einfach schwierig. Wenn mich zum Beispiel jemand um Mithilfe in einem Projekt bittet, der mir sonst immer den Schwarzen Peter zugeschoben hat, erkläre ich mich sicherlich nicht so ohne weiteres bereit, mich dort zu verpflichten. In einem solchen Fall sollten Sie sich an ein anderes Teammitglied wenden, das Sie auf das Projekt vorbereitet und Ihnen den Rücken stärkt.

Sie sind ein Superweib. Vielleicht eilt Ihnen der fantastische Ruf vo-raus, dass Sie das Kind schon schaukeln werden. Das ist natürlich eine tolle Ausgangsposition, um eine Gehaltserhöhung oder eine Beförderung zu fordern.

Verhandlungsprinzipien

- Seien Sie realistisch (nicht angeberisch und auch nicht zu bescheiden) in Ihrer Einschätzung, wie viel Sie der Firma bringen.

- Informieren Sie sich, wie viel Einfluss die Person, mit der Sie verhandeln, besitzt und ob Sie Ihre Forderungen überhaupt erfüllen kann.
- Stellen Sie Fragen, um so viele Informationen wie möglich von der anderen Seite zu bekommen.
- Überlegen Sie sich schon im Voraus, an welcher Stelle Sie kompromissbereit sind und nachgeben können.
- Erfolgreiche Verhandlungen beruhen auf Gegenseitigkeit. Wenn Sie etwas haben wollen, sollten Sie auch bereit sind, etwas Wertvolles zu bieten.
- Wenn Ihre Vorgesetzten nicht bereit sind, Ihre Wünsche zu erfüllen, finden Sie heraus, zu welchen Zugeständnissen sie überhaupt bereit sind.
- Nachdem Sie sich mündlich auf bestimmte Bedingungen geeinigt haben, bitten Sie um eine schriftliche Zusammenfassung der Vereinbarung.

Es ist unrealistisch, davon auszugehen, dass die Firmenleitung Sie von selbst für Ihr zusätzliches Engagement entlohnen wird. In der Regel müssen Sie eine leistungsgerechte Entlohnung einfordern. Wenn Sie den Verdacht haben, für sich selbst nicht das Beste herausholen zu können, bitten Sie einen Mentor, sich für Sie stark zu machen oder für Sie zu verhandeln.

Beförderung oder Gehaltserhöhung sind keineswegs die einzig möglichen Verhandlungsgegenstände. Vielleicht benötigen Sie ja auch eine Assistentin, ein höheres Budget für Ihre Abteilung oder die Genehmigung, um eines Ihrer Lieblingsprojekte vorantreiben zu können. Möglicherweise wollen Sie Ihren Vorgesetzten um ein größeres Büro bitten oder um andere Rahmenbedingungen wie andere Arbeitszeiten oder eine Home-Office-Regelung. Nutzen Sie die Gunst der Stunde, und werden Sie aktiv.

Die optimale Balance

Führen Sie sich die Ballerina im Film *Die Roten Schuhe* vor Augen. Sie hält die Balance im Spitzentanz nur einen kurzen, aufregenden Augenblick lang, bevor sie den nächsten Tanzschritt ausführt. Selbst die talentierteste Tänzerin kann das Gleichgewicht nicht über einen längeren Zeitraum hinweg halten. Genauso geht es sämtlichen Frauen, die Familie und Beruf auszubalancieren versuchen. Persönliche und berufliche Prioritäten unter einen Hut zu bringen, erfordert ein Höchstmaß an Flexibilität, Anpassung und Kompromissbereitschaft.

»Um Familie und Beruf miteinander zu vereinbaren, können wir Prioritäten setzen, aber im Alltag können wir beiden Bereichen einfach nicht immer gerecht werden«, sagt Irma, Leiterin und Eignerin einer Marketing-Agentur. »Meiner Meinung nach wird es für die Frauen höchste Zeit zum Umdenken: Unser Ziel sollte nicht mehr die ›Balance‹ sein. Wir nehmen unseren Beruf ernst und lieben unsere Familien? Selbstverständlich! Aber beides Tag für Tag *unter einen Hut zu bringen*? – Nein, das ist unmöglich. Tag für Tag in beiden Bereichen *unser Bestes geben*. – Ja, das geht.«

Der Balanceakt zwischen Familie und Beruf ist ein in höchstem Maße individueller Prozess mit so vielen Variablen, dass es keine allgemeingültige Lösung gibt. Die einzige universelle Wahrheit lautet, dass es keine Balance gibt, besonders dann nicht, wenn Sie ganze Tage arbeiten und kleine Kinder haben. Geraten Sie nicht in die gedankliche Falle, dass andere Frauen, die organisierter, energischer und besser ausgebildet sind als Sie, diese Aufgaben ohne Schuldgefühle oder Stress meistern. Geißeln Sie sich nicht selbst, wenn Sie die Balance nicht halten können. Solange Sie Ihre Kinder lieben und Ihr Bestes geben, haben Sie allen Grund, stolz auf sich zu sein.

»Ich habe gelernt, dass ich nicht mehr tun kann, als mir jede erdenkliche Mühe zu geben. Ich habe gelernt, keine unrealistischen Erwartungen zu wecken. Wenn meine 10-jährige Tochter mich fragt: ›Mama, kannst du dir dieses Jahr all meine Fußballspiele ansehen?‹ lautet meine realistische Antwort: ›Ich tue mein Bestes.‹ Hoffentlich kann ich wirklich all ihre Spiele sehen. Aber wenn nicht, ist meine Tochter wenigstens nicht enttäuscht, und ich fühle mich nicht schuldig, weil ich ein Versprechen nicht halten konnte«, sagt Maria, die Frauenbeauftragte bei einer großen Radio- und Fernsehanstalt. »Job Nummer eins in meinem Leben ist und bleibt meine Familie. Und nach mehr als 20 Jahren in meinem Beruf und zehn Jahren als Mutter weiß ich, dass ich am Arbeitsplatz ganz einfach Abstriche machen muss. Deshalb ist das Wörtchen Nein zum festen Bestandteil meines professionellen Vokabulars geworden.«

Für Frauen, die Führungspositionen anstreben, besteht nachgewiesenermaßen die größte Herausforderung darin, ihre berufliche Verantwortung mit dem Familienmanagement unter einen Hut zu bringen. Viele Frauen verschweigen familiäre Fragen und private Terminschwierigkeiten aus Angst, ihre Jobs zu verlieren oder das Vertrauen ihrer Vorgesetzen oder Kollegen einzubüßen.

Es ist allgemein bekannt, dass in Familien mit zwei voll berufstätigen Elternteilen die Frauen bei der Kindererziehung den Löwenanteil übernehmen. Für alleinerziehende Mütter ist die Belastung logischerweise noch größer

»Tun Sie, was Sie können. Geben Sie alles. Moderner Schnickschnack kann dabei sehr hilfreich sein, besonders ein Notebook mit Internetanschluss und Zugang zu firmeninternen Rechnern«, sagt Tina, die leitende Pressesprecherin eines namhaften Logistikunternehmens. »Die Probleme einer alleinerziehenden Mutter dürfen einer guten Leistung am Arbeitsplatz nicht im Wege stehen. Dass Sie das Familieneinkommen allein bestreiten, hilft Ihnen dabei, Ihr Ziel nicht aus den Augen zu verlieren. Sie haben keine Wahl: Letzten Endes müssen Sie es schaffen.«

Die Diskussion über die »Entscheidungen«, die Frauen im Hinblick auf ihren Spagat zwischen Arbeit und Familie treffen, kreist vornehmlich um das *Wollen*: Aber es ist nicht nur so, dass wir arbeiten *wollen*, wir *müssen* es auch. Immer mehr Familien sind darauf angewiesen, dass beide Elternteile Geld verdienen.

Geld ist ein wichtiges Familienthema, und manchmal gerät es mit anderen Prioritäten in Konflikt, was zu Angstreaktionen und Schuldgefühlen führt.

Joyce musste eine wichtige Geschäftsreise machen, um eine größere Präsentation zu halten. In der gleichen Woche sollte die Klasse ihrer Tochter ein Theaterstück aufführen. Ihre Familie stand für sie an erster Stelle, aber sie waren auf Joyces Einkommen angewiesen, und wenn sie diese Geschäftsreise nicht antrat, gefährdete sie ihren Arbeitsplatz. Joyce musste sich also auf die Reise machen, wobei sie das deprimierende Gefühl nicht loswurde, das jede berufstätige Mutter kennt: Was sie auch tat, es war das Falsche.

Die Schuldgefühle berufstätiger Mütter sind ein komplexes Thema, und es gibt keine einfachen Lösungen. Aber vielleicht ist ja der historische Blickwinkel hilfreich. Das Bild der Mutter, die mit Milch und Keksen nach der Schule an der Haustür auf ihre Kinder wartet und ihnen für den Rest des Tages ihre ganze liebevolle Aufmerksamkeit schenkt, ist ein Produkt der – vornehmlich amerikanischen – Fernsehserien aus den 50er- und 60er Jahren. Vor der Erfindung von Waschmaschinen, Fertiggerichten und anderen modernen Annehmlichkeiten waren die Frauen ganz schön mit Arbeit eingedeckt: Sie mussten sich um den Gemüsegarten kümmern, einwecken, kochen, nähen, waschen und putzen. Häufig arbeiteten die Mütter tagsüber noch draußen auf den Feldern, während die kleinen Kinder von Verwandten oder Nachbarn gehütet wurden – oder selbst arbeiten mussten!

An einer Mutter, die viel arbeitet, ist nichts Neues oder Unnatürliches. Solange Kinder wissen, dass sie geliebt werden, egal ob ihre Mutter arbeiten geht oder nicht, können sie auch gedeihen.

Außerdem dürfen wir nicht vergessen, dass Kinder mit einer eigenen Persönlichkeit und individuellen Vorlieben zur Welt kommen. Wenn Ihr Kind ein Problem hat, möchten Sie natürlich alles in Ihrer Macht Stehende tun, um es zu lösen. Aber geben Sie auf keinen Fall Ihrer Berufstätigkeit die Schuld für irgendwelche Fehlentwicklungen. Kinder, deren Mütter ganztags arbeiten, können glücklich und ausgeglichen sein, während Kinder von Vollzeit-Müttern (oder -vätern) manchmal emotionale Probleme haben – und umgekehrt. Ihre Karriere aufzugeben, ist meist keine Lösung Ihrer Probleme. Solange Sie Ihre Kinder lieben und bestmöglich für sie sorgen, haben Sie die Last der Schuldgefühle nicht verdient, auch wenn nicht alles perfekt läuft.

Alternative Job-Arrangements

Viele berufstätige Frauen – ob Mütter oder nicht – suchen nach alternativen Job-Arrangements, um ihre persönlichen Verpflichtungen besser miteinander vereinbaren zu können. Manche Berufsfelder sind dafür besser geeignet als andere: Wer im Vertrieb, in der Buchführung, in der Immobilienbranche oder im Rechnungswesen arbeitet, hat ebenso viel Glück wie jemand, der im kreativen Bereich tätig ist, wie die Journalistin, die Grafikerin, die Webdesignerin usw. Aber vielen Frauen gelingt es auch, alternative Arbeitsvereinbarungen in traditionelle Ganztagsjobs zu integrieren.

Es gibt verschiedene Möglichkeiten, wie Sie Ihre Arbeitswoche auch im Rahmen eines Festanstellungsverhältnisses umgestalten können (statt ihr eigenes Unternehmen zu gründen, was natürlich auch eine Möglichkeit ist). Jedes dieser Arrangements hat Vor- und Nachteile, die genau ausgelotet werden sollten, bevor Sie sie mit Ihrem Vorgesetzten durchsprechen. Und meist sind es ohnehin die veränderten ökonomischen Bedingungen unserer Zeit, die uns unsere Optionen diktieren.

Dabei sollten Sie im Kopf behalten, dass einflussreiche Personen in der Firma ständig präsent sein müssen, um ihre Führungsaufgabe wahrnehmen zu können und die Mitarbeiter zu motivieren. Wenn Sie also das Ziel haben, in die Geschäftsleitung aufzusteigen, könnten alternative Arbeitszeiten Ihr Fortkommen behindern. Wenn Ihre Erfolgsvision sich jedoch eher an Werten wie Freiheit oder Familie orientiert, eröffnen sich Ihnen sicher ein paar kreative Möglichkeiten, über die Sie nachdenken können.

Teilzeitbeschäftigung

Durch einen Teilzeitvertrag haben Sie die Möglichkeit, berufstätig zu bleiben und trotzdem viel Zeit mit Ihren Kindern zu verbringen. Natürlich benötigen Sie dann eine weitere Einkommensquelle, um finanzielle Löcher zu stopfen, sei es durch einen Ehemann, einen Lebensgefährten, einen Treuhandfonds oder eine gute Fee. Nur sehr wenige Menschen können ihre alltäglichen Ausgaben durch ein Teilzeitgehalt bestreiten.

Neben den finanziellen Nachteilen ergeben sich durch eine Teilzeittätigkeit noch ein paar weitere Probleme. Vielleicht verpassen Sie die Chance, an interessanten Projekten teilzunehmen und sind nicht im Büro, wenn kritische Entscheidungen getroffen werden. Mit der Zeit verlieren Sie die wichtige Verbindung zu Kollegen und Vorgesetzten. Sie büßen an Glaubwürdigkeit ein und werden nicht befördert – es sei denn, Sie erklären sich bereit, wieder ganze Tage zu arbeiten.

Job-Sharing

Beim Job-Sharing teilen sich zwei Mitarbeiter einen Vollzeitarbeitsplatz, indem sie jeweils nur halbe Tage arbeiten. Hierbei handelt es sich um einen jener utopischen Entwürfe, die auf dem Papier großartig klingen, in Wirklichkeit aber voller Probleme stecken. Deshalb hört man auch nicht allzu häufig davon, dass Mitarbeiter ein solches Konzept in die Tat umsetzen. Die größte Hürde besteht darin, einen Partner zu finden, der die richtigen Fähigkeiten besitzt und der mit den ihm zugewiesenen Stunden und der Hälfte des Gehalts zufrieden ist. Beide Partner müssen hervorragend miteinander kommunizieren und darauf vertrauen, dass jeder sämtliche Aufgaben bis zum Schluss erledigt. Außerdem müssen sie das Urteil des jeweils anderen respektieren. Am besten funktioniert Job-Sharing im Support-Bereich und in mittleren Positionen, wo die Aufgabenfelder klar definiert und in sich geschlossen sind. Für gehobene Positionen ist dieses Konzept weitgehend ungeeignet.

Flexible Arbeitszeiten und die Vier-Tage-Woche

Flexible Arbeitszeiten ermöglichen Ihnen einen Vollzeitjob, der Sie nicht von 9.00 Uhr morgens bis 17.00 Uhr abends blockiert. Sie können früher oder später mit der Arbeit beginnen und Ihren Feierabend entsprechend anpassen. (So dauert ein Arbeitstag beispielsweise von 7.00 Uhr bis 15.00 Uhr oder von 10.30 Uhr bis 18.30 Uhr). Auf diese Weise können Sie den Feierabendverkehr meiden, Ihr Kind nachmittags zum Karate-Unterricht fahren oder warten, bis Ihre Kinder morgens im Schulbus sitzen.

Aufgrund der veränderten Arbeitsmarktbedingungen haben sich auch hierzulande die Arbeitszeiten flexibilisiert. Doch gerade mittelständische und kleine Unternehmen werden durch den Begriff »flexible Arbeitszeit« oft abgeschreckt und glauben fälschlich, dass Arbeitnehmer bei einer solchen Regelung kommen und gehen können, wie sie wollen, was das absolute Gegenteil des firmeninternen Arbeitsethos ist. Dieses Missverständnis können sie dadurch vermeiden, dass Sie einfach nur um eine Veränderung Ihrer Regelarbeitszeit bitten und den Terminus »flexible Arbeitszeit« vermeiden.

Eine weitere Alternative zur normalen Fünf-Tage-Schinderei ist die Vier-Tage-Woche. Hierbei leisten Sie Ihre regulären 35–40 Wochenarbeitsstunden in vier Tagen ab. Diese Variante ist bei Arbeitgebern jedoch nicht allzu beliebt, da man davon ausgeht, dass Ihre Konzentration bei einer Zehn-Stunden-Schicht nachlässt. Außerdem wollen manche Vorgesetzte, dass man jeden Tag verfügbar ist.

Zehn Schritte, wie Sie Ihrem Arbeitgeber ein alternatives Jobmodell schmackhaft machen

1. Stellen Sie Ihre Leistungen zunächst eine geraume Zeit lang unter Beweis, bevor Sie mit Vorschlägen für ein neues Jobmodell vorpreschen.

2. Unterbreiten Sie Ihrem Arbeitgeber genaue Vorschläge.
3. Konzentrieren Sie sich bei Ihrer Darstellung auf die Vorteile für die Firma, nicht auf die Vorteile für Sie selbst.
4. Erklären Sie Ihrem Vorgesetzten, wie Sie Ihr Pensum bewältigen wollen. Legen Sie ihm einen genauen Arbeitsplan vor.
5. Erklären Sie ihm, auf welche Weise Sie regelmäßig in Kontakt bleiben werden.
6. Überlegen Sie sich, was Sie der Firma als Gegenleistung anbieten können.
7. Versichern Sie Ihrem Vorgesetzten, dass Sie an wichtigen Meetings auf jeden Fall teilnehmen werden, auch wenn die Konferenztermine auf ihren Home-Office-Tag fallen.
8. Erklären Sie Ihrem Chef, wie Sie Ihr heimisches Büro organisieren wollen, und sprechen Sie mit ihm darüber, wer die Ausrüstung und die notwendigen Leitungen und Telefonverbindungen bezahlt.
9. Geben Sie Ihrem Vorgesetzten Bedenkzeit. Wenn Sie auf eine schnelle Antwort drängen, erhalten Sie vielleicht eine abschlägige Antwort.
10. Schlagen Sie eine Art Probezeit vor, nach der Sie und Ihr Arbeitgeber überprüfen können, wie das neue Jobmodell funktioniert.

Home-Office

Heimarbeit am Computer hat diverse Vorteile. Der größte besteht wohl darin, dass Sie die vielen Stunden als Pendler vermeiden, durch die wertvolle Zeit verloren geht. Außerdem müssen Sie sich nicht um das passende Outfit für das Büro kümmern. (Ich gebe allerdings zu bedenken, dass Sie sich möglicherweise nicht so kompetent fühlen, wenn Sie im Pyjama und den alten, abgetragenen Pantoffeln vor dem Bildschirm sitzen.)

Trotz der offensichtlichen Anreize hat es auch ein paar Nachteile, wenn Sie ganze Tage von zu Hause aus arbeiten. Natürlich können Sie an Telefonkonferenzen teilnehmen, um die Verbindung zu Ihrem Arbeitgeber aufrechtzuerhalten, aber manchmal werden Sie heikle Situationen nicht vermeiden können. Unter Umständen leidet die Beziehung zu den Kollegen, weil diese entweder eifersüchtig auf Ihren Freiraum sind oder Sie verdächtigen, zu Hause sowieso nur rumzugammeln. Auch Ihr Vorgesetzter hat möglicherweise Vorbehalte, selbst wenn er oder sie der Vereinbarung zugestimmt hat. Wenn Sie jedoch gute Ergebnisse für die Firma erzielen, können Sie zur Entschärfung dieser Probleme beitragen.

Heimarbeit in *Teilzeit* ist oft die optimale Lösung. Wer ein oder zwei Tage die Woche zu Hause arbeitet, ist regelmäßig in der Firma anwesend, genießt jedoch trotzdem eine Pause vom täglichen Pendelverkehr.

Wenn Ihr Arbeitgeber einen solchen Vorschlag akzeptiert, liegt es in Ihrer Verantwortung, dafür zu sorgen, dass Ihre Heimarbeit reibungslos verläuft. Das bedeutet, dass Sie einen separaten Telefonanschluss einrichten und ein ruhiges Plätzchen im Arbeitszimmer reservieren, wo sie den Eindruck absoluter Professionalität vermitteln können. Sorgen Sie dafür, dass Ihre Telefonate durch nichts unterbrochen werden und schalten Sie störende Hintergrundgeräusche aus. Ein gelegentlich bellender Hund ist nicht so schlimm, aber laute Zeichentrickfilme oder scheppernde Popmusik sind absolut inakzeptabel.

Natürlich können Sie auch nicht davon ausgehen, dass Ihr Baby in einer Ecke Ihres Büros glücklich vor sich hin brabbelt, oder dass Ihr Kleinkind leise mit seinen Bauklötzen spielt, während Sie Ihre Arbeit tun. Wenn Sie konzentriert und produktiv bleiben wollen, brauchen Sie nach wie vor eine Kinderbetreuung, auch wenn das vielleicht bedeutet, dass ein Babysitter Ihre Kinder im Raum nebenan beaufsichtigt, während Sie im Arbeitszimmer sitzen.

Machen Sie es sich zum Prinzip, E-Mails und Telefonanrufe gerade an Ihren Home-Office-Tagen schnell zu beantworten, damit Ihre Kollegen und Vorgesetzten das Gefühl haben, dass Sie ständig mit der Firma in Verbindung stehen. Wenn Sie jeden Tag von zu Hause aus arbeiten, sollten Sie so häufig wie möglich in der Firma vorbeischauen. Nichts ist wichtiger als das regelmäßige persönliche Gespräch.

Geschäftsreisen in die richtige Richtung

»Und sie tanzte und musste über Feld und Wiese, in Regen und Sonnenschein, bei Nacht und Tage tanzen; aber nachts war es am schrecklichsten.« So lautet eine bewegende Passage aus der Geschichte *Die Roten Schuhe*.

So manch einer denkt bei dieser Beschreibung vielleicht an die eigenen Geschäftsreisen. Sie sind besonders nervenaufreibend, weil man das Gefühl hat, Tag und Nacht zu arbeiten. Aber mit ein bisschen Erfindungsgeist können Sie eine Geschäftsreise auch zur Entspannung nutzen. Probieren Sie einmal folgende Tipps aus, die Ihnen das Reisen erleichtern und angenehmer machen:

- Buchen Sie jede noch so kleine Etappe Ihrer Reise im Voraus, inklusive den Transfer vom Flughafen zum Hotel und die Gepäckzustellung.
- Schauen Sie im Internet nach: Dort können Sie die Witterungsbedingungen am Reiseziel erkunden, um gleich geeignete Kleidung anzuziehen.
- Schützen Sie die Kleidungsstücke durch Plastikhüllen, damit sie nicht verknittern.
- Bewahren Sie kleine Behälter mit Ihren wichtigsten Toilettenartikeln in einem Kulturbeutel oder Beautycase auf, damit Sie niemals etwas vergessen.
- Sorgen Sie dafür, dass Ihr Gepäck mit Rollen und Tragegriffen ausgestattet ist.
- Bei Wartezeiten am Flughafen ist es manchmal einfacher, das Ge-

päck schon Tags zuvor zur Gepäckabfertigung zu bringen, statt es ständig mitschleppen zu müssen.

- Wenn Sie häufig auf Reisen sind, schaffen Sie sich einen zweiten Akku für Ihr Handy an, und bewahren Sie diesen im Koffer auf. Einen Akku kann man leicht vergessen.
- Kleidung und Schuhe sollten auf Reisen bequem und dennoch repräsentativ sein, denn Sie müssen in puncto Outfit immer damit rechnen, zufällig auf einen der Geschäftsführer oder auf einen Kunden zu treffen.
- Trinken Sie vor und während des Fluges viel Wasser, und nehmen Sie im Flugzeug eine gesunde Zwischenmahlzeit zu sich.
- Nehmen Sie sich Ihre Lieblingsmusik, ein Buch oder eine DVD mit, um sich im Flugzeug oder später im Hotel entspannen zu können.
- Bevor Sie ins Flugzeug steigen, empfehle ich Ihnen Dehnungsübungen. Diese wiederholen Sie, sobald Sie an Ihrem Bestimmungsort im Hotel sind.
- Nehmen Sie ein Sportvideo mit oder mieten Sie eines, damit Sie sich im Hotelzimmer etwas Bewegung verschaffen können.
- Wenn Sie unter Termindruck stehen, verzichten Sie auf ein langes Abendessen im Restaurant, und gehen Sie stattdessen ins Wellnesscenter. Bestellen Sie sich anschließend eine kleine, leichte Mahlzeit aufs Zimmer.
- Verbringen Sie Mußestunden mit Kollegen oder Kunden: Reservieren Sie Karten für eine Show oder ein Museum, spielen Sie eine Runde Golf oder gehen Sie auf Shopping-Tour.
- Wenn möglich, legen Sie einen Ruhetag ein, lassen Sie sich im Hotel verwöhnen, und besuchen Sie einen alten Freund, der vielleicht in der Stadt wohnt.

Allgemein herrscht die Überzeugung, dass Frauen sich nicht gern von Heim und Herd trennen. Aber eine Studie der New York University hat ein interessantes Geheimnis gelüftet: Frauen genießen Dienstreisen sogar noch *mehr* als Männer. Sie betrachten sie als willkommene Auszeit von der heimischen Verantwortung und damit als insgesamt positive Erfahrung. Achtzig Prozent aller Frauen halten Reisetätigkeiten für ein Zeichen beruflichen Erfolgs, und die Mehrheit würde auch weiterhin verreisen, wenn sie vor die Wahl gestellt würde.

Die meisten Frauen entscheiden sich dagegen, Kinder auf Dienstreisen mitzunehmen. Trotzdem gibt es die ein oder andere furchtlose Mutter, die eine Möglichkeit findet, um ihre Geschäftsreisen mit wertvoller Familienzeit zu kombinieren.

Patrizia machte Karriere bei einer namhaften Tageszeitung. Zudem war sie als Landtagsabgeordnete für ihre Partei tätig. Zu dem Zeitpunkt, da sie in den Landtag gewählt wurde, war sie Mutter von zwei kleinen Kindern. Ihr Hauptanliegen waren die Themen Familie, Kinder und Beruf – und sie *lebt* ihre Ideale.

»Als ich gewählt wurde, waren meine Kinder zwei und sechs Jahre alt, weshalb mein politisches Hauptaugenmerk auf den Themen Arbeit und Familie lag«, erklärt Patrizia. »Vom persönlichen (nicht politischen) Standpunkt aus gesehen, hatte ich Glück, denn meine Kinder liebten das Reisen. Im Laufe der Jahre besuchten sie ganz normale öffentliche Schulen. Wir legten das Geld, das wir für teure Nachhilfestunden oder gar einen Internatsbesuch hätten ausgeben müssen, auf die Bank und finanzierten davon ihre Reisen. Sie wussten genau, dass sie auf ein Internat würden gehen müssen, sobald ihre Noten schlechter wurden und dass dann kein Geld mehr für Reisen übrig sein würde. Also sind wir viel herumgekommen. Mittlerweile haben beide einen hervorragenden Schulabschluss gemacht und besuchen die Universität. Mit den Reisen haben wir sie also erfolgreich bestochen. Ich musste niemals die böse Mutter spielen, und die wertvollen Erfahrungen, die wir als Familie miteinander teilten, kann uns heute keiner mehr nehmen.«

65 Prozent aller Frauen versuchen, sich auf Geschäftsreisen auch zu entspannen oder zu amüsieren. Wenn sie wieder zu Hause sind, haben genau diese Frauen wahrscheinlich kaum mehr »Zeit für sich« und werden von ihren Alltagsaufgaben aufgefressen. Dienstreisen geben ihnen die Gelegenheit, ihre roten Schuhe abzustreifen und sich eine Fußmassage zu gönnen.

Die roten Schuhe – und das passende Kostüm

Karens Eltern waren Gastarbeiter, die sich mit einem winzigen Schusterladen über Wasser hielten. Jeden Tag nach der Schule spielte die kleine Karen mit ihren Spielsachen hinter dem Ladentisch. Eines Tages blickte sie auf und entdeckte eine große Frau in einem wunderschönen roten Kostüm. Die Frau hielt einen glänzenden Lacklederpumps in die Höhe, dessen Absatz abgebrochen war. »Können Sie den sofort wieder dranmachen?«, fragte sie Karens Mutter. »Ich gehe auf Geschäftsreise und muss dringend zum Flughafen.«

Als die Frau wieder gegangen war, fragte Karen ihre Mutter: »Ob ich auch mal eine Geschäftsfrau sein kann, wenn ich groß bin? Und ein rotes Kostüm wie dieses da haben und auf Dienstreisen gehen kann?«

»Wenn du fleißig lernst«, sagte die Mutter, »dann ist das durchaus möglich.«

Und Karen lernte in der Tat fleißig. Sie absolvierte eine Ausbildung, fing an zu arbeiten und schrieb sich für einen berufsbegleitenden Studiengang ein, womit sie das erste Familienmitglied war, das die Universität besuchte.

Obwohl Karen Tag für Tag bis tief in die Nacht hinein arbeitete, war sie auch jung und gönnte sich hin und wieder nach der Arbeit einen ausgedehnten Tanzabend. Sie lernte einen Mann kennen und heiratete ihn, aber sie nahm sich noch nicht einmal Zeit für eine lange Hochzeitsreise, so versessen war sie darauf, Karriere zu machen. Im Büro kannte man Karen als gewissenhafte Mitarbeiterin, die sich durch ihren ausgeprägten Sinn fürs Detail, ihren Perfektionismus und ihre Energie hervortat. Ihre Mitarbeiter murrten, weil sie alle Verantwortung an sich riss, aber Karen war viel zu beschäftigt, um diese ersten Unmutsäußerungen überhaupt wahrzunehmen.

Karen wollte auf nichts verzichten, also bekam sie innerhalb von drei Jahren zwei Kinder. Acht Wochen nach jeder ihrer Entbindungen saß sie wieder am Schreibtisch. Nach dem zweiten Baby wollte sie eine Haushälterin anstellen, die im Haus wohnte; und natürlich wünschte sie sich ein größeres Haus. Karen bestand darauf, dass sie das größte Haus in der besten Gegend kauften – mit der saftigsten Hypothek, die sie sich leisten konnten. Als ihr Mann Bedenken äußerte, machte sich Karen darüber nur lustig.

Jetzt war es wichtiger denn je, dass sie weiterhin befördert wurde und re-

gelmäßige Gehaltserhöhungen bekam, weshalb sie immer größere Herausforderungen annahm. Sie sagte niemals Nein, auch wenn das bedeutete, die Mittagspause ausfallen zu lassen, nachts zu arbeiten oder am Wochenende im Büro sein zu müssen.

Ihre Mutter sorgte sich, dass Karen zu dünn wurde, aber Karen lachte nur: »Man kann nie zu dünn oder zu reich sein, Mama«, sagte sie und war stolz darauf, in ihre roten Kostüme Größe 34 zu passen.

Als ihre Kinder sprechen lernten, baten sie sie, mehr Zeit mit ihnen zu verbringen. Aber Karen erklärte, dass Mami wichtige Arbeit zu erledigen hätte. Dann schalt sie das Kindermädchen, weil die Kinder nicht zufrieden waren.

Und so arbeitete Karen weiter, immer mehr Stunden, die Augen fest auf die Position als stellvertretende Geschäftsführerin geheftet. Als der Posten dann an jemand anderen vergeben wurde, war sie am Boden zerstört. »Warum hat man mich übergangen?«, schrie sie ihren Vorgesetzten an. »Ich habe so hart gearbeitet. Ich habe mehr Stunden geopfert als jeder andere Mitarbeiter hier!«

»Wenn Sie einmal eine bestimmte Position erreicht haben, geht es nicht mehr darum, wie viele Stunden Sie arbeiten. Und es geht auch nicht mehr nur darum, welche Fähigkeiten Sie haben. Viel wichtiger ist, dass sie andere motivieren können«, sagte ihr Boss. »Offen gesagt mangelt es Ihnen an der Fähigkeit zu delegieren. Sie können Ihr Team nicht inspirieren. Und wenn wir schon einmal dabei sind, kann ich Ihnen auch gleich sagen, dass viele Mitarbeiter Sie eher abschreckend finden. Ich weiß nicht, vielleicht hängt dies auch mit den roten Kostümen zusammen, die Sie immer tragen.«

Karen ging nach Hause, warf ihre roten Lackschuhe in die Ecke und sich selbst aufs Bett. »Ich arbeite Tag und Nacht für diese Firma, und jetzt sieh dir an, wie sie mich behandeln«, rief sie. »Ich habe es satt. Ich kündige.«

»Das kannst du nicht«, antwortete ihr Mann. »Du warst diejenige, die darauf bestanden hat, dieses riesige Haus zu kaufen. Wir stecken bis zum Hals in Schulden. Ich kann nicht alles abbezahlen, während du zu Hause bleibst und Kuchen bäckst. Du hast dieses Haus gewollt – jetzt musst du auch weiter dafür arbeiten!«

Karen weinte in die Kissen. Doch sie wusste, dass er Recht hatte. Sie konnte jetzt nicht so einfach aussteigen, und eigentlich wollte sie das auch gar nicht. Sie liebte ihre Arbeit und würde sich zu Tode langweilen, wenn sie zu Hause bliebe – und leisten konnte sie es sich sowieso nicht.

Aber sie konnte für ein paar Veränderungen sorgen. Sie würde sich nach einem Mentor oder Coach umschauen, der ihr beibringen würde, wie man delegiert und motiviert. Und sie würde eine Image-Beratung aufsuchen, die ihr ein paar Tipps zu ihrem Business-Outfit geben würde. Sie würde lernen, andere Farben in ihre Alltagskleidung zu integrieren, und sie würde die Farbe Rot zu ihrer persönlichen Note bei besonderen Terminen oder Präsentationen machen. Vielleicht würde es ihr sogar gelingen, ihren Mann, ihre Kinderfrau und ihre Kinder auf eine mit einem Kurztrip kombinierte Geschäftsreise nach Florida oder in die Karibik – oder vielleicht sogar nach New York – mitzunehmen. So ganz nebenbei würden die Kinder dadurch lernen, wie ihre Mutter Familie und Beruf unter einen Hut brachte. Und sie würde etwas zur Stressbewältigung unternehmen: Sie hatte sich immer schon für Salsa interessiert.

Und die Moral von der Geschicht…

- Delegieren ist die Mühe wert, auch wenn Sie die Aufgabe schneller oder besser erledigen könnten.
- Delegieren steigert Ihren Wert für die Firma, statt ihn zu reduzieren.
- Haben Sie keine Angst, Nein zu sagen, wenn Ihnen die Zeit fehlt, um eine notwendige Arbeit zu erledigen.
- Überlegen Sie sich bei Verhandlungen genau, an welcher Stelle Sie zu Kompromissen bereit sind. Bieten Sie Ihrem Arbeitgeber eine wertvolle Gegenleistung für die Erfüllung Ihrer Wünsche an.
- Wer persönliche und berufliche Prioritäten in Einklang bringen will, muss sich ständig neu um die richtige Balance bemühen. Niemand kann das perfekte Gleichgewicht lange halten.
- Berufstätige Mütter müssen sich nicht schuldig fühlen. Geld ist ebenfalls eine Familienangelegenheit.
- Alternative Jobarrangements geben Ihnen mehr Freiräume und

Zeit für Ihre Familie; doch sie fordern auch ihren Tribut – gerade wenn Sie ehrgeizig sind.

- Haushalten Sie mit Ihren Kräften. Sie können nicht *immer* arbeiten. Bemühen Sie sich darum, ein gesunder und ausgeglichener Mensch zu sein und kein einseitiger, eindimensionaler Workaholic.
- Wenn Sie Ihrem Arbeitgeber ein alternatives Arrangement vorschlagen, konzentrieren Sie sich in Ihrer Argumentation auf die Vorteile für die Firma, nicht auf die Vorteile für Sie selbst.
- Durch vorausschauende und umsichtige Planung können Sie auch Dienstreisen zu einem Vergnügen machen und sich Zeit für sich selbst nehmen.

9

Rapunzel Wie Sie sich Gehör verschaffen und andere an Ihren Ideen und Leidenschaften teilhaben lassen

Die böse Zauberin will Rapunzel unter allen Umständen für sich behalten und sperrt sie in einem Turm ein – doch durch ihre Gier verliert sie das Mädchen, an dem ihr so viel liegt. Das zeigt uns, wie wichtig es ist, unser Wissen und das, was wir lieben, mit anderen zu teilen.

Viele Menschen glauben, ihre Position dadurch sichern zu können, dass sie Informationen zurückhalten und Kontakte oder Hilfe ablehnen. Aber im beruflichen Alltag ist alles miteinander verknüpft, weshalb ein gemeinschaftlicher Ansatz erheblich klüger ist.

Beziehungen sind ein Hilfsmittel zum Überleben. Zusammenarbeit und Networking sind der Schlüssel zu langfristigem beruflichem Erfolg. Wer andere an seinen Ideen teilhaben lässt, leistet einen wertvollen Beitrag zum Gesamtwohl der Firma – und auch der Gemeinschaft.

Jeder erinnert sich an Rapunzels langen, blonden Zopf, der dem Prinzen und der Zauberin als Leiter dient. Aber wer das Originalmärchen liest, wird feststellen, dass Rapunzels *Gesang* es ist, der ihr den Weg aus dem Turm eröffnet. Als der Prinz ihn vernimmt, verliebt er sich in ihre liebliche *Stimme* – nicht in ihre Haarpracht. Und genau an dieser Stelle liegt der tiefere Sinn des Märchens.

Eine der wichtigsten Lehren, die wir aus der Geschichte ziehen können ist diese: Um Grenzen zu überwinden, *müssen wir unsere Stimme erheben.* Im Berufsleben erreichen wir das durch unseren persönlichen Einsatz sowohl auf individueller Ebene als auch im Rahmen eines Kollektivs wie zum Beispiel einer speziell auf Frauen ausgerichteten Organisation, eines gemeinnützigen Vereins oder durch soziales und politisches Engagement.

Der Name Rapunzel stammt von einer Pflanze, die häufig als Wintersalat genutzt wird, ein Detail, das mit der historischen Entwicklung der Geschichte in Zusammenhang steht. Wie bei vielen anderen Erzählungen handelt es sich auch hierbei um eine Mischung aus mündlicher Überlieferung und literarischem Märchen. Einer der Vorläufer ist die Erzählung von Giambattista Basile mit dem Titel *Petrosinella*, die Bestandteil der bereits erwähnten Märchensammlung *Die Erzählung der Erzählungen oder Unterhaltung für die Jugend* ist. Der Titel leitet sich von *petrosine* ab, was so viel bedeutet wie Petersilie (eine Pflanze, die der Rapunzelpflanze ähnelt). Im Jahre 1698 veröffentliche Charlotte-Rose de Caumont de la Force eine Geschichte mit dem Titel *Persinette*, ein Name der sich vom französischen »persil« ableitet, was ebenfalls so viel heißt wie Petersilie.

Viele berühmte Denker der Neuzeit waren fasziniert vom Symbolismus in Rapunzel und interpretierten die Geschichte auf vielerlei Weise. Bruno Bettelheim analysierte sie in seinem Buch *Kinder brauchen Märchen*, und die feministische Dichterin Anne Sexton verfasste ein provokatives Gedicht mit dem Titel »Rapunzel«, der in ihrem Gedichtband *Verwandlungen* veröffentlicht ist. Des Weiteren reicht die Rezeptionsgeschichte des Werks von einer Oper in sechs Akten des amerikanischen Komponisten Lou Harrison bis hin zum Animationsfilm *Barbie als Rapunzel* und dem entsprechenden Merchandising!

Doch am bekanntesten bei Jung und Alt ist nach wie vor die einfache Version der Gebrüder Grimm. Hier eine kurze Zusammenfassung des Inhalts:

Eine schwangere Frau gelüstet es nach Rapunzeln, die im benachbarten Garten wachsen. Ihr Mann stiehlt ein paar für sie, wird aber von der Zauberin namens Frau Gotel erwischt, der dieser Garten gehört. Er muss der Hexe versprechen, ihr das Kind zu überlassen, sobald es geboren wird. Kurz nach der Entbindung erscheint die Zauberin und nimmt das Kind mit sich fort, das sie Rapunzel nennt. Als Rapunzel zwölf Jahre alt ist, schließt die Hexe sie in einen Turm ein, der weder Treppen noch Türen hat. Wenn sie zu dem Mädchen hi-

nauf will, ruft sie: »Rapunzel, Rapunzel, lass mir dein Haar herunter!« und klettert an ihrem goldenen Zopf hinauf.

Eines Tages kommt ein Königssohn vorbei. Er hört Rapunzels herrlichen Gesang und verliebt sich in ihre Stimme. Nach mehrfachen Besuchen seinerseits planen sie ihre gemeinsame Flucht. Aber die Zauberin kommt hinter ihr Geheimnis und ist außer sich vor Zorn. Sie schneidet Rapunzel das Haar ab und schickt sie fort in die Wildnis, wo sie in Armut leben muss. Dann benutzt die Hexe Rapunzels abgeschnittenen Zopf, um den Prinz erneut in den Turm zu locken. Als sie ihm berichtet, dass Rapunzel für immer verloren ist, springt er vor Verzweiflung aus dem Fenster. Er fällt in die Dornen und verliert dadurch sein Augenlicht. Jahre später vernimmt der Prinz Rapunzels Stimme in der Wildnis. Sie finden einander wieder, und als ihre Tränen seine Augen benetzen, kann er wieder sehen wie früher. Er führt sie in sein Reich, wo sie lange und glücklich leben.

Als die Hexe Rapunzel in den Turm einschließt, ist das Mädchen zwölf, also mitten in der Pubertät. Wahrscheinlich will die Hexe verhindern, dass sie von einem Mann verführt wird und sie verlässt. Sie will sie für sich behalten, denn Rapunzel ist das Einzige, was sie je geliebt hat. »Ich dachte, ich hätte dich von aller Welt geschieden, und du hast mich doch betrogen«, sagt sie, als sie herausfindet, dass es Rapunzel gelungen ist, sich trotz ihrer Abgeschiedenheit mit dem Prinzen zu treffen. Und in ihrem Zorn jagt sie das Mädchen, das sie so liebt, davon und verliert sie für immer.

Hexen, die versuchen, ihren Mitmenschen möglichst viel vorzuenthalten und sie zu kontrollieren, können im Berufsleben sowohl männlich als auch weiblich, jung und alt, Vorgesetzte oder Kollegen sein. Sie geizen mit Kontakten, mit Informationen, Fachwissen und Hilfe. Sie glauben, dass es ihre Machtposition schwächt, wenn sie ihre Kenntnisse und Fähigkeiten weitergeben oder in den Dienst der Allgemeinheit stellen. Und sie befürchten, schlecht dabei wegzukommen, wenn sie anderen helfen.

Diese Einstellung ist ebenso töricht wie der Versuch der Hexe, Rapunzel vor der Welt zu verstecken. Wer am Arbeitsplatz Informationen weitergibt, der handelt nicht nur vorausschauend, sondern macht auch ein gutes Geschäft. Jemand, der Informationen zurückhält, nicht offen mit anderen kommuniziert oder seine Hilfe anbietet, wird auf die Dauer keinen beruflichen Erfolg haben. (Natürlich gibt es durchaus Informationen, die man aufgrund bestimmter Regeln oder Dienstvorschriften nicht offenbaren darf, aber dieser Unterschied ist Ihnen selbstverständlich geläufig.)

Wer mit Kollegen zusammenarbeitet und ihnen sein Wissen zur Verfügung stellt, verdient sich automatisch ihren Respekt. Er findet Verbündete und erweist sich als potenzielle Führungspersönlichkeit.

Hüten Sie sich vor eifersüchtigen Hexen

Integre Vorgesetzte mit echten Führungsqualitäten fördern Ihre berufliche Entwicklung und ermöglichen es Ihnen, neue Verantwortung und eine neue Position zu übernehmen, auch wenn das letztendlich bedeutet, dass Sie in eine andere Abteilung oder sogar in eine andere Firma wechseln. Aber natürlich können Sie gelegentlich auf einen Chef treffen, der Ihr berufliches Fortkommen – bewusst oder unbewusst – sabotiert und Ihnen Ihre Chancen verbaut.

Gloria war eine intelligente, kompetente Anwaltsgehilfin, die in einer großen Kanzlei arbeitete. Ihr Boss, Nathan, respektierte und schätzte ihre Arbeit, und sie hatten ein gutes Dienstverhältnis. Deshalb berichtete Gloria ihm auch offen von ihrem Vorhaben, sich innerhalb der Firma auf die ausgeschriebene Position der Assistentin zu bewerben. Außerdem gab sie Nathan bei ihrer Bewerbung als Ansprechpartner an, denn sie ging davon aus, dass er ihr ausgezeichnete Referenzen geben würde. Doch zu Glorias Überraschung wurde ihre Bewerbung sogar in zwei unterschiedlichen Abteilungen der Firma abgelehnt. Sie konnte sich gar nicht vorstellen, warum, denn Nathan hatte nur Lob für sie übrig. Ständig betonte er: »Ich wüsste gar nicht, was ich ohne Sie anfangen sollte!«

Schließlich gab eine alte Bekannte Gloria den Tipp, besser jemand anderen als Referenz anzugeben. Sie hatte gehört, dass Nathan sich bei den anderen Abteilungen kaum über sie äußerte, sondern eine eher neutrale Haltung einnahm. Gloria gab also bei ihrer nächsten Bewerbung ein paar frühere Vorgesetzte als Referenzen an und bekam gleich die nächste Stelle, auf die sie sich bewarb. Im Rückblick war ihr klar, dass Nathan ihr zwar keine *schlechte* Beurteilung geben konnte, weil ihre Arbeit einfach hervorragend war, aber er zögerte, sich wirklich enthusiastisch über sie zu äußern, und zwar aus einem ganz einfachen Grund: Er wollte sie nicht verlieren.

Wenn Sie eine Beförderung innerhalb Ihrer Firma anstreben, sollten Sie sich genau überlegen, wem Sie davon erzählen und wen Sie als Referenz angeben. Rechnen Sie mit der Möglichkeit, dass man Sie an Ihrem Fortkommen hindern will, zum Beispiel weil man Sie für sich behalten will. Manchmal besiegen egoistische Interessen jegliche Integrität; seien Sie also auf der Hut.

Gehen Sie in puncto Zusammenarbeit mit gutem Beispiel voran

Manche Kollegen halten Informationen oder Kontakte zurück, auch wenn sie in der gleichen Firma oder sogar im gleichen Team arbeiten wie Sie. Auf der Suche nach Informationen sollten Sie deshalb ein Gespür für die feinen Nuancen und politischen Erwägungen Ihrer Kollegen entwickeln. Denken Sie über die Konsequenzen nach, die die Weitergabe von Informationen für andere Leute haben kann. Haben die anderen vielleicht gute Gründe, bestimmte Details für sich zu behalten? Wenn ja, respektieren Sie sie. Falls nicht – falls Sie also ein Recht auf Ihre Information haben –, probieren Sie doch einmal folgende Strategien aus:

- Spielen Sie Detektiv. Gehen Sie dabei ganz professionell vor, und denken Sie daran, dass es zu Ihrem Job gehört, sich die notwendigen Informationen zu beschaffen und dass sie damit Ihrer Firma dienen.

- Stellen Sie sich auf die negative Reaktion der anderen ein. Um Sie von den notwendigen Informationen fern zu halten, wird man versuchen, Sie durch Worte abzuschrecken oder herabzusetzen. Lassen Sie sich von solchem Verhalten nicht von der Spur ablenken.
- Öffnen Sie sich den anderen, indem Sie einen wunden Punkt offenbaren – nicht so sehr, dass es sich schädlich auf Sie selbst auswirken kann, aber genug, um Kommunikation zu ermutigen. So könnten Sie beispielsweise sagen: »Meine Güte! Sie wissen aber viel über E-Commerce! Woher können Sie das alles?«
- Manchmal steht uns auch unser eigener Stolz im Weg. Sie werden erstaunt sein, was Sie alles erreichen können, wenn Sie ihn überwinden.

Susan kam mit Tom einfach nicht weiter. Die beiden arbeiteten an einem Projekt, von dem sie wusste, dass es für die Firma sehr wichtig war. Sie wollte in die Arbeitsprozesse integriert werden und die notwendigen Informationen und Kontakte nicht vorenthalten bekommen. Nach einer Konferenz bekam sie mit, wie Tom sich mit Joan unterhielt, der Leiterin der Finanzabteilung. Susan raffte all ihren Mut zusammen und ging zu Tom hinüber. Eigentlich wollte sie sich nur unverfänglich mit den beiden unterhalten, damit sich gegebenenfalls eine Diskussion über die nächsten Arbeitsschritte entwickeln konnte, die sich aus dem Meeting ergeben hatten. Als Tom Susan jedoch erblickte, sagte er zu ihr: »Entschuldigst du uns bitte, Susan? Ich muss mit Joan etwas Privates besprechen.« Dann drehte er ihr den Rücken zu. Susan wurde ein bisschen verlegen und antwortete: »Oh ja, das verstehe ich natürlich vollkommen. Entschuldigung.« Im Grunde jedoch hielt sie Toms Reaktion für äußerst unverschämt und unhöflich. Wenn sie zu den »Eingeweihten« gehört hätte, hätte Tom sie bestimmt an dem Gespräch mit der Finanzdirektorin teilhaben lassen. Und selbst wenn tatsächlich noch eine Privatangelegenheit auf seiner Agenda gestanden hätte, hätte er Susan taktvoller darauf hinweisen können.

Susan beschloss, etwas Zeit verstreichen zu lassen und den Vorfall nicht persönlich zu nehmen. Tom war vor kurzem befördert worden, und ihr war klar, dass sie einfach nicht auf der gleichen hierarchischen Ebene mit ihm stand. Das musste sie respektieren. Sie begann aber, Tom zu Meetings einzuladen, die sie mit wichtigen Kunden und Medienvertretern hatte, von denen er einigermaßen beeindruckt sein würde. Obwohl Tom Susan gegenüber niemals lockerer wurde oder sie an seinen Konferenzen teilnehmen ließ, lud Susan ihn immer wieder ein. Sie glaubte, dass er sich vielleicht irgendwann erkenntlich zeigen würde, wenn es ihr gelang, sein Vertrauen zu gewinnen.

Schließlich musste die Firma Arbeitskräfte abbauen, und Tom wurde entlassen. Er blieb der Firma aber als Berater erhalten. Der Wind hatte sich gedreht. Tom *musste* jetzt seine Kontakte und Informationen mit Susan teilen, denn er musste ihr offiziell Bericht erstatten! Aber Susan nutzte die Situation nicht aus. Jetzt, da sie selbst als Entscheidungsträgerin fungierte, ließ sie weder die Vorgesetzte heraushängen, noch wurde sie gehässig. Sie betrachtete die Situation als Gelegenheit, zu zeigen, wie ihrer Meinung nach Führungskräfte ihrer Position gerecht werden sollten. So kamen alle gut weg, und niemand verlor seinen Stolz oder seine Würde.

Manche Menschen haben einfach keine Ahnung, wie man effizient zusammenarbeitet. Vielleicht gehörten sie ja nie zu einem Team am Arbeitsplatz dazu, haben auch niemals Mannschaftssportarten betrieben oder waren auch nie Teil einer liebevollen, kooperativen Familie. Die Fähigkeit zur Zusammenarbeit und zum Teilen entwickelt nicht jeder automatisch. Im Zweifelsfall müssen Sie mit gutem Beispiel vorangehen.

Auch Angst kann Zusammenarbeit verhindern. Manche Menschen sind unsicher, was ihre Position innerhalb der Firma anbelangt und gehen nicht automatisch davon aus, dass sie einen wertvollen Beitrag zum Wohl der Firma leisten. Sie glauben, dass Zusammenarbeit ihre Position unterminiert oder ihren Wert herabsetzt. Vielleicht haben sie auch noch nie am eigenen Leib erfahren, dass Kooperation ein positives Resultat für sie selbst hervorbringen kann. Sie befürchten, dass es nach hinten losgeht, wenn sie ihre Kenntnisse und Informationen mit anderen teilen.

Auch in solchen Fällen ist es sinnvoll, mit gutem Beispiel voranzugehen. Teilen Sie Kontakte und Fachwissen mit Ihren Kollegen. Helfen Sie Ihren Mitarbeitern, die Angst vor der Zusammenarbeit und die destruktive Tendenz, Informationen zurückzuhalten, zu überwinden. Demonstrieren Sie, dass sich Teamwork für die ganze Firma bezahlt macht, wodurch jeder Einzelne die Früchte seiner Arbeit erntet.

Trotzdem gibt es Situationen – zum Beispiel, wenn die beiden Kommunikationspartner nicht der gleichen Firma angehören –, in denen es *nicht* angemessen ist, betriebsinterne Informationen weiterzugeben. Außerdem vermeiden es manche Leute ganz bewusst, ihre beruflichen Kontakte weiterzuvermitteln. In einem solchen Fall sollten Sie den Betreffenden nicht drängen, besonders wenn es sich um den Kundenstamm einer Person oder einer Firma handelt. Wenn Ihr Gegenüber sich also bedeckt hält, können Sie nur eines tun: härter arbeiten, um sich selbst mehr Kontakte zu schaffen und zu erhalten.

Weibliche Geschäftsinhaber sind in der Regel recht großzügig und zögern nicht, ihre Kontakte weiterzuvermitteln. Die meisten Frauen respektieren einander und wissen, dass sie, gerade *wenn* sie einander helfen, geschäftlich nur profitieren können.

Das exponentielle Ansteigen dieser teamorientierten Sichtweise ist Bestandteil eines allgemeinen Trends, der sich im Geschäftsleben langsam Bahn bricht: nämlich gute Leistung mit guten Taten zu verbinden. Unternehmensinterne Menschenfreundlichkeit und die Erkenntnis, dass die Unterstützung einer guten Sache auch ein Zeichen für Geschäftssinn ist, setzen sich immer mehr durch. Dadurch fühle ich mich in dem bestätigt, woran ich mein Leben lang geglaubt habe.

Verändern Sie die Welt von Ihrem Schreibtisch aus

Während meiner Studienzeit hatte ich eine Phase, in der ich mich selbst und meine Umwelt unaufhörlich infrage stellte. Damals fragte ich meinen Vater, warum jemand in diesen Zeiten, da die Welt von Selbstsucht und Krieg heimgesucht wurde, ein Kind in die Welt setzen sollte. Er sah mich ernst an und antwortete aus vollem Herzen: »Ein Kind kann man nur aus einem Grund bekommen: Man hofft, dass es einmal die Welt verändert und verbessert.« Ich werde nie vergessen, wie fest seine Stimme klang. Und seine Worte waren mir seitdem eine wichtige Richtschnur.

Auch meine Mutter brachte mir von klein auf bei, dass es zu unseren unbestreitbaren Pflichten gehört, anderen zu helfen. Sie zog nicht nur fünf Kinder groß, sondern fand nebenher noch jede Menge Zeit, sich freiwillig in der Gemeinde zu engagieren. Schon als ich ein Teenager war, veranlasste sie mich, ebenfalls ehrenamtliche Tätigkeiten zu übernehmen und schon bald stellte ich fest, wie befriedigend das war. Deshalb suche ich auch heute noch stets nach Möglichkeiten, etwas Gutes für die Allgemeinheit zu tun, egal wie sehr ich damit beschäftigt bin, meinen Lebensunterhalt zu verdienen.

Im Beruf haben mich meine Ideale ungemein motiviert. Ohne sie hätte es für mich weder Karriere- noch Lebensziele gegeben. Natürlich bin ich nicht Mutter Teresa. Ich reise gern, trage gern hübsche Kleidung und liebe schnelle Autos. Und da meine Familie auch schon die ein oder andere finanzielle Krise durchlebt hat, möchte ich natürlich unbedingt für eine sichere finanzielle Zukunft zu sorgen. Ich musste also einen Weg finden, um meine persönlichen Anliegen und meine wirtschaftliche Absicherung unter einen Hut zu bringen.

Am liebsten würde ich die Welt durch meine Arbeit verbessern – was manche für unrealistisch halten. Also bewarb ich mich nach dem Studium bei einer gemeinnützigen Organisation. Ich landete bei der *American Cancer Society*, der amerikanischen Gesellschaft zur Bekämpfung von Krebserkrankungen, und verdiente einen Hungerlohn für einen Vollzeitjob. Trotz meiner Jugend wurde mir bald klar, dass gemeinnützige Arbeit auf die Dauer nicht lukrativ genug für mich war. Trotzdem gab ich den Gedanken, für das Allgemeinwohl arbeiten zu wollen, nicht auf. Egal, wo ich arbeitete: ich nahm mir immer die Zeit, mich für wohltätige Zwecke einzusetzen. Und – Überraschung – es war bald nicht mehr nur moralische Verpflichtung für mich, sondern ich empfand es auch als segensreiche Ergänzung zum gewinnorientierten Berufsleben.

Als ich meine eigene PR-Agentur leitete, gründete ich nebenher eine Umweltorganisation namens Good Earth Festival, die sich besonders für den Botanischen Garten in Memphis einsetzte. Dort brachte ich interessierten Menschen alles über das Kompostieren, über saubere Luft und andere wichtige Themen bei. Das war gut für die Umwelt, gut für den Garten und zog neue Besucher an, die sich mit Leib und Seele in meiner Umweltorganisation engagierten.

Danach zog ich nach Dallas, um wieder in der Hotelbranche zu arbeiten. Ich wollte grüne Umweltinitiativen ins Hotelmarketing integrieren. Aber zu diesem Zeitpunkt war die Branche einfach noch nicht reif für meinen Ansatz. Erst später gelang es mir, Innovationen auf dem umwelttechnischen Sektor in die laufenden Geschäftsprozesse und ins Marketing zu integrieren. Daraus habe ich gelernt, dass man die Antwort, die man sich wünscht, nicht immer sofort bekommt. Gerade in großen Unternehmen kann man den Entscheidungsträgern seine Ideale wohl kaum mit Gewalt eintrichtern. Man muss also eine Antenne für die allgemeine Atmosphäre entwickeln, muss seine Ideen aussäen und manchmal warten, bis die Erde fruchtbar genug ist, damit sie wachsen.

Denken Sie immer daran: Wenn Sie sich für einen guten Zweck engagieren und nicht nur Ihre unmittelbaren persönlichen Bedürfnisse im Auge haben, sind Enttäuschungen, Verzögerungen und Rückschläge unvermeidlich. Glauben Sie an sich und an die gute Sache, und bleiben Sie unermüdlich am Ball. Schon bald werden Sie Ergebnisse vorweisen können. Unterdessen werden Sie feststellen, dass Ihr Engagement Ihrem ganzen Leben einen besonderen Sinn gibt.

»Eine persönliche Mission kann uns ebenso viel Antrieb geben wie kreativer Schaffensdrang«, schreibt Rena Pederson in ihrem – leider nicht in deutscher Sprache erhältlichen – Buch zu dem Thema, wie Frauen in ihren besten Jahren ihre Träume neu definieren können *What's Next? Women Redefining Their Dreams in the Prime of Life.*

Es gibt viele Möglichkeiten, sich zu engagieren. Welche Position in der Firmenhierarchie Sie auch einnehmen, wo Ihre persönlichen Grenzen auch liegen mögen: Sie haben die Macht, die Welt zu verändern.

Unterstützen Sie das Engagement Ihres Arbeitgebers

Viele Firmen engagieren sich für einen guten Zweck: eine firmeneigene Stiftung oder eine gute Sache, für die die Firma spendet oder Wohltätigkeitsveranstaltungen organisiert. Hier sollten Sie sich auf alle Fälle einbringen! Fragen Sie, wie Sie helfen können, arbeiten Sie freiwillig in einem Ausschuss mit und versuchen Sie, auch andere Leute aus Ihrer Abteilung zur Mitarbeit zu motivieren.

Wer jemals ehrenamtliche Tätigkeiten übernommen hat, der weiß, wie befriedigend das ist. Gleichzeitig ist es ausgesprochen gut für die Karriere. Durch die gemeinsame Arbeit für eine gute Sache lernen Sie neue Kollegen kennen, können bestehende Beziehungen festigen und Ihr Netzwerk vergrößern. Man wird Ihre Leistungen auf der ehrenamtlichen Ebene wahrnehmen und an Sie denken, wenn sich auf beruflichem Gebiet eine Gelegenheit bietet.

Starten Sie eine neue Initiative

Die Amerikanerin Muriel Siebert ist Gründerin und Geschäftsführerin der Siebert Financial Corporation, zu der auch der Discountbroker Muriel Siebert & Co gehört. Sie war das erste weibliche Mitglied der New Yorker Börse sowie die erste Leiterin der Bankenaufsicht für den Staat New York. Außerdem ist sie ein großes Vorbild in ihrem Engagement für unternehmerische Sozialverantwortung.

Im Jahre 1990 rief Muriel Siebert das Siebert Entrepreneurial Philanthropic Program (SEPP) ins Leben. Im Rahmen dieser Initiative wird die Hälfte sämtlicher Nettoprovisionen für Neuemissionen einem karitativen Zweck zugeführt, der vom Ausgeber oder vom

Käufer bestimmt wird. Außerdem gründete Muriel Siebert ein ehrgeiziges Projekt mit Namen *Personal Finance Program*, durch das jungen Menschen die Grundlagen des Finanzwesens vermittelt werden sollen. An den Highschools von New York City wird dieses Programm mittlerweile unterrichtet. Man strebt an, es in ganz Amerika zu etablieren.

Natürlich kann nicht jeder in so großem Maßstab arbeiten. Aber das heißt noch lange nicht, dass Sie sich zurücklehnen und die Hände in den Schoß legen können. Fangen Sie klein an. Fragen Sie zehn Kollegen, ob sie nicht Lust haben, bei einem Sponsorenlauf mitzumachen, dessen Erlös Sie einem Forschungsinstitut für Herz-Kreislauf-Erkrankungen spenden. Überreden Sie die Entscheidungsträger Ihres Unternehmens, an einer Wohltätigkeitsveranstaltung teilzunehmen. Organisieren Sie einen Flohmarkt, dessen Erlös bedürftigen Kindern zugute kommt und machen Sie daraus eine jährlich wiederkehrende Tradition.

Wenn Sie eine einflussreiche Position innehaben, können Sie Ihrer Firma die Kooperation mit einer bereits existierenden karitativen Organisation vorschlagen oder vielleicht sogar dafür sorgen, dass das Unternehmen seinen eigenen wohltätigen Verein gründet.

Wer selbst eine entsprechende Initiative ins Leben ruft, sollte seine »gute Sache« mit Bedacht wählen. Überlegen Sie sich genau, welche Themen Ihren Kunden am Herzen liegen. Sind es Umwelt- oder Gesundheitsfragen oder ist es die allgemeine Sicherheit auf den Straßen?

Natürlich sollte der gute Zweck mit den Zielen der Firma vereinbar sein. Vermeiden Sie Konfliktpotenzial. So mag es für Ihre Firma unangemessen sein, sich ausgerechnet für die Umwelt zu engagieren, aber man kann sich um die Vorschulerziehung sozial benachteiligter Kinder kümmern, den Hunger in der Welt bekämpfen und vieles mehr. Seien Sie klug, denken Sie politisch und wählen Sie ein Thema, das sich mit den Belangen Ihrer Kunden einerseits und mit der Unternehmenskultur und den Produkten Ihrer Firma andererseits vereinbaren lässt. Das bedeutet keineswegs, dass Sie Ihre Ideale verraten müssen; es heißt nur, dass Sie strategisch denken, damit etwas Gutes getan werden kann.

Versichern Sie sich der Unterstützung durch Ihre Kollegen. Versuchen Sie herauszufinden, in welchem Bereich Ihre Mitarbeiter zu sozialem Engagement bereit sind. Gehen Sie mit Ihren Kollegen essen (möglichst immer nur mit einem gleichzeitig), um ihnen gute Ideen zu entlocken. Laden Sie Ihre Chefin zu einer informellen Tasse Kaffee ein, um herauszufinden, für welchen guten Zweck sie sich starkmachen würde.

Irene, die Leiterin der Abteilung für Öffentlichkeitsarbeit der CTFA, der Cosmetic, Toiletry and Fragrance Association, in der sich zahlreiche amerikanische Kosmetikfirmen zusammengeschlossen haben, um den Qualitätsstandard in der Kosmetikbranche aufrechtzuerhalten, gibt folgenden Rat: »Finden Sie heraus, ob es eine Möglichkeit gibt, das Fachgebiet Ihrer Firma für einen guten Zweck zu nutzen.« Ihre Abteilung entwickelte beispielsweise ein Programm mit dem Titel: »Work your Image« – was so viel heißen soll wie »Arbeiten Sie an Ihrem Image«. Dies geschah in Zusammenarbeit mit dem amerikanischen Frauen-Netzwerk *Women Work!*, das sich für eine Vollbeschäftigung von Frauen einsetzt und weibliche Armut bekämpft. Das Ziel dieses Programms bestand darin, »ein professionelles Äußeres zu schaffen, um einen Job zu bekommen und zu behalten«. Die Imageberatung greift auf das Fachwissen und die Produkte des Kosmetikherstellers zurück.

Cause Related Marketing

Cause Related Marketing (CRM) – zu Deutsch zweckgebundenes Marketing – ist ein Ableger des reinen sozialen Engagements eines Unternehmens im Rahmen von Spenden oder Sponsoring. Beim CRM wird gesellschaftliches Engagement zur Verkaufsförderung eingesetzt. Das Unternehmen wirbt damit, dass ein Teil des Umsatzes für eine gute Sache gespendet wird. Mit anderen Worten: Der gute Zweck ist direkt an den Absatz gebunden. Nur wenn das Produkt oder die Dienstleistung gekauft wird, erfolgt auch eine Spende.

Cause Related Marketing ist sehr kreativ und vielseitig einsetzbar. So kann man beispielsweise einen Prozentsatz des Preises für einen bestimmten Artikel einem gemeinnützigen Projekt zugute kommen lassen. Aber es gibt auch langfristigere und komplexere Arrangements: Cause Related Marketing ist in Zeiten steigenden Konkurrenzdrucks durch die Globalisierung und die Notwendigkeit, Kunden an bestimmte Marken zu binden, zu einem wichtigen Verkaufsinstrumentarium avanciert. Eine Reihe neuerer Studien hat ergeben, dass für Konsumenten die Reputation eines Unternehmens eine wichtige Rolle bei der Kaufentscheidung spielt, und dass das gesellschaftliche Engagement einer Firma sowohl die Arbeitsmoral, als auch die Loyalität der Mitarbeiter fördert.

Gerade weibliche Führungskräfte sind für Cause-Related-Marketing-Kampagnen besonders aufgeschlossen, da sie deren Bedeutung sowohl vom wirtschaftlichen, als auch vom persönlichen Standpunkt aus betrachten. Vera Trinchero Torres, die Chefin eines amerikanischen Weinhandelsunternehmens, sowie die Marketingchefin der Firma, Terry Wheatley, erkrankten beide an Brustkrebs. Das inspirierte Terry Wheatley zur Gründung der Sutter Home for Hope Campaign, durch die sie die Brustkrebsforschung ebenso unterstützte wie die Behandlung und Information der erkrankten Frauen. Sie verband diese Kampagne mit Sutters Zinfandel-Wein, einem Roséwein, der durch seine Farbe an die Rosa Schleife erinnert, die wiederum das internationale Symbol der Solidarität mit von Brustkrebs betroffenen Frauen ist. Im Herbst 2004 spendete Sutter einen Dollar für jeden Zinfandel-Verschluss, den die Käufer zurückschickten.

Ein weiter Marketingerfolg, der mir besonders am Herzen liegt, ist Wyndhams Unterstützung der Susan G. Komen Breast Cancer Foundation durch das jährliche Dream-for-the-Cure®-Programm. Im Jahre 2004 beispielsweise spendete Wyndham der Organisation 1 US-Dollar für jede Reservierung, die zwischen dem 15. September und dem 31. Oktober vorgenommen wurde und zehn Dollar für die ersten 1 000 Gäste, die im Oktober (der international als Brustkrebsmonat gilt) an Wyndhams ByRequest-Angebot teilnahmen. Wir legten sogar speziell zu diesem Zweck entworfene Karten in unseren Gästezimmern aus, auf denen Informationen zur Selbstuntersuchung und Früherkennung zu finden waren. Wyndham hat im Laufe der letzten Jahre über eine Million US-Dollar für die Komen-Stiftung gesammelt.

Ein wunderbares Beispiel für Cause Related Marketing ist das des Zahnpastaherstellers blend-a-med, der mit der Frage »Was kann es Wichtigeres geben als das Lachen eines Kindes?« den Schulterschluss zum eigenen Produkt herstellt. Ein Jahr lang übernahm das Unternehmen die Patenschaft für ein SOS-Kinderdorf, und pro verkaufter Zahnpastatube kam ein Cent diesem Kinderdorf zugute.

Ein weiteres Beispiel ist die Kooperation des dm-Drogeriemarktes mit dem Kondomhersteller Durex, eine Aktion, bei der die Schauspielerin Dana Vávrová als Schirmherrin fungierte. Für jede verkaufte Packung Durex-Kondome ging ein Euro an die Deutsche AIDS-Stiftung. »Wir bauen mit unserem Engagement gegen Aids auf die Aktionen der beiden vergangenen Jahre auf«, sagt dm-Geschäftsführerin Petra Schäfer. »Mit der (...) erzielten Spendensumme von 90 000 Euro war es möglich, die erste Impfstoffstudie in Deutschland im Juni dieses Jahres an den Universitätskliniken Bonn und Hamburg zu starten.« Und weiter erklärt sie: »... vor allem Jugendliche wissen oft nur wenig über Aids und die Gefahr einer Infektion mit dem HI-Virus.«

»Konsumenten fühlen sich einem Unternehmen besonders verbunden, wenn es sich für eine gute Sache engagiert, die ihnen am Herzen liegt«, sagt Cindy Schneible, die Geschäftsführerin der Komen-Stiftung. »Um bei derlei Zweckgemeinschaften erfolgreich zu sein, muss man eine tief und aufrichtig empfundene Leidenschaft für die gute Sache empfinden – und demonstrieren. Ein Unternehmen kann von der Corporate Social Responsibility (CSR), von der unternehmerischen sozialen Verantwortung, die heutzutage ja in aller Munde ist, nur profitieren, denn sie stärkt das Bewusstsein für die Marke und ihre Botschaft und stellt eine emotionale Verbindung zum Kunden her. Außerdem steigert sie die Identifikation der Mitarbeiter mit ihrem Unternehmen. Diese sind stolz, wenn ihr Arbeitgeber ein wichtiges, karitatives Projekt unterstützt. Hier gewinnen alle: das Unternehmen, die gemeinnützige Organisation und die Kunden.«

Geben ist gutes Geschäftsgebaren

Jeder, der schon einmal ehrenamtlich tätig war, weiß, dass Geben an sich äußerst befriedigend ist. Man fühlt sich einfach lebendiger, wenn man anderen hilft. Es verleiht dem Leben einen Sinn. Es lenkt von den täglichen Sorgen ab und gibt einem ein höheres Ziel, wodurch es fast schon therapeutischen Wert hat.

Doch um das Management von einem neuen sozialen Programm oder einer innovativen Marketing-Strategie zu überzeugen, brauchen Sie vielleicht mehr Gründe als nur den, dass Sie sich »gut dabei fühlen«. Möglicherweise müssen Sie den Entscheidungsträgern erst noch klarmachen, wie gut soziales Engagement fürs Geschäft sein kann. Glücklicherweise gibt es eine Fülle von Studien, die dies belegen, besonders wenn die Marketing-Zielgruppe weiblich ist.

Eine größere Cone/Roper-Studie zur Marktforschung ergab, dass

- 84 Prozent aller Frauen ein positiveres Bild von Firmen haben, die sich für einen guten Zweck einsetzen,
- 66 Prozent aller Frauen von ihrer traditionell gewählten Marke zu einer anderen wechseln würden, die sich gemeinnützig engagiert,
- 63 Prozent aller Frauen der Ansicht sind, dass Cause Related Marketing zum Standard-Repertoire des modernen Geschäftsgebarens gehören sollte.

Die Zahlen sprechen für sich: Es kann nicht den leisesten Zweifel geben, dass gemeinnütziges Engagement Bestandteil einer klugen Firmenpolitik ist. Wie heißt es so schön: »Who cares wins.« – »Wer sich kümmert, gewinnt.«

Der nächste Schritt: Soziales Unternehmertum

In dem gleichen Maße wie die Geschäftswelt ihren sozialen Horizont erweitert, werden gemeinnützige Organisationen zunehmend von betriebswirtschaftlichem Denken beeinflusst. Dieser aus den USA importierte Trend lässt sich weltweit ausmachen und ist auch hierzulande in aller Munde. Im Jahre 2003 erschien in der *New York Times* ein Artikel mit dem Titel »How to Save the World? Treat It Like a Business.« – »Wie man die Welt retten kann? Denken Sie betriebswirtschaftlich.« Der Autorin Emily Eakin zufolge ist »soziales Unternehmertum Teil einer neuen Bewegung, die Kapitalismus mit Gewissen vereint.« Sie zitiert ein paar vorbildliche Initiativen einer neuen Unternehmerspezies. Zu ihnen gehört Wendy Kopp, die Gründerin der Organisation Teach for America, die es jungen Hochschulabsolventen ermöglicht, unterprivilegierte Kinder in der Stadt und in ländlichen Gegenden zu unterrichten.

David Bornstein, der Autor des Buches *Die Welt verändern. Social Entrepreneurs und die Kraft neuer Ideen* behauptet, dass die Haupteigenschaften dieser Visionäre darin besteht, dass sie »Transformationskräfte« seien. Es handele sich um »Menschen mit neuen Ideen zur Lösung wichtiger Probleme, die unermüdlich an der Umsetzung ihrer Visionen arbeiten, Menschen, die nicht bereit sind, Widerstände einfach hinzunehmen, und die nicht aufgeben, bis sie ihren Ideen größtmögliche Aufmerksamkeit verschafft haben.«

Die Formalisierung des Konzepts vom Sozialen Unternehmertum mag zwar relativ neu sein, hält als Thema aber langsam sogar an den Hochschulen Einzug und bietet Männern und Frauen, die die Welt verändern wollen, ein weites Betätigungsfeld.

Ein ebenso berühmtes wie internationales Beispiel ist das von Juliette Golden Low, der Gründerin der Girl Scouts (Mädchen-Pfadfinder) in den Vereinigten Staaten. Im Jahre 1912 fand das erste Treffen statt, an dem nur 18 Mädchen teilnahmen. Heute gibt es 3,3 Millionen Mitglieder. Eine weitere Vorreiterin auf ihrem Gebiet ist Mary McLeod Bethune, die als fünfzehntes Kind früherer Sklaven zur Welt kam und sich von der Baumwollpflückerin zur College-Absolventin hocharbeitete. Im Jahre 1904 gründete sie mit einem Startkapital von 1,50 US-Dollar, fünf Schülern und einem gemieteten Haus eine Schule für afroamerikanische Frauen. Aus dieser Schule entstand das berühmte Bethune-Cookman College.

Veränderung bewirken und Gewinn erzielen

Natürlich können Sie die Welt auch verändern, wenn das Produkt oder die Dienstleistung, die Sie anbieten, nicht nur zur – großen oder kleinen – Verbesserung der allgemeinen Lebensumstände in der Welt beiträgt, sondern auch noch Profit bringt.

So gründete Adrienne eine Firma, die Nachrüstbausätze an Leihwagenfirmen oder Hotels verkauft, um Fahrzeuge oder Vorrichtungen behindertengerecht verändern zu können. Adrienne selbst wurde von ihren beiden tauben Großeltern großgezogen und war von Jugend an fest entschlossen, behinderten Menschen zu helfen und gleichzeitig ihre unternehmerischen Fähigkeiten unter Beweis zu stellen. Ihre Bemühungen wurden nicht nur in der Presse hoch gelobt, sondern trugen auch in finanzieller Hinsicht reiche Früchte.

Auch wenn Sie nicht über das Sendungsbewusstsein eines Kreuzritters verfügen, sollten Sie Ihre Fantasie nutzen: Irgendwie wird sich schon eine Möglichkeit finden, um Ihre Energie und Ihr Fachwissen so einzusetzen, dass zumindest ein winziger Winkel der Welt sich zum Besseren verändert.

Verändern Sie die Welt von Ihrem Schreibtisch aus – ob er nun im Großraumbüro oder im eigenen Zimmer steht

Überprüfen Sie, wodurch Sie Ihre Umwelt am ehesten unterstützen können:

- Melden Sie sich als ehrenamtliche Helferin. Machen Sie sich für einen guten Zweck in Ihrer Firma stark.
- Rufen Sie eine neue gemeinnützige Initiative ins Leben.
- Unterstützen Sie Cause-Related-Marketing-Bemühungen in Ihrer Firma.
- Sprechen Sie mit Vorgesetzten und Kollegen über die Vorteile des Gebens.
- Organisieren Sie eine kleine Veranstaltung, um einen wohltätigen Zweck zu verfolgen – das ist zumindest ein Anfang!
- Führen Sie ein neues Projekt oder eine Dienstleistung ein, die anderen Menschen auf irgendeine Weise hilft.
- Unterstützen Sie soziales Unternehmertum.
- Schließen Sie sich einer Organisation an, an die sie glauben, und geben Sie Ihr Bestes, um Ihren eigenen Beitrag zu leisten.

Verschaffen Sie sich Gehör

Die im Turm eingeschlossene Rapunzel singt, um sich die Zeit und die Einsamkeit zu vertreiben. Als zufällig der Prinz vorbeikommt, verliebt er sich in ihre Stimme, ohne die Sängerin je gesehen zu haben. »… der Gesang hatte ihm so sehr das Herz gerührt, dass er jeden Tag hinaus in den Wald ging und zuhörte.« In der Märchenwelt, in der die äußere Schönheit sonst eine so entscheidende Rolle spielt, ist dies eine ungewöhnliche Wendung. Rapunzels Stimme bringt die beiden auch am Ende der Geschichte wieder zusammen, als sie beide im Exil der Wildnis leben und der Prinz erblindet ist. »Er vernahm eine Stimme, und sie deuchte ihm so bekannt; da ging er darauf zu und wie er herankam, erkannte ihn Rapunzel und fiel ihm um den Hals und weinte.

Zwei von ihren Tränen aber benetzten seine Augen, da wurden sie wieder klar, und er konnte damit sehen wie sonst.«

- Auch in der wirklichen Welt sind weibliche Stimmen außerordentlich mächtig. Sie vermögen zu fesseln, zu überzeugen und sogar zu heilen.
- Wenn wir Frauen uns im Berufsleben mehr Gehör verschaffen wollen, müssen wir unsere Stimmen *gleichzeitig* erheben. Michaela M., die als Kommunalabgeordnete für eine der großen, bundesdeutschen Parteien tätig ist, sagt hierzu: »Politik spielt in unserem Alltagsleben eine große Rolle: im Job, in der Schule, in der Vorstandsetage. Wir Frauen müssen lernen, uns miteinander zu verbünden. Wie heißt es doch so schön? ›Die Mehrheit siegt.‹ Um Einfluss zu nehmen, muss man lernen, strategisch zu denken und zu handeln, man muss verstehen, wie wirtschaftliche und politische Systeme funktionieren und muss mit Klugheit und Geschick daran arbeiten!«
- Carolyn, Vorstandsvorsitzende eines US-amerikanischen Frauennetzwerkes, formuliert es ähnlich. »Wenn man uns wahrnehmen soll, müssen wir uns zusammentun. Mit der Botschaft, die wir aussenden, müssen wir die Aufmerksamkeit anderer Frauen, Firmen und/oder Politiker(innen) auf uns ziehen. Die Mehrheit siegt, besonders heutzutage, da sowohl die Geschäftswelt als auch die Politik erkannt hat, wie viel ökonomische Macht Frauen besitzen.«
- Außerdem betont Carolyn, wie wichtig es ist, auch innerhalb der eigenen Firma effizient miteinander zu kommunizieren. »Auf individueller Ebene glaube ich, dass Leistung am wichtigsten ist. Wer zum Wohl der Firma beiträgt und seine persönlichen und firmeninternen Ziele in der Regel erreicht oder gar merklich übertrifft, der kann erwarten, dass man seine Stimme auch hört – zumindest in einer Firma, die ihre Teammitglieder schätzt.«

Lassen Sie Ihr Haar herunter, und verschaffen Sie sich Gehör

- Verbessern Sie Ihre Kommunikationsfähigkeit. Fragen Sie einen Mentor oder einen Kollegen Ihres Vertrauens, wie Ihre Stimme auf ihn wirkt und arbeiten Sie gemeinsam mit dieser Person daran, Ihren persönlichen Ausdruck zu verbessern.
- Lernen Sie, gut zuzuhören. Über kurz oder lang werden sich Ihre Gesprächspartner dafür erkenntlich zeigen.
- Beobachten Sie Menschen, die ein Händchen dafür haben, anderen eine Botschaft zu vermitteln. Wie benehmen sie sich? Welche Worte und Gesten wählen sie?
- Sollten Sie zu der Ansicht gelangen, dass Ihre rhetorischen Fähigkeiten verbesserungswürdig sind, belegen Sie einen Rhetorik-Kurs.
- Natürlich sollten Sie sich selbst immer ernst nehmen, aber bewahren Sie sich Ihren Sinn für Humor, und betrachten Sie die Dinge stets nüchtern. So lassen sich Hindernisse viel leichter überwinden.
- Schließen Sie sich einer Organisation an, mit deren Zielen Sie sich identifizieren können.
- Gehen Sie zur Wahl! Nehmen Sie Kontakt zu Politikern auf, schreiben Sie Briefe und E-Mails, melden Sie sich mit Ihrer Meinung zu Wort.
- Nutzen Sie Ihre Kaufkraft, um Unternehmen zu unterstützen, die sich für gemeinnützige Zwecke starkmachen, mit denen Sie sich identifizieren können.

Durch unsere Stimmen und unser Mitgefühl haben wir die Macht, nicht nur unseren eigenen beruflichen Werdegang zu verändern, sondern auch unseren Arbeitsplatz und die Welt an sich. Das ist kein

Märchen, sondern greifbare Realität, für die sich viele Frauen jetzt schon tagtäglich einsetzen. Je mehr wir Frauen zusammenarbeiten, unser Wissen und unsere Fähigkeiten miteinander teilen und unseren Stimmen Gehör verschaffen, umso mehr wird diese Vision Wirklichkeit.

Rapunzels Wolkenkratzer

Es war einmal ein Mädchen, das sich besonders für Hochhäuser begeistern konnte. Es wuchs zu einer klugen, starken Frau heran, deren blondes Haar ihr bis zur Taille reichte. Deshalb nannte ihre Familie sie Rapunzel.

Nachdem sie ihr Diplom als Bauingenieurin gemacht hatte, dachte sie darüber nach, sich die Haare abschneiden zu lassen, um seriöser zu wirken. Aber dann entschied sie sich dagegen, denn eigentlich betrachtete sie sie als ihre ganz persönliche Note. Also steckte sie sich die Haare zu einem Knoten zusammen und ergatterte einen Arbeitsplatz bei einem namhaften Bau- und Architekturbüro.

Sie hoffte, jetzt an den berühmten Wolkenkratzern mitarbeiten zu können, deren Entwurf zum Zuständigkeitsbereich des Architekturbüros gehörte, aber ihr Abteilungsleiter, Herr Gotel, gab ihr zu verstehen, dass sie klein anfangen müsse. Also arbeitete sie an der Baustatik- und Konstruktionsanalyse für Kunden, die moderne Villen oder große Domizile errichten lassen wollten. Rapunzel avancierte zur Expertin für Türmchen und Erker, für Freivorbauten und Wendeltreppen. Aber diese Art von Tätigkeit war nicht das, was sie sich auf lange Sicht wünschte. Nachdem sie also ein Jahr lang ihre Pflicht erfüllt hatte, beschloss sie, ein Gespräch mit ihrem Vorgesetzten zu führen.

»Herr Gotel, was kann ich tun, um in die Hochhaus-Abteilung dieses Unternehmens versetzt zu werden?«, fragte sie. »Ich bin nicht Architektin geworden, um elegante Domizile zu entwerfen. Mein Ziel sind nach wie vor die Wolkenkratzer.«

»Oh Rapunzel, warum lassen Sie nicht einfach nur ihr Haar herunter und entspannen sich«, sagte Herr Gotel. »Der Entwurf von Wohnbauten ist viel

weniger stressig als das Wolkenkratzergeschäft, bei dem so viele Millionen Euro auf dem Spiel stehen.«

»Trotzdem wäre ich Ihnen sehr verbunden, wenn Sie mich für eine Beförderung vorschlagen würden.«

»Bedaure«, sagte Herr Gotel. »Sie sind in dieser Abteilung bestens aufgehoben.«

Rapunzel erkannte, dass sie sich persönlich an den Geschäftsführer des Architekturbüros, Herrn Prinz, würde wenden müssen, um befördert zu werden. Sie machte sich also heimlich daran, eine genaue Dokumentation ihrer Ausbildung und ihrer Erfahrungen zusammenzustellen. Eines Tages jedoch fand Herr Gotel zufällig den Entwurf für eine E-Mail an Herrn Prinz.

Er raste vor Zorn. »Sie planen also insgeheim, sich über meinen Kopf hinweg an Herrn Prinz zu wenden, obwohl Sie meine Entscheidung kennen, dass Sie in dieser Abteilung verbleiben sollen? Nun, Süße, jetzt gibt es nur noch eine Versetzung, die Sie erleben werden, nämlich die vor die Tür!« Es folgte die fristlose Kündigung. Gotel drohte, jedem zu erzählen, sie hätte versucht, der Firma Kunden abspenstig zu machen, um sich ein paar Euro nebenher zu verdienen. Ihr Name würde in der Firma zum Unwort des Tages werden und sie könnte von Glück sagen, wenn sie überhaupt noch irgendwo anders eine Anstellung fand.

Rapunzel musste sehr bald feststellen, dass es tatsächlich schwierig war, ohne Referenzen einen Arbeitsplatz in den Top-Firmen zu finden. Sie schnitt sich also die Haare auf Kinnlänge ab und hoffte, dass ihr dieses professionellere Outfit zu einem Job verhelfen würde, aber es machte keinen Unterschied. Und so lebte sie eine Weile vom Arbeitslosengeld und ihren Ersparnissen und ackerte die Stellenanzeigen durch.

Schließlich fand sie eine Anstellung bei einer Nonprofit-Organisation mit dem Titel HAM (Häuser für alleinerziehende Mütter). Diese gemeinnützige Firma errichtete Wohnhäuser für benachteiligte, alleinerziehende Mütter. Im Vergleich zu ihrem vorherigen Job war das Gehalt sehr niedrig, aber die Arbeit befriedigte Rapunzel. Sie engagierte sich mehr und mehr für die Vision, die hinter dieser Organisation steckte, nämlich jungen Müttern, die in einer schwierigen wirtschaftlichen Situation waren, die Möglichkeit zu einem Neubeginn zu verschaffen. Tatsächlich war Rapunzel bald eine so große Befür-

worterin dieses Konzepts, dass sie immer häufiger an Konferenzen mit potenziellen Geldgebern teilnehmen durfte. Durch die Kombination aus ihrer beruflichen Kompetenz als Architektin und ihrem leidenschaftlichen Engagement für die gute Sache wirkte sie sehr überzeugend.

Eines Tages traf sie auf einer dieser Veranstaltungen niemand anderes als Herrn Prinz, dessen Unternehmen der Organisation eine großzügige Spende zukommen lassen wollte. »Ihre Stimme kommt mir bekannt vor«, sagte er.

»Ich habe früher einmal bei Ihrer Firma gearbeitet«, antwortete Rapunzel. Und jetzt erzählte sie ihm die ganze traurige Geschichte, wie sie von Herrn Gotel gefeuert und hereingelegt worden war, weil er sie in der eigenen Abteilung hatte behalten wollen.

»Das ist ja ungeheuerlich«, sagte Herr Prinz. »Ich habe Ihre Präsentation erlebt, und Sie machen auf mich einen äußerst integren Eindruck. Ich möchte, dass Sie zurückkommen und wieder für mein Unternehmen arbeiten. Natürlich steht Ihnen auch die Wolkenkratzer-Abteilung offen. Nur weil Sie eine Frau sind, brauchen Sie noch lange nicht in der Wohnhauskonzeption zu versauern.«

Rapunzel dachte über dieses Angebot nach – eine Gelegenheit, ihre hochfliegenden Traumhäuser endlich Wirklichkeit werden zu lassen, ein Gehalt, das fast doppelt so hoch war wie jenes, das sie bei HAM verdiente –, aber sie glaubte an die gute Sache und konnte sie nicht so einfach fallen lassen.

»Ich weiß Ihr Angebot zu schätzen und würde es gern annehmen«, antwortete sie. »Aber ich kann HAM jetzt nicht im Stich lassen. Deshalb schlage ich Ihnen Folgendes vor. Mein Hauptaugenmerk wird fortan der Konzeption und Realisierung von Hochhäusern gelten. Aber zusätzlich werde ich ein Projekt ins Leben rufen, durch das Prinz Unlimited HAM dauerhafte Unterstützung zukommen lässt. Eine bessere Möglichkeit, als sozial denkender und handelnder Bürger in Erscheinung zu treten, kann es wohl kaum geben: Sie errichten preiswerte Behausungen in den gleichen Städten, in denen Sie kostspielige Wolkenkratzer bauen!«

»Das klingt gut«, sagte Herr Prinz. »Ich bin einverstanden. Dies ist der Beginn einer außerordentlich sozialverträglichen Geschäftsverbindung.« Und so war es.

Und die Moral von der Geschicht...

- Zusammenarbeit und die Pflege des persönlichen Netzwerks sind die Schlüssel zu langfristigem beruflichem Erfolg
- Gehen Sie in puncto Teamwork mit gutem Beispiel voran und zeigen Sie, dass jeder davon profitiert.
- Sie können die Welt auf vielerlei Weisen vom Schreibtisch aus verändern. Seien Sie erfinderisch und fragen Sie sich, welche Themen Ihnen am Herzen liegen, auf welchem Gebiet Sie sich leidenschaftlich engagieren wollen.
- Bevor Sie Ihrer Firma ein neues Wohltätigkeitsprojekt vorschlagen, sollten Sie überprüfen, ob es mit den Anliegen Ihrer Kunden und den Bedürfnissen Ihrer Kollegen und Mitarbeiter vereinbar ist.
- Stellen Sie eine Beziehung zwischen dem guten Zweck und den besonderen Kenntnissen und Fertigkeiten her, die Ihre Firma zu bieten hat. Dann ist Ihnen ein optimales Ergebnis gewiss.
- Frauen können sich am Arbeitsplatz dadurch Gehör verschaffen, dass sie sich in Organisationen zusammenschließen. Aber treten Sie auch Gruppierungen bei, in denen sich Männer *und* Frauen gleichermaßen engagieren.
- Wenn wir Frauen unser Wissen und unsere Ressourcen anderen zugänglich machen, beeinflussen wir nicht nur unseren eigenen beruflichen Werdegang positiv, sondern leisten auch einen wichtigen Beitrag zur Verbesserung des Arbeitslebens im Allgemeinen.

10

Die Schöne und das Biest Wie Sie Gelegenheiten beim Schopf packen – entscheidungsfreudig und risikobereit wie ein CEO

Die Heldin des Märchens *Die Schöne und das Biest* ist durch ihre persönliche Reife den anderen Märchenheldinnen haushoch überlegen und rangiert auf der Beliebtheitsskala dicht hinter Cinderella. Die Schöne – oder Belle, wie sie heißt – ist eine ausgesprochen moderne Frau: Sie ist empfindsam, intelligent, ein unabhängiger Geist und eine geborene Führungspersönlichkeit. Es ist nicht schwer, sich vorzustellen, wie sie ihren beruflichen Weg macht, sagt, was sie denkt und sich nach einigen Mühen und Wirren bis zur Geschäftsführerin eines großen Unternehmens emporarbeitet.

Und so überrascht es auch nicht, dass *Die Schöne und das Biest* das einzige berühmte europäische Märchen ist, das von einer Frau veröffentlicht wurde (obwohl natürlich viele andere mündlich überlieferte Geschichten ebenfalls auf weibliche Erzähler zurückgehen). Möglicherweise erklärt das, warum die Protagonistin eine dermaßen emanzipierte Persönlichkeit ist. Die Erstveröffentlichung geht auf eine Novelle von Gabrielle de Villeneuve aus dem Jahre 1740 zurück. Es handelte sich um eine komplizierte Geschichte, die sich nicht an Kinder, sondern an die anspruchsvollen Salonfreundinnen der Autorin richtete, und die in weiten Teilen aus weitschweifigen Schilderungen von Fehden und symbolischen Träumen bestand. Im Jahre 1756 verwandelte Jeanne-Marie Leprince de Beaumont die Geschichte in eine kurze Erzählung. Andrew Langs Version von *Die Schöne und das Biest*, die er im Jahre 1889 in seinem *Blue Fairy Book* veröffentlichte, geht in der Hauptsache auf die Fassung von Villeneuve zurück, enthält aber auch ein paar interessante Elemente der de Beaumont-Geschichte.

Die Schöne und das Biest gilt als Vorlage für eine lange Reihe von Gedichten, Romanen und Kurzgeschichten, ebenso wie für eine der besten dramatischen Umsetzungen von Märchenerzählungen. Im Jahre 1946 drehte Jean Cocteau mit *Die Schöne und das Biest* ein Meisterwerk des cineastischen Surrealismus, mit gleichzeitig primitiven und eindringlichen beziehungsweise unheimlichen visuellen Effekten wie Armleuchtern aus Menschenarmen. Eine weitere Erwachsenenvision war die CBS-Fernsehserie aus den späten Achtzigern mit dem gleichen Titel, eine beliebte Kultserie über die schwierige Liebesbeziehung zwischen einer wohlhabenden New Yorker Anwältin und einem Wesen – halb Mann, halb Tier –, das unter den Straßen der Stadt lebt.

Doch mittlerweile hat der im Jahre 1991 ausgestrahlte Disney-Film *Die Schöne und das Biest* im öffentlichen Bewusstsein sämtliche anderen Versionen verdrängt. Er erhielt den Golden Globe als »Bester Film« und wurde in der gleichen Kategorie sogar für den Oscar nominiert. Das politisch absolut korrekte Drehbuch rückt diejenigen von Belles Charaktereigenschaften in den Vordergrund, mit denen emanzipierte Frauen von heute sich identifizieren können. Sie ist ein Bücherwurm und träumt davon, dem hinterwäldlerischen, kleinen französischen Dorf, in dem sie wohnt, zu entkommen. Außerdem weigert sie sich, ihren gut aussehenden, aber chauvinistischen Verehrer zu heiraten. Das Biest gewinnt Belles Herz, weil es ihre Intelligenz zu schätzen weiß und ihr Zugang zu seiner wunderbaren Bibliothek gewährt. Schließlich verteidigt sie es mit Schneid und Zivilcourage gegen eine Horde bigotter, Fackeln tragender Dorfbewohner, die das Biest nur deshalb verabscheuen, weil es anders ist als sie.

Der Disney-Film war ein Broadway Blockbuster, den weltweit 24 Millionen Menschen sahen. Das darauf basierende Musical wurde in sieben verschiedene Sprachen übertragen und in 15 Ländern aufgeführt. Belle gehört außerdem zu den vier Disney-Prinzessinnen, die sich auf unzähligen Merchandising-Produkten wiederfinden. Mütter, die beim Kauf eines solchen Produktes bislang Bedenken hatten, weil Schneewittchen und Dornröschen doch allzu abhängig vom Prinzenkuss sind, brauchen sich durch Belles Anwesenheit nun keine Sorgen mehr zu machen. Belle ist ein hervorragendes Vorbild für kleine und große Mädchen: Sie lernt gern, ist entscheidungsfreudig und bereit, die Konsequenzen für ihr Tun auf sich zu nehmen. Hier eine kleine Zusammenfassung der Geschichte:

Ein Kaufmann, der sein Vermögen verloren hat, erfährt, dass eines seiner Schiffe mit seinen Waren wider Erwarten glücklich am Zielhafen angekommen ist. Er macht sich auf die Reise, um seine Waren nach Hause zurückzuholen. Er fragt seine Töchter, was er ihnen von der Reise mitbringen soll. Die beiden älteren, bösen Töchter bitten um Kleider und Juwelen, die Jüngere aber (die man die Schöne oder Belle nennt) will ihren Vater nicht zu sehr belasten und bittet um eine Rose. Nach einer langen und erfolglosen Reise verirrt sich der Vater und gelangt an ein seltsames, leerstehendes Schloss, wo er eine Rose für Belle pflückt. Plötzlich erscheint ein grässliches Biest – der Schlossherr.

Es verkündet, dass der Kaufmann für diesen Fehltritt mit dem Tode bezahlen muss, es sei denn »dass eine von deinen Töchtern freiwillig kommt, um statt deiner zu sterben. (...) Wenn deine Töchter sich weigern, für dich zu sterben, so schwöre, dass du in drei Monaten wiederkommen wirst.«

Zu Hause angekommen berichtet der Vater von seinem Erlebnis. Die Schöne will die Verantwortung für das Dilemma des Vaters auf sich nehmen und ihn retten. So geht sie freiwillig zum Schloss des Biests. Hier wird sie gut behandelt und findet jede Menge Ablenkung: prächtige Gärten, tropische Vögel und eine sagenhafte Bibliothek, ein Musikzimmer und ein zauberhaftes Theater. Aber als das Biest sie bittet, seine Frau zu werden, lehnt sie ab.

Belle vermisst ihren Vater, der mittlerweile krank ist, und bittet das Tier, ihn noch einmal besuchen zu dürfen. Das Biest lässt sie ziehen, sagt aber, dass es sterben muss, wenn sie nicht innerhalb von acht Tagen zurückkehrt. Obwohl Belle ihm das verspricht, verzögert sich ihre Abreise durch die Intrigen ihrer bösen Schwestern. Aber dann träumt sie, dass das Biest im Sterben liegt. Mithilfe des magischen Ringes, den es ihr gegeben hat, kehrt sie in sein Schloss zurück. Sie erweckt das bereits bewusstlose Biest wieder zum Leben, erkennt, dass sie es liebt, und verspricht, es zu heiraten. In diesem Augenblick erhellt ein Feuerwerk den Himmel, der böse Zauber ist gebrochen, und das Biest verwandelt sich in einen gut aussehenden Prinzen.

Belle vereint ihre Schönheit mit Verstand, eine Seltenheit in Märchen. In der ursprünglichen Geschichte zeigt sich ihr Bedürfnis nach intellektueller Betätigung, als sie im Schloss des Biests eine Bibliothek, ein Klavier und Notenbücher findet.

Im Disney-Film und im Musical halten die anderen Mädchen aus dem Dorf Belle für eine dumme Gans, weil sie gern liest und davon träumt, die Grenzen ihres provinziellen Lebens zu sprengen.

Im Angesicht der furchtbarsten Schwierigkeiten zeigt Belle wahre Führungsqualitäten: die Fähigkeit, schwierige oder unpopuläre Entscheidungen zu treffen und die Bereitschaft, die Verantwortung für die eigenen Entscheidungen zu übernehmen. Außerdem verliebt sie sich in das Tier, bevor sie weiß, dass es ein verzauberter Prinz ist. Sie besitzt mithin Weit- und Klarsicht und erkennt das Potenzial in ihrem Gegenüber und eine gute Gelegenheit, bevor andere es tun.

Zeigen Sie Führungsqualitäten – egal auf welcher Ebene

Im Gegensatz zu Schneewittchen oder Dornröschen ist Belle keine Prinzessin und hat auch keine gute Fee zur Patentante oder gar sieben Zwerge, die ihr in schwierigen Situationen zur Seite stehen. Ihr Vater ist ein mittelständischer Kaufmann, der in wirtschaftliche Bedrängnis geraten ist, und ihre Schwestern sind selbstsüchtige Biester. Belle kann sich auf niemanden verlassen außer auf sich selbst. Aber durch ihre angeborenen Führungsqualitäten hält sie letztlich sogar Einzug im Palast: Sie ergattert eine Position an der Seite eines Prinzen, der ihre Eigenständigkeit respektiert – nicht mehr und nicht weniger!

Dieses Märchen zeigt uns, dass jeder Mensch, der über Intelligenz, Integrität, Mut und Beharrlichkeit verfügt, sich zur Führungspersönlichkeit mausern kann. Ob Sie nun Berufsanfänger sind, ob Sie die Karriereleiter bereits ein Stück weit hinaufgeklettert sind oder eine größere Veränderung anstreben: Sie können Ihre berufliche Entwicklung forcieren, indem Sie innerhalb Ihres persönlichen Bezugs- und Handlungsrahmens Führungsqualitäten beweisen.

»Führungspersönlichkeiten gibt es auf jeder beruflichen Ebene«, sagt Gail, die bereits zitierte Leiterin eines Redaktionsbüros. »Wenn Sie Ihr Ziel mit Leidenschaft und Hingabe verfolgen und sich selbst als leistungsstarke Persönlichkeit erleben, gehören Sie ebenfalls dazu. Nicht jeder kann an der Spitze stehen, also seien Sie auf Ihrer beruflichen Ebene ein Anführer. Erkennen Sie, was dort notwendig ist, und handeln Sie entsprechend – natürlich möglichst mit dem Segen Ihres Abteilungsleiters.«

Marsha, Vorsitzende einer Personalagentur, die sich unter anderem auf das Coaching weiblicher Führungskräfte spezialisiert hat, gibt Berufsanfängerinnen oder Frauen in mittleren Positionen folgenden Rat: »Denken Sie wie Ihr Chef. Versetzen Sie sich in die Lage Ihres Arbeitgebers. Betrachten Sie Finanz- und Personalfragen und ganz besonders die innerbetriebliche Kommunikation aus seinem Blickwinkel. Machen Sie eine Liste der Bereiche, für die Ihr Vorgesetzter verantwortlich ist. Dadurch erweitern Sie Ihre Perspektive und können beurteilen, wie Ihr persönliches Teilstück ins Ganze passt. Nachdem Sie diese Liste erstellt haben, konzentrieren Sie sich auf Ihre eigene Weiterentwicklung. Sind Sie teamfähig? Leisten Sie wertvolle Beiträge und entwickeln Sie kreative Problemlösungsstrategien? Das genau sind nämlich die Eigenschaften der Erfolgreichen, die es letztendlich bis in die Chefetagen schaffen.«

Treffen Sie schwierige Entscheidungen, und übernehmen Sie die Verantwortung

Belle steht zu ihren Entscheidungen, auch wenn sie unvorhersehbare Konsequenzen haben. Als ihr Vater berichtet, wie er den Zorn des Biests erregt hat, als er die Rose pflückte, erweist sie sich schnell als Herrin der Lage. »Weil das Ungeheuer eine von seinen Töchtern annehmen will, so will ich mich allein seinem Zorn überliefern; und ich halte mich für sehr glücklich, weil ich bei meinem Tode die Freude haben werde, meinen Vater zu retten und ihm meine Zärtlichkeit zu beweisen.« Belle hätte versuchen können, sich der Situation zu entziehen, um nicht im Austausch für ihren Vater im Palast des Biests leben zu müssen. Aber sie ist diejenige, die dieses Unglück durch ihre Bitte, ihr eine Rose mitzubringen, unwissentlich herbeigeführt hat, und so geht sie geht freiwillig und ist fest entschlossen, die Verantwortung zu übernehmen. Das sind Führungsqualitäten in Höchstform.

Führungspersönlichkeiten müssen auf jeder beruflichen Ebene in der Lage sein, unpopuläre Entscheidungen zu treffen und Kritik zu akzeptieren, ohne plötzlich defensiv zu reagieren. Sie müssen die Verantwortung für das Scheitern oder für Rückschläge auf sich nehmen, auch wenn sie in bester Absicht gehandelt haben.

Im Verlauf meiner Karriere musste ich viele harte Entscheidungen treffen: Mit Anfang zwanzig musste ich meine Familie verlassen und nach Washington ziehen, um im Kapitol zu arbeiten; ich gründete mein eigenes Unternehmen und fusionierte später mit einem größeren; danach folgte ein erneuter Umzug – diesmal nach Dallas, um dort mit meinem zweiten Mann zu leben und für eine Hotelkette zu arbeiten. Und dann waren da noch die kleineren, täglichen, schwierigen Entscheidungen: wen man einstellt, wen man entlässt, wann man einem Projekt grünes Licht gibt, wann man eine Kurskorrektur vornehmen muss, weil etwas nicht funktioniert.

Bei allen Entscheidungen, die ich getroffen habe – gut, schlecht und dazwischen –, gibt es einen gemeinsamen Nenner: Ich gebe niemandem die Schuld für das Ergebnis. Außerdem treffe ich meine Entscheidungen immer selbst und lasse mich nicht von dem beeinflussen, was andere für das Beste halten. Die Kehrseite der Medaille ist allerdings, dass ich bei Fehlentscheidungen sehr hart mit mir ins Gericht gehe, denn ich fühle mich vollkommen für diese verantwortlich. In einer solchen Situation brauche ich die Unterstützung meiner Familie und meiner Freunde, die mir wieder auf die Beine helfen.

Bei Entscheidungen müssen Sie auf Erfolg ebenso vorbereitet sein wie auf Misserfolge – oder auf irgendeine Zwischenlösung. Wenn Sie versuchen, sämtliche möglichen Blickwinkel auszuloten und warten, bis der Erfolg garantiert ist, lähmen Sie sich selbst. Versuchen Sie stattdessen, jede Entscheidung als Investition in Ihre Karriere, Ihre Firma und Ihren Job zu betrachten. Sie recherchieren, wägen das Pro und Kontra ab und treffen Ihre Wahl. Misserfolge sind zwar schmerzhaft, aber Sie müssen lernen, entspannt damit umzugehen und sich überlegen, wie Sie den Schaden wieder beheben können.

Frauen in Führungspositionen, die es gewohnt sind, harte Entscheidungen zu treffen und zu ihnen zu stehen, geben zu diesem Thema folgende Ratschläge:

Entscheidungen sollte man immer logisch begründen können. Patty, die Leiterin der Finanzabteilung einer Privatuniversität, ist für ein Budget von 2,4 Billionen und für ein Gesamtkapital von 7 Billionen verantwortlich. Wo solche Summen auf dem Spiel stehen, müssen Entscheidungen sowohl auf Logik als auch auf gutem Urteilsvermögen und Erfahrung fußen. »Mein Lieblingsfach an der Uni war Logik. Was ich in diesem Seminar gelernt habe, hat mir bei meinen Entscheidungen sehr weitergeholfen«, sagt sie. »Bevor man problematische Beschlüsse fasst, muss man sein eigenes logisches Argumentationssystem überdenken und sich damit wohl fühlen. Anschließend kann man sich mit Alternativen auseinandersetzen, und – nach sorgfältigem Abwägen des Für und Wider – selbstbewusst voranschreiten.«

Wenn Sie einmal zu einer Entscheidung gelangt sind, sollten Sie sie selbstbewusst vertreten. »Menschen, die von Selbstzweifeln und

Versagensängsten geplagt sind, können ihre Umwelt weder motivieren noch inspirieren«, sagt Patty. »Mut vermittelt auch den anderen ein gutes Gefühl. Natürlich können Sie sich irren, aber Sie werden es überleben.«

Treffen Sie Entscheidungen wie eine Führungskraft

1. Machen Sie Ihre Hausaufgaben. Informieren Sie sich genau über das jeweilige Fachgebiet, und sammeln Sie Fakten und Zahlen.
2. Durchschauen Sie die Logik, die hinter Ihrer Entscheidung steckt.
3. Versuchen Sie, Abstand zu gewinnen und sich ein objektives Urteil zu bilden, besonders, wenn Sie auch gefühlsmäßig involviert sind.
4. Rechnen Sie mit Kritik und überlegen Sie sich genau, wie Sie ihr begegnen.
5. Machen Sie sich keine Selbstvorwürfe, wenn sich Ihre Entscheidung als falsch entpuppt. Am Arbeitsplatz geht es nur sehr selten um Leben und Tod!

Zu einer Ihrer Aufgaben als Führungspersönlichkeit gehört es, Ihre »Truppen« um sich zu scharen: Ihre Kollegen, Ihre Vorgesetzten, die Ausschussmitglieder, die Kunden. Natürlich können Sie zugeben, dass noch einige Fragen offen sind. Aber Sie müssen auch das sichere Gefühl vermitteln, dass Sie die Antworten finden und sich den Herausforderungen stellen werden.

Kombinieren Sie ein dickes Fell mit einem weichen Herzen. Cheryl, Geschäftsführerin und Mitbegründerin einer erfolgreichen Online-Medienagentur, erklärt, dass Frauen überall beliebt sein wollen. Sie müssen lernen, ihren Wert nicht an der Sympathie zu messen, die man ihnen entgegenbringt. Sie müssen lernen, klar Stellung zu beziehen und sich damit bewusst Kritik auszusetzen: »Wir müssen ein dickeres Fell bekommen, und uns trotzdem unsere Weichherzigkeit bewahren.«

Sie müssen weder unfreundlich noch unmenschlich werden, wenn Sie sich als Führungspersönlichkeit profilieren wollen. Gute Führungskräfte lassen sich bei ihren Entscheidungen *gerade* von ihrem Mitgefühl leiten. Es schadet nicht, sich zu fragen, welche Wirkung eine Entscheidung auf Ihre Mitarbeiter, auf die Gemeinschaft oder auf Ihre Kunden hat. Ein mitfühlender Führungsstil schafft den Ausgleich zwischen betriebswirtschaftlichen Interessen und zwischenmenschlichen Aspekten.

Sie brauchen auch nicht zu befürchten, dass Ihr Mitgefühl Ihre Autorität untergräbt. Das Gegenteil ist nämlich der Fall: Wenn Ihre Mitarbeiter merken, dass Sie sich Gedanken um ihr persönliches Wohlergehen machen, so wird das ihre Loyalität steigern und sie motivieren, sich stärker ins Zeug zu legen. Respekt und Rücksicht werden Ihnen Ihre Führungsrolle dauerhaft sichern.

Machen Sie sich auf Kritik gefasst. »Je größer Ihre Sichtbarkeit, umso heftiger die Kritik. Wenn Sie nicht kritisiert werden wollen, sind Sie als Führungskraft ungeeignet«, behauptet Candace, eine erfolgreiche Unternehmensberaterin. »Man sagt, wer nie kritisiert wurde, hat auch nichts bewirkt. Meine Erfahrung lehrt mich, dass man Kritik niemals mit Gegenkritik begegnen sollte. Bleiben Sie souverän. Halten Sie inne und hören Sie gut zu, statt gleich zu reagieren – denn Kritiker können auch Recht haben.«

Kritik ist eine Gelegenheit, um zu lernen – zumindest wenn man den emotionalen Aspekt vom beruflichen trennen kann und in der Lage ist, objektiv zuzuhören. Zugegeben: Das ist ganz schön viel verlangt. Manchmal möchte man einfach nur in Tränen ausbrechen (tun Sie sich keinen Zwang an, aber tun Sie es hinter verschlossener Tür oder warten Sie damit, bis Sie zu Hause sind). Sobald Sie Ihre Gelassenheit jedoch wiedererlangt haben, sollten Sie darüber nachdenken, wie Sie die Anmerkungen Ihres Gegenübers konstruktiv nutzen können.

Mir ist zum Beispiel schon oft passiert, dass jemand einen meiner Vorträge richtiggehend auseinandergenommen hat und dabei nicht gerade zimperlich mit mir umsprang. Zuerst regte ich mich über die vermeintlich schlechten Manieren meines Gegenübers auf, aber dann fing ich an, derlei Herausforderungen als Übung zu betrachten. Es gehört viel Disziplin dazu, bei offener Kritik nicht nur schnell zu reagieren, sondern auch die Selbstbeherrschung zu bewahren. Genau wie ein besonders harter Workout im Fitnessstudio dem Aufbau und der Kräftigung Ihrer Muskeln dient, trainieren Sie Ihre Widerstandskraft und Ihre Führungsqualitäten, indem Sie sich harter Kritik stellen.

Denken Sie daran, dass Beanstandungen immer noch besser sind als gar kein Feedback. Wenn die offenen Kommentare ausbleiben, können Sie davon ausgehen, dass man hinter Ihrem Rücken über Sie redet. Ermuntern Sie Ihre Umgebung also zur Kritik, um sich damit auseinandersetzen zu können.

Wenn Sie als Führungspersönlichkeit betrachtet werden wollen, müssen Sie Ihren Mut unter Beweis stellen und dürfen nicht konfliktscheu sein. Im Berufsleben bedeutet das, andere bewusst um Rückmeldung zu bitten. Lassen Sie Ihre Zuhörer eine Bewertung vornehmen oder fordern Sie von Ihren Kunden eine Beurteilung an. Schreiben Sie eine E-Mail an Ihre Abteilungsleiter oder Kollegen, in der Sie darum bitten, dass sie zu Ihren Entscheidungen oder Handlungen Stellung nehmen. (Aber tun Sie das nicht zu häufig. Schließlich wollen Sie ja auch nicht den Eindruck von Unsicherheit erwecken.) Möglicherweise werden Sie daraufhin mit Einwänden konfrontiert, die die Betreffenden für sich behalten hätten, wenn Sie nicht gefragt hätten. Auf den ersten Blick ist das sicher unangenehm, aber letztlich ist es die Sache wert, denn dadurch erhalten Sie eine Reihe nützlicher Informationen. Wer um Feedback bittet, muss sich damit auseinandersetzen.

Schreiten Sie voran – ob mit oder ohne die Zustimmung der anderen. Führungspersönlichkeiten müssen Entscheidungen mit oder ohne die Zustimmung ihrer Umwelt treffen. Für Frauen stellt das oft ein riesiges Hindernis dar, denn von Kindheit an streben sie nach Anerkennung und Zustimmung durch andere. Hören Sie einmal einer Gruppe kleiner Mädchen zu, die darüber diskutieren, was man zuerst spielen soll, wer welche Puppe bekommt und wer in einem Fantasiespiel welche Rolle übernehmen soll. Kleine Jungs hingegen diskutieren nicht lange. Sie nehmen sich die Spielsachen, die sie wollen und fangen an zu spielen, wobei sie erwarten, dass ihre Kumpels ihnen entweder folgen oder sich eine andere Beschäftigung suchen. Jungs konzentrieren sich aufs Handeln, nicht auf Zustimmung.

Im Berufsleben gibt es durchaus Situationen, in denen Zustimmung erforderlich oder zumindest von Vorteil ist. In anderen Fällen werden Sie niemals vorankommen, wenn Sie darauf warten, dass Ihnen alle zustimmen. Sie müssen zwischen beiden Möglichkeiten unterscheiden lernen und dann eine unabhängige Entscheidung treffen. Das heißt nicht, dass Sie teamunfähig sind oder sich als Bienenkönigin aufspielen. Es bedeutet lediglich, dass Sie Ihrem eigenen Urteil vertrauen, dass Sie sich gründlich informieren und dass Sie bereit sind, angemessene Risiken einzugehen.

Denken und handeln Sie wie ein Visionär. Führungskräfte brauchen Visionen. Sie betrachten die Dinge aus der übergeordneten Perspektive und führen die Firma zum Erfolg. Manchmal müssen Sie eine solche Vision selbst entwerfen, manchmal jedoch müssen Sie die Vision des Geschäftsführers unterstützen.

Judy Hendrick, Anne Raymond und Elizabeth Williams sind nur einige wenige von den vielen bemerkenswerten Frauen, die bei Wyndham direkt an den Geschäftsführer berichten mussten. Judy Hendrick, die mehr als zwölf Jahre als Finanzdirektorin tätig war, wurde von dem damaligen CEO Jim Carreker eingestellt und berichtete später an den neuen Geschäftsführer Fred Kleisner. Sie sagt: »Die Geschäftsführer haben im Laufe der Jahre gewechselt, aber eines konnte man immer wieder beobachten: Die Mitarbeiter, die dem CEO direkt unterstellt sind, werden handverlesen von ihm selbst ausgewählt. Sie müssen nicht nur ihren Arbeitsplatz ausfüllen, sondern die Firma auch nach vorn bringen. Jeder Einzelne von ihnen berichtet dem Geschäftsführer und muss täglich darauf vorbereitet sein, Entscheidungen zu treffen und entsprechend zu handeln. Seine Hauptaufgabe besteht darin, die Vision des CEO zu realisieren.«

Erkennen Sie Potenzial und Gelegenheit, bevor andere es tun

Belle entscheidet, dass sie das Biest liebt, ohne zu wissen, dass es in Wirklichkeit ein Prinz ist. Sie lässt sich von seinem wilden Erscheinungsbild nicht trügen und erkennt, dass es zum Ehemann taugt. Die Belohnung folgt auf dem Fuße: Der Bann wird gebrochen.

Eine Führungsqualität, die sich auf jeder hierarchischen Ebene manifestieren kann, besteht in der Begabung, Möglichkeiten und Gelegenheiten als Erster zu erkennen und zu nutzen. Sie können die Schönheit im Biest finden, indem Sie das Potenzial in einem Menschen, einer Dienstleistung, einem Produkt oder einer Idee erkennen. Das ist die Strategie erfolgreicher Geschäftsführer, und *Sie* können es auch.

Hier ein paar Tipps, wie es Ihnen gelingt, die Fassade zu durchschauen und das Beste in den Menschen, die mit Ihnen und für Sie arbeiten, zum Vorschein zu bringen:

- Geben Sie anderen Zeit, sich an Ihren persönlichen Stil zu gewöhnen und zu erkennen, dass Sie keine Bedrohung sind.
- Finden Sie heraus, welche beruflichen Ziele die einzelnen Kollegen haben, und berücksichtigen Sie sie, wenn Sie ihnen bestimmte Verantwortungsbereiche zuweisen.
- Schauen Sie genau hin: Wo liegen die Stärken und Schwächen der einzelnen Mitarbeiter. Jede Person sollte die Arbeit erhalten, für die sie am besten geeignet ist.
- Bitten Sie um Feedback. Lassen Sie die anderen wissen, dass Ihre Tür und Ihr Geist ihnen immer offenstehen.

- Signalisieren Sie, wie wertvoll jeder Einzelne für die Firma ist. Bevor Sie Gehaltserhöhungen oder Beförderungen als Motivationsinstrument einsetzen, können Lob und Dank für lange Zeit Wunder wirken.
- Bieten Sie reichlich Gelegenheit zur Karriereentwicklung, zum Beispiel durch Fortbildungsmaßnahmen, Workshops oder persönliches Mentoring.
- Überlegen Sie sich genau, wer mehr Verantwortung übernehmen will und wie Sie jedem Einzelnen das für seine Aufgabe notwendige Selbstvertrauen geben können.
- Geben Sie den Mitarbeitern, die eine solche Herausforderung annehmen wollen, Gelegenheit zum Lernen, zum Versuchen, zum Scheitern und zu einem erneuten Versuch.

Um das Potenzial in neuen Ideen zu erkennen, kann man sich auf vielerlei Weise inspirieren lassen: durch persönliche Erfahrungen, durch Kunden, Kollegen, Freunde, Bekannte und manchmal auch einfach nur durch die eigene Intuition. Wenn Sie Ihr Bewusstsein für all diese Quellen öffnen, werden Sie reich belohnt und viele wertvolle Ideen für neue Produkte, Dienstleistungen und Geschäfte entwickeln können.

Verwerten Sie persönliche Erlebnisse

Viele erfolgreiche Geschäftsfrauen wurden auf ihre persönliche Nische nur dadurch aufmerksam, dass sie zufällig nach einem bestimmten Produkt suchten und feststellen mussten, dass es nicht verfügbar war. Ein bekanntes Beispiel ist das der Mode-Designerin Donna Karan. Sie erkannte, dass es einen Markt für moderne, attraktive Kleidung gibt, die Frauen mit einer normalen, nicht zu mageren Figur schmeichelt. Statt also Mode zu kreieren, die sich ausschließlich nach den Maßen der Models richtete, entwarf sie Kleidung, die auf ihren eigenen Geschmack und ihre Figur zugeschnitten war. Durch diese Idee schuf sie ein Mode-Empire, das viele Millionen Dollar wert ist.

Auch alltägliche Ereignisse oder Schwierigkeiten können zuweilen ein Quell der Inspiration sein. Ein gutes Beispiel hierfür stammt aus den Vereinigten Staaten. Tamara Monosoff, eine Unternehmensberaterin, die ihren Job aufgab, um daheim bei ihrem Kind zu bleiben, ertappte sich dabei, wie sie Tag für Tag das Toilettenpapier aufrollte, das ihre kleine Tochter abwickelte. Also erfand sie einen speziellen Riegel, mit dem man die Toilettenrolle sichern konnte und verkaufte ihn an Eltern kleiner Kinder und an Haustierbesitzer. Die Idee war ein voller Erfolg und schon bald konnte sie ihrem lukrativen Unternehmen andere Artikel hinzufügen. – Vermutlich sind sämtliche praktischen Kleinigkeiten für Kinder auf diese Weise entstanden: Warmhalteteller, auslaufsichere Schnabeltassen, etc. …

Bitten Sie Ihre Kunden um Feedback

Meine besten Ideen bekam ich durch das persönliche Gespräch mit den Frauen, die in dem Hotel wohnten, in dem ich arbeitete. Manchmal ist es Gold wert, wenn man sich die Zeit nimmt, Informationen zu sammeln und auszuwerten. So fanden wir zum Beispiel heraus, dass Frauen häufig zögerten, den Zimmerservice zu bemühen, weil ihnen der Gedanke nicht gefiel, unangemeldeten Besuchern die Tür öffnen zu müssen. Für dieses Problem gab es eine einfache Lösung: Ungefähr fünf Minuten, bevor die Mahlzeit serviert werden kann, ruft der Kellner auf dem Zimmer an. Auf diese Weise weiß jeder Gast, um wen es sich handelt, wenn es an die Tür klopft.

Die meisten Unternehmen beauftragen Unternehmensberater zur regelmäßigen Marktforschung. Aber bei allem schuldigen Respekt: Man kann erstaunlich viel herausfinden, wenn man die Kunden selbst fragt, sich mit ihnen unterhält und sich in ihre Lage versetzt.

Nehmen Sie sich Zeit, um Ihren Kollegen zuzuhören

Hören Sie den Menschen zu, egal welcher hierarchischen Ebene in Ihrem Unternehmen sie angehören, und sorgen Sie dafür, dass Sie immer bestens informiert sind. Als ich in der Werbeabteilung des historischen Peabody Hotels in Memphis arbeitete, gaben wir an das Hotelpersonal einen Fragebogen heraus, durch den wir die Angestellten ermuntern wollten, eigene Ideen zu äußern. Ich nahm mir die Zeit, um die Fragebögen tatsächlich durchzulesen, und fand einen äußerst wertvollen Beitrag: Ein Kellner schlug vor, am Vortag des Abgabetermins für die Einkommensteuererklärung eine »Antistress-Party« zu veranstalten. In der Lobby unseres Hotels sollte zum einen die Post, zum anderen ein namhafter Steuerberater seinen Stand aufbauen. Dort konnten sich die Leute in letzter Sekunde noch Ratschläge für ihre Steuererklärung holen und anschließend die fertig ausgefüllten Formulare in einen Umschlag stecken und bei der Post abgeben. Das Peabody Hotel würde die Kosten für die Briefmarken übernehmen und besondere Drinks anbieten. Bei der Party war unsere Hotellobby zum Bersten voll und der Umsatz an der Bar stieg um 1000 Prozent. Noch wichtiger aber war es, dass die Leute das renovierte, historische Peabody Hotel wahrnahmen, das in der darauf folgenden Zeit entscheidend zur Renaissance der Innenstadt von Memphis beitragen sollte. Und all das hatte der Vorschlag eines einfachen Kellners bewirkt, den man leicht hätte übersehen können. Dadurch lernte ich, dass gute Ideen überall zu finden sind. Wir müssen nur aufmerksam zuhören – egal welche Position unser Gesprächspartner in der Firmenhierarchie innehat – und offen sein für Vorschläge.

Diese Haltung kann man auch noch steigern. Seien Sie bereit, auf den Ideen anderer Menschen aufzubauen und sie weiterzuspinnen. Dies ist die Seele für Zusammenarbeit und Teamwork. Im Rahmen meiner Arbeit für das Peabody Hotel schlug eine Kollegin vor, eine World Duck Tour zu organisieren. Dazu muss man erklären, dass das Wahrzeichen des Peabody Hotels die Enten sind, die sogenannten Peabody Ducks, die im Hotel zu bestimmten Zeitpunkten einen roten Teppich entlangmarschieren. Mit ihrer Hilfe wollten wir das Konferenzgeschäft ankurbeln. Ich griff die Idee gleich auf und entwickelte spezielle World-Duck-Tour-Jacken. Dann wurden in enger Zusammenarbeit mit der Fluglinie Delta Airlines an jedem Zielort der World

Duck Tour rote Teppiche ausgerollt, die die Enten entlangwatscheln konnten. Dieser rote Teppich zog die Aufmerksamkeit der Medien auf sich. In jeder Stadt warteten die Fernsehkameras darauf, dass die Enten ankamen. Das Resultat war eine wunderbare Publicity sowohl für das Peabody als auch für die Fluglinie.

Auch das Women On Their Way-Programm war das Ergebnis einer in einer Gruppe entwickelten Idee. Es begann mit einem dynamischen Team einer PR-Agentur, die von einer außerordentlich fähigen Frau geleitet wurde – nämlich von Patrice Tanaka – sowie mit einer hervorragenden Werbeagentur – The Richards Group. Von der PR-Agentur stammte die gute Idee, durch einen Wettbewerb mehr über jenes Marktsegment herauszufinden, das durch weibliche Geschäftsreisende geprägt wird. Dies war die Grundlage für ein bahnbrechendes Konzept. Es entstand ein neues Bewusstsein für die Bedürfnisse weiblicher Kunden in der Reisebranche und mit ihm neue Produkte und Dienstleistungen. Ein weiblicher Beratungsstab und überregionale Partnerschaften sorgten für riesigen landesweiten Erfolg.

Mit anderen Worten: Sie müssen kein kreatives Genie sein, das sämtliche Ideen selbst hervorbringt. Ausgezeichnete Ergebnisse erzielen Sie auch, wenn Sie das Potenzial und die Gelegenheit erkennen, das den Ideen anderer Leute innewohnt und darauf aufbauen. Dabei ist es natürlich besonders wichtig, dass Sie die Leistung Ihrer Mitarbeiter und Kollegen anerkennen. Aber denken Sie daran, dass Ihnen selbst ebenfalls Lob gebührt, denn Sie haben die Idee ausgeschöpft und zu einem guten Ergebnis geführt. Vielleicht wird man Ihnen vorwerfen, sich selbst zu sehr ins Rampenlicht zu rücken oder wie eine Diva zu verhalten. Aber wer Blut, Schweiß und Tränen in ein Projekt investiert und gute Resultate erzielt hat, der verdient auch eine Auszeichnung.

Vertrauen Sie Ihrer Intuition

In früheren Versionen des Märchens *Die Schöne und das Biest* träumt Belle, dass eine Dame ihr rät: »Versuche, nicht zu bedauern, was du hinter dir ließest, denn du bist für ein höheres Schicksal auserkoren.

Lass dich nur niemals durch das Äußere trügen.« Sie rät Belle, sich von ihrem Herzen leiten zu lassen. Und als Belle tatsächlich darauf hört, hebt sie den bösen Zauber auf und findet Erfüllung.

Im Geschäftsleben stehen Fakten und Zahlen im Vordergrund, was insofern verständlich ist, als es meist um viel Geld geht. Und so spielen in dem Getue um Marktforschung und messbare Daten Intuition oder die Stimme des Herzens oft keine Rolle mehr. Möglicherweise ist das von Nachteil.

Erfolgreiche Unternehmerinnen oder Binnenunternehmerinnen verfügen häufig über eine hervorragende Intuition. Sie *wissen* einfach, dass ihre Ideen richtig sind, und diese Überzeugung verleiht ihnen die Kraft, andere Mitstreiter ins Boot zu holen, und zwar nicht nur als Geldgeber, sondern auch als engagierte Mitarbeiter.

Lernen Sie, Ihrem Instinkt zu folgen. Lauschen Sie Ihrem Herzen. Natürlich sollten Sie stets Nachforschungen anstellen und herausfinden, ob es handfeste Beweise gibt, die Ihre Intuition stützen. Prüfen Sie die Zahlen und stürzen Sie sich nicht kopfüber in ein neues Projekt, weil Ihr Bauch es Ihnen rät. Aber *achten* Sie auf die mächtige Stimme der Intuition. Oft ist eine instinktive Idee die richtige.

Lynn Robinson, die Autorin des Buches *Compass of the Soul: 52 Ways Intuition Can Guide You to the Life of Your Dreams** schreibt hierzu: »Ihre Intuition kommuniziert mit Ihnen unter anderem über die innere Erregung. Deshalb sollten Sie ihr Ihre volle Aufmerksamkeit schenken. Ihre Eingebung gibt Ihnen möglicherweise einen Hinweis darauf, wie Sie sich in Zukunft verhalten können. Nehmen Sie sich immer wieder die Zeit, darauf zu achten.«

Sorgen Sie für Verbündete

Die Versuchung, die Einführung Ihrer neuen Idee komplett allein zu überwachen, ist sicherlich sehr groß. Aber wenn Sie Erfolg haben wol-

* Das Buch ist leider nicht in deutscher Übersetzung erhältlich (Anm. d. Übers.).

len, benötigen Sie die Unterstützung Ihrer Umwelt. Je mehr Sie dafür sorgen, dass andere sich mit Ihrem neuen Produkt, Ihrer Dienstleistung oder Ihrem Projekt identifizieren, umso mehr wird man Ihnen helfen. Durch Verbündete können Sie Kritiker leichter bezwingen, verschaffen Sie sich Rückendeckung auf höchster Ebene und setzen ihre Idee in die Tat um.

Jane ist Geschäftsführerin einer großen Winzergenossenschaft und damit als Führungskraft in einer traditionell männlich dominierten Branche tätig. Sie hat es bis an die Spitze dieses aufregenden Geschäfts geschafft, indem sie zahlreiche innovative Ideen entwickelte. »Ich habe festgestellt, dass es erfolgversprechender ist, andere nicht als Gegner, sondern als Partner zu betrachten«, sagt sie. »Am besten hat es immer funktioniert, wenn ich meine Pläne schon in einem ganz frühen Stadium offenlegte. Statt meiner Umwelt die Informationen bis zum Schluss eifersüchtig vorzuenthalten und ihnen das Gefühl zu vermitteln, nicht dazuzugehören, bat ich von Anfang an um kreativen Input. Ich habe immer gern im Team gearbeitet und habe am eigenen Leib erfahren, dass eine gute Führungskraft nicht einfach nur ein Manager sein darf.«

»Machen Sie es zum Bestandteil Ihrer geheimen Mission, Menschen zusammenzuführen«, sagt Linda Clemons, CEO von Sisterpreneur®, einer internationalen Mentoring-Organisation für Geschäftsfrauen. »Ein Visionär ist in der Lage, das Ende einer Geschichte vorauszusehen, bevor das Buch überhaupt geschrieben ist. Wenn Sie diese Gabe besitzen, nutzen Sie sie. Besonders wichtig ist das für Frauen. Strecken Sie die Hand nach unten aus und nehmen Sie jemanden mit sich nach oben, wenn Sie die Leiter erklimmen.« Wer diesen Rat befolgt, dessen persönliche Karrieregeschichte hat mit Sicherheit ein Happy End.

Lassen Sie sich nicht entmutigen

Jeder, der eine neue Idee vorbringt, trifft unvermeidlich auf Schwarzseher. Als Führungspersönlichkeit müssen Sie darauf vorbereitet sein, trotz aller Widersacher durchzuhalten und an Ihrer Überzeugung festzuhalten. In seinem Buch *So werde ich der Boss. Die goldenen Regeln für den Aufstieg* erklärt der Autor Jeffrey Fox: »Jedes Unternehmen steckt voller Pessimisten. (…) Man erkennt sie unschwer daran, dass sie dauernd so etwas sagen wie: ›Das haben wir doch alles schon mal probiert‹ (…) ›Das ist viel zu teuer‹ (…) ›Das funktioniert sowieso nicht‹ (…) Geben Sie nicht auf. Und geben Sie nicht nach. Das Unternehmen braucht Leute mit Ideen. Leute mit Ideen kommen ganz nach oben.«

Das bedeutet keineswegs, dass Sie alles in Bausch und Bogen verdammen sollten, was die Pessimisten an Gegenargumenten vorbringen. Seien Sie offen, und hören Sie zu, und zwar genau. All das negative Feedback enthält wahrscheinlich ein Körnchen Wahrheit, das Sie nutzen können, um Ihr Produkt, Ihre Idee oder Ihre Dienstleistung zu verbessern. Dieser Ansatz nimmt ihren Kritikern den Wind aus den Segeln, stärkt ihre Ideen und erhöht Ihre Erfolgschancen.

Gehen Sie Risiken ein und betreten Sie das Schloss

Als Belle sich dem Schloss des Biests nähert, scheinen bunte Lichter in alle Himmelsrichtungen, ein Feuerwerk erhellt den Himmel und der Palast ist von oben bis unten hell erleuchtet. Als sie hineingeht, findet sie dort Räumlichkeiten vor, die mit kostbaren Juwelen angefüllt sind und die faszinierendsten Dinge zu ihrer Unterhaltung enthalten. »Sie nahm sich vor, sie wollte unterdessen herumspazieren und dieses schöne Schloss besehen. Sie konnte sich nicht enthalten, die Schönheit desselben zu bewundern«, so heißt es in dem Märchen. Das Schloss des Biests ist wie das Berufsleben: Auf den ersten Blick wirkt es einschüchternd, aber Frauen, die mutig genug sind, um es zu betreten, finden darin viele verborgene Schätze.

Die eigene Firma oder Organisation

Eine der größten Mutproben besteht darin, sein eigenes Unternehmen zu gründen. Nadine Brinker, Mitbegründerin der Komen-Stiftung gegen Brustkrebs (Susan G. Komen Breast Cancer Foundation), sagt hierzu: »Der Schlüssel zum Erfolg liegt darin, niemals aufzugeben, *unter gar keinen Umständen*, egal wie erschöpft man ist und auch wenn man manchmal glaubt, das Ziel niemals erreichen zu können. Wenn Sie selbst weder Leidenschaft noch Begeisterung ausstrahlen, wie können Sie dann von anderen erwarten, dass sie Ihnen folgen? Außerdem müssen Sie die großen Zusammenhänge erkennen und dürfen sich nicht im Sumpf der Kleinigkeiten verlieren. Die ziehen Sie nur herunter! Überlegen Sie mal, was Sie alles auf die Beine stellen können, wenn Sie nicht ständig darüber nachdenken, wer hinterher die Lorbeeren erntet!«

Das größte Risiko, das ich je auf mich genommen habe, bestand in der Gründung meines eigenen Unternehmens. Ich kündigte einen guten Job, hatte keinerlei Einkommensgarantie und rief meine eigene Firma ins Leben, ohne auch nur einen einzigen Geldgeber zu besitzen. Glauben Sie mir: Ich hatte furchtbare Angst, aber nachdem ich diese Hürde überwunden hatte, waren alle späteren Risiken ein Klacks für mich. Die Erfahrung hat meine Bereitschaft, Risiken einzugehen erhöht und erwies sich auf vielen verschiedenen Ebenen als äußerst nützlich und gewinnbringend.

Trotzdem träumen viele von Selbstständigkeit und Unternehmertum, ohne dass sich ihre Vorstellungen in die Realität umsetzen lassen. Seien Sie also gewarnt: Vielleicht verdienen Sie mehr Geld als in einem normalen Festanstellungsverhältnis, vielleicht werden Sie sogar reich, aber genauso gut können Sie scheitern und bankrottgehen. Vielleicht haben Sie flexiblere Arbeitszeiten, das bedeutet aber keineswegs, dass sie auch mehr Freizeit haben, denn Selbstständige arbeiten insgesamt deutlich mehr Stunden als Angestellte. Es gibt viele gute Gründe, um auf eigene Faust sein Glück zu machen, aber Geld und persönliche Freiheit sind nicht immer die besten. Man muss das

Für und Wider sorgfältig abwägen und die eigene Risikobereitschaft kennen.

Wie hoch ist das Risiko einer Selbstständigkeit?

Beantworten Sie die folgenden Fragen, um zu entscheiden, ob Sie eine Selbstständigkeit oder die Gründung einer eigenen Firma überhaupt in Betracht ziehen sollten:

- Liegen Ihnen ein bestimmter Geschäftszweig oder ein Produkt besonders am Herzen?
- Tun Sie sich leicht mit eigenständigen Entscheidungen?
- Können Sie gut mit Stress und Unsicherheit umgehen?
- Wissen Sie, wie Sie Prioritäten setzen und ihnen treu bleiben?
- Sind Sie risikofreudig? Haben Sie ein Faible für Herausforderungen?
- Sind Sie unverwüstlich und beharrlich?
- Haben Sie den Markt gründlich erforscht und Ihre Erfolgschancen ausgelotet?
- Haben Sie keine Probleme damit, sich auf aggressive Weise selbst zu vermarkten?
- Können Sie mit finanzieller Unsicherheit und dem damit verbundenen Stress umgehen?

Wer alle Fragen mit Ja beantwortet, ist ein Unternehmertyp. Wenn Sie auch nur eine oder zwei Fragen mit Nein beantworten, sollten Sie noch einmal genau nachdenken, bevor Sie Ihren Job kündigen und Ihre eigene Firma gründen.

Risiken als Sprungbrett

Nicht nur Unternehmer benötigen eine hohe Risikotoleranz. Auch Personen, die Führungspositionen in einem Unternehmen oder einer Organisation bekleiden, müssen Risiken auf sich nehmen.

Risikobereitschaft wird gern mit der Draufgängermentalität männlicher Industriemagnaten gleichgesetzt. Aber einem Bericht des *Wall Street Journal* zufolge sind Frauen, die die Position von Geschäftsführerinnen oder leitenden Angestellten innehaben, »risikofreudiger als Männer, denn sie haben sich hochgearbeitet, indem sie problematische Abteilungen übernahmen, die ihre männlichen Kollegen ablehnten, und indem sie diese Abteilungen zum Erfolg führten«.

Führungspersönlichkeiten schrecken auch vor solchen Herausforderungen nicht zurück, die das Risiko des Scheiterns in sich bergen. Sie haben keine Angst, einen sicheren Job aufzugeben, um sich in einer gefährlicheren Position mit höherem Potenzial zu bewähren.

»Ich gehe lieber Risiken ein als mir meine bequeme Nische zu suchen und habe meine Jobs häufig gewechselt«, sagt Alair, die Herausgeberin einer namhaften Wirtschaftszeitung. »Gerade in den früheren Stadien einer Karriere sind Lehr- und Wanderjahre ausgesprochen wichtig. Veränderungen erweitern unseren Erfahrungshorizont und helfen uns, zu erkennen, wo unsere Interessen wirklich liegen. Außerdem vergrößern sie unsere Chancen, nach oben zu kommen.«

Die Amerikanerin Myra Hart gab ihren sicheren Job als Marketingchefin eines Einzelhandelsunternehmens auf und gründete mit drei weiteren Personen die Firma Staples. Anschließend begann sie eine zweite akademische Karriere als Professorin an der Harvard Business School. Ihr Rat: »Nehmen Sie nie eine Stellung bei einem Unternehmen an, in dem Sie sich nicht vorstellen könnten, auch als Geschäftsführerin zu arbeiten. So fragte ich beispielsweise bei einem meiner Vorstellungsgespräche mein Gegenüber rundheraus: ›Könnte ich in Ihrem Unternehmen jemals CEO werden?‹ Der Interviewer antwortete: ›Nicht, solange Sie kein ingenieurwissenschaftliches Diplom vorweisen können.‹ Also strich ich die Firma von meiner Liste und zog weiter.«

Evaluieren Sie das Risiko eines neuen Jobs

Beantworten Sie folgende Fragen, um zu entscheiden, ob Sie Ihren sicheren Job aufgeben und eine Position in einer neuen Firma anstreben sollten:

- Handelt es sich um ein Unternehmen, das auf soliden, finanziellen Füßen steht?
- Bietet man Ihnen ein Gehalt, das deutlich über Ihrem jetzigen liegt?
- Kann Ihr augenblicklicher Arbeitgeber Ihnen das gleiche oder vielleicht sogar ein besseres Angebot machen als die neue Firma?
- Haben Sie genügend Ersparnisse, um drei bis sechs Monate zu überbrücken, falls Sie innerhalb oder nach Ablauf der Probezeit entlassen werden und auf Arbeitslosengeld angewiesen sind?
- Hatten Sie Gelegenheit, einige Ihrer neuen, potenziellen Kollegen kennen zu lernen? Fanden Sie sie sympathisch?
- Können Sie sich mit den Produkten und Dienstleistungen des neuen Unternehmens identifizieren?
- Glauben Sie, dass Sie zur Unternehmenskultur der Firma passen?

Wenn Sie einen Großteil der Fragen mit Ja beantworten können, so ist das ein Zeichen dafür, dass der neue Job etwas taugt.

Wer an seinem derzeitigen Arbeitsplatz eine neue Initiative ins Leben ruft, geht ebenfalls ein Wagnis ein. Wenn Sie federführend die Verantwortung dafür übernehmen, steht im Falle eines Scheiterns Ihr Job auf dem Spiel, und das kann genauso risikoreich sein wie der Wechsel zu einem neuen Unternehmen.

»Als Leiterin der Marketing-Abteilung für die Sonesta Hotels, schlug ich vor, unsere Anzeigen nicht länger bei Agenturen in Auftrag zu geben, sondern uns selbst darum zu kümmern«, berichtet Irma Mann. »Ich wurde also Geschäftsführerin einer hundertprozentigen Tochtergesellschaft von Sonesta, einer Werbeagentur mit Namen S/I/A. Unglücklicherweise hatte ich buchstäblich keine Erfahrungen mit der Leitung und Organisation einer Werbeagentur, was ein großes Risiko war. Wenn ich scheiterte, hätte mich das nicht nur meinen Job in der Marketing-Abteilung gekostet, die Firma hätte auch eine enorme Summe Geld verloren. Aber das passierte nicht... wir waren sehr erfolgreich und das erste Hotel, das seine eigene In-House-Werbeagentur unterhielt. Ich lernte, dass Kühnheit zum Erfolg führt. Ohne Wagnis kann es kein Wachstum geben.«

Mir selbst erging es wie vielen anderen berufstätigen Frauen (und Belle): Ich begab mich freiwillig auf unbekanntes, einschüchterndes Terrain. Das Berufsleben ist oft so beängstigend wie ein dunkler Wald und so unvorhersehbar wie ein verzaubertes Schloss. Obwohl ich bereitwillig eintrat, fühlte ich mich lange Zeit wie im Gefängnis, und ich träumte insgeheim davon, dass ein Prinz mich von der Bürde, meinen Lebensunterhalt verdienen zu müssen, retten würde. Aber nach und nach veränderte sich meine Einstellung. Ich entdeckte, dass ich im Beruf Wissen, Macht und Erfüllung finden konnte. Wenn Sie den Mut haben, das Schloss zu betreten und die Tapferkeit, es zu erforschen, wird das Abenteuer, auf das Sie sich einlassen, Sie reich belohnen.

Das Geschäft mit der Schönheit und das Biest

Belle arbeitete in der Branding-Abteilung eines großen Kosmetikkonzerns. Die Firma war in die Schusslinie konservativer Kritik geraten, weil ihre jüngste Anzeigenkampagne Teenager mit grellem Make-up und geschmackloser, kitschiger Kleidung abbildete. Belle entwickelte eine Idee für eine neue Produktlinie, die als Gegenpol zur negativen Publicity gedacht war. »Sie soll ›Rose‹ heißen«, schlug sie beim Brainstorming vor. »Das klingt rein, altmodisch und erinnert an junge Damen, die an langen Sommernachmittagen auf dem Land vor sich hin träumen.«

Belles Vorgesetzter fand die Idee großartig und trug sie der Geschäftsleitung vor, wo man große Hoffnungen in sie setzte und grünes Licht gab. Aber eine Packung herzustellen, die wie Blütenblätter geformt war, sprengte das Budget. Und das ›English Rose‹-Model, das der Produktlinie sein Gesicht geben sollte, verlangte ein kleines Vermögen. Der kostspielige Produkt Launch blieb erfolglos, und die Sache wurde ein katastrophaler Flop.

»Das Management möchte bei der nächsten Ausschuss-Sitzung jemanden aus der Branding-Abteilung sehen, der erklärt, warum wir die Rose-Produktlinie überhaupt ins Leben gerufen haben«, verkündete Belles Chef nach dem Debakel. »Ich vermute, jetzt soll mein Kopf rollen.«

»Nein, es war meine Idee, und ich werde mich ihnen stellen«, sagte Belle. »Ich werde zu dieser Sitzung hingehen.«

Am Abend vorher war Belle vor Angst ganz schlecht. Sie konnte nichts essen und sich auch nicht darauf konzentrieren, ihrer halbwüchsigen Tochter bei den Mathe-Hausaufgaben zu helfen.

»Du bist völlig gestresst, Mama«, sagte die Tochter. »Wenn dein Job dich verrückt macht, warum suchst du dir dann nicht einen anderen?«

»Das ist gar nicht so einfach«, antwortete Belle. »Ich bin schon 45, und in der Kosmetikbranche spielt Jugend eine große Rolle. Außerdem macht mein Job mir Spaß, und ich will ihn behalten.«

Als Belle am darauf folgenden Tag vor dem Ausschuss stand, gab ihr ein heftiger Adrenalinstoß neue Energie. Ohne Umschweife erklärte sie, welche Gründe für die Produktlinie ›Rose‹ sprachen und stützte ihre Argumentation durch die Marktstudie, auf der ihre Entscheidung, das Produkt einzuführen, gefußt hatte. Sie argumentierte, dass ›Rose‹ zwar kein Verkaufsschlager war, aber immerhin das Image der Firma als gutes, moralisch integres Unternehmen wieder hergestellt hatte. Der Gewinn bestand ihrer Ansicht nach darin, dass die laszive Note der vorherigen Anzeigenkampagne in Vergessenheit geraten war und die Öffentlichkeit sich mit den Produkten der Firma wieder identifizieren konnte. Insgesamt konnte das Unternehmen von der neuen Produktlinie also nur profitieren. Außerdem sei, so behauptete Belle, ihre Abteilung dabei, etwas völlig Neues zu entwickeln, das ein Riesenerfolg zu werden versprach und das die glanzlose Performance der Rose-Linie kompensieren würde. Dieses Konzept würden sie schon bald vorstellen.

Am Ende der Sitzung waren die Teilnehmer beschwichtigt und gespannt auf die neue Idee. Belle ging nach Hause und lag die ganze Nacht wach. Sie dachte darüber nach, wie dieses neue Konzept aussehen konnte.

Am Morgen machte Belle den vergeblichen Versuch, ihre dunklen Augenringe mit Abdeckstift zu kaschieren. Dann suchte sie nach dem Lidschatten. »Hast du dich schon wieder an meinem Schminkzeug vergriffen?«, fragte sie ihre Tochter. »Ich habe dich schon tausend Mal gebeten, das nicht zu tun. Du hast doch deine eigenen Sachen.«

»Also, was macht denn das schon für einen Unterschied? Ist doch alles dasselbe, oder? Und ich will dich ja nicht beleidigen, Mama, aber ich finde, dass diese Glitzerfarben nichts mehr für dich sind. Dadurch sieht man die Falten nur noch deutlicher.«

Belle schnaubte, durchwühlte die Schminktasche ihrer Tochter und trug dann ihren Lidschatten auf. Dann betrachtete sie sich genauer. Sie musste ganz dicht an den Spiegel herangehen, denn so langsam brauchte sie eine Brille. Nun, ihre neunmalkluge Tochter hatte Recht – der Lidschatten stand ihr nicht.

Und dann traf es Belle wie der Blitz aus heiterem Himmel. Sie wusste, wie die neue Produktlinie aussehen sollte: »Prime – das Make-up für die berufstätige Frau ab 45.«

Zuerst war ihr Chef mit dieser Idee gar nicht einverstanden: »Das hat man doch schon hundert Mal versucht. Es funktioniert einfach nicht! Der Markt über 45 ist ein Biest. Reife Frauen wünschen sich kein Alt-Frauen-Make-up. Sie wollen jung aussehen. Oder sie folgen automatisch ihren Gewohnheiten und schminken sich so, wie sie es schon mit 25 getan haben.«

Aber Belle wusste einfach, dass die Zeit für diese neue Produktlinie reif war. Sie gehörte einer Generation von Frauen an, die den gesellschaftlichen Status quo immer wieder infrage gestellt hatte, und nun würden sie eben gegen den Jugendwahn rebellieren, mit dem man sich häufig nur lächerlich machte. Es galt, die Reize reiferer Frauen zu entdecken und ins Rampenlicht zu rücken. Die weibliche Eitelkeit würde ihr dabei zugute kommen. Das gleiche Make-up zu benutzen wie junge Frauen, war meist alles andere als schmeichelhaft. Ihre Firma würde kostenlose Schönheitsberatungen für reife Frauen durchführen. Die ganze Nation würde »Frauen eines gewissen Alters« schätzen lernen.

Belle war ganz verliebt in ihre Idee und traktierte ihren Chef so lange mit glaubwürdigen Argumenten, bis dieser ein Einsehen hatte.

Die Entscheidungsträger des Konzerns jedoch taten sich mit dem Konzept schwer. Sie hingen an der Vorstellung, dass ältere Frauen einfach nur jünger aussehen wollen. Aber durch leidenschaftliche Überzeugung, durch Arbeitsgruppen und intensive Marktforschung, die ihre Theorie stützte, konnten Belle und ihr Chef der Geschäftsführung klarmachen, dass »Prime« den Einsatz wert war. Die Kampagne wurde ein Riesenerfolg! Die Medien waren sehr angetan von dem neuen Konzept, dass Schönheit nicht mit Jugend gleichsetzte. Die Verkaufszahlen schnellten in die Höhe. Die Kundinnen waren ganz wild darauf, ihr Recht auf ein neues Zeitalter in Sachen Schönheit einzufordern.

Belle wurde zur Abteilungsleiterin für die Prime-Linie ernannt und erhielt eine beträchtliche Gehaltserhöhung. Jetzt konnte sie sogar Geld für die Ausbildung ihrer Tochter und für ihren eigenen Ruhestand zurücklegen.

Aber zuerst musste sie sich einer gewaltigen Herausforderung stellen: Sie musste den Schwung der neuen Marke ausnutzen und sie weiteren Erfolgen entgegenführen.

Die Moral von der Geschicht...

- Ihre Qualitäten als Führungspersönlichkeit sind nicht abhängig von Ihrer Stellung in der Firmenhierarchie.
- Führungskräfte müssen schwierige Entscheidungen treffen und persönlich die Verantwortung für Scheitern und Erfolg übernehmen.
- Betrachten Sie Entscheidungen als Investitionen. Recherchieren Sie sorgfältig, wägen Sie das Für und Wider ab, und wenn Sie keinen Erfolg haben, überlegen Sie sich, wie Sie die Verluste wieder wettmachen können.

- Je einflussreicher Sie sind, umso häufiger werden Sie kritisiert. Messen Sie Ihren Erfolg nicht am Beifall anderer.
- Wenn Ihre Kollegen und Mitarbeiter Ihnen folgen sollen, dürfen Sie Ihre Ängste und Zweifel nicht zu sehr betonen.
- Kombinieren Sie ein dickes Fell mit einem weichen Herzen. Mitgefühl ist eine der Schlüsselqualifikationen von Führungskräften.
- Finden Sie die Schönheit im Biest, indem Sie als Erste das Potenzial erkennen, das anderen Menschen oder Ideen innewohnt.
- Lassen Sie sich vom Verstand leiten, aber horchen Sie auch auf die Stimme Ihres Herzens. Intuition ist ein wichtiges Hilfsmittel.
- Durch einen Job- oder Branchenwechsel verbessert man seine Chancen, sich beruflich weiterzuentwickeln.
- Stehen Sie zu Ihren Entscheidungen, packen Sie Gelegenheiten beim Schopf, scheuen Sie kein Risiko. Dann können Sie sich vom Aschenputtel in eine Geschäftsführerin verwandeln.

Anhang: Nützliche Netzwerke

Im **Branchenbuch West**, einem Unternehmensportal für Westdeutschland, finden Sie zahlreiche – auch berufsspezifische – Adressen von Verbänden und Kontaktbörsen für Frauen in der Wirtschaft. www.branchenbuch-west.de.

Die **BücherFrauen** sind ein berufliches Netzwerk für Frauen aus allen Arbeitsbereichen rund ums Buch. Im Zentrum des Interesses stehen der Informationsaustausch sowie Fortbildungsmaßnahmen. www.buecherfrauen.de.

Das **Bundesministerium für Familie, Senioren, Frauen und Jugend** bietet auf seiner Homepage diverse Artikel und Links zum Thema Frau und Beruf sowie Gender Mainstreaming an. Informationsmaterial zu ausgewählten Themen kann angefordert werden. www.bmfsfj.de.

Im **Bundesverband der Frau in Business und Management e.V.** sind zahlreiche Geschäftsfrauen und Unternehmerinnen organisiert und unterstützen sich gegenseitig. www.bfbm.de.

Catalyst erforscht sämtliche Aspekte weiblicher Karriere und liefert strategische und vornehmlich weborientierte Lösungen für berufstätige Frauen, allerdings ausschließlich in englischer Sprache. www.bwni.com.

Das **Center for Women's Business Research** konzentriert sich auf das Potenzial weiblicher Unternehmer. Ziel der breit angelegten Forschungs- und Informationstätigkeit ist die Gleichstellung weiblicher und männlicher Arbeitskräfte. www.womensbusinessresearch.org

www.cinderellaceo.com Tauschen Sie sich in englischer Sprache mit anderen Lesern von *Wie Aschenputtel Karriere macht* aus. Finden Sie dort weitere Hinweise, die Ihnen dabei helfen, Ihre berufliche Situation zu verändern www.cinderellaceo.com.

Das **Deutsche Gründerinnen Forum e.V.** ist ein bundesweites Netzwerk von Expertinnen zum Thema Existenzgründung. Informationen, Fortbildung und Erfahrungsaustausch stehen hier im Vordergrund. www.dgfev.de.

Der **Deutsche Ingenieurinnenbund e.V. (dib)** richtet sich an Ingenieurinnen aller Fachrichtungen. Durch Fachtagungen und Seminare soll die Weiterbildung und Information weiblicher Mitarbeiterinnen auf diesem Gebiet gefördert werden. www.dibev.de.

Die **FAZ** bietet einen ausführlichen Stellenmarkt für Fach- und Führungskräfte beider Geschlechter: www.fazjob.net.

Das vom Bundesministerium für Familie, Senioren, Frauen und Jugend sowie vom Europäischen Sozialfonds finanzierte Internetportal **frauenmachenkarriere.de** ist eine hervorragende Informationsquelle für Frauen zu den Themen Beruf und Karriere. Das Internetportal richtet sich an eine breit gefächerte Klientel: an Selbstständige und Angestellte, an Berufsanfänger, Wiedereinsteiger oder erfahrene Mitarbeiterinnen. Hier finden Sie Kampagnen, Veranstaltungen, eine Mentoring-Börse und vieles mehr. www.frauenmachenkarriere.de.

Das **Frauenmuseum** in Bonn ist eine interessante Anlaufstelle und ein öffentliches Forum, um sich über die unzähligen, wertvollen Beiträge, die Frauen auf vielerlei Ebenen der Gesellschaft geleistet haben und leisten, einen Überblick zu verschaffen. www.frauenmuseum.de

Das **Frauennetzwerk e.V. Connecta** ist ein berufsübergreifendes Frauennetzwerk, in dem sich bundesweit Frauen durch Erfahrungsaustausch unterstützen. Besonders hervorzuheben sind hier die vierteljährlich erscheinende Zeitschrift *Connections* sowie die zahlreichen Weiterbildungsangebote und Vorträge über den Berufsalltag der Vereinsmitglieder. www.frauennetzwerk-connecta.de.

Das Netzwerk **geschäftsreisekontakt.de** für Geschäfts- und Dienstreisen hat weibliche Geschäftsreisende und ihre besonders sensible Sicherheitssituation für sich entdeckt. Hier finden Sie nützliche Tipps, Adressen und Kontakte. www.geschäftsreisekontakt.de.

Die bundesweite **Gründerinnenagentur (bga)** ist ein beispielhaftes, deutschlandweites Informations- und Servicezentrum für weibliche Unternehmerinnen und Selbstständige. Das Internetportal bietet fundierte, branchenübergreifende Informationen zum Thema Existenzgründung und Selbstständigkeit. www.gruenderinnenagentur.de.

Der **Journalistinnenverbund e.V.** richtet sich an Freiberuflerinnen und interessierte Journalistinnen. Er versteht sich als Austauschforum, das neben journalistischen Fachvorträgen auch Workshops zur Weiterbildung anbietet. www.journalistinnen.de.

Die **Käte-Ahlmann-Stiftung**, gegründet von Mitgliedern des Verbandes deutscher Unternehmerinnen e. V. möchte Unternehmerinnen zum Erfolg verhelfen und die Chancengleichheit in der Wirtschaft fördern. Weiterbildungs- und Mentorinnenangebote von erfahrenen Unternehmerinnen sollen junge Existenzgründerinnen ermutigen. www.kaete-ahlmann-stiftung.de.

Das **Kompetenzzentrum Technik-Diversity-Chancengleichheit** fördert mit bundesweiten Aktivitäten die Verwirklichung der Chancengleichheit von Frauen und Männern, besonders in der IT-Branche. Ziel ist die Nutzung der Potenziale von Frauen zur Gestaltung der Informationsgesellschaft. www.kompetenzz.de.

Die **Susan-G.-Komen-Brustkrebsstiftung** arbeitet auch hierzulande an der Aufklärung im Kampf gegen den Brustkrebs. Ereignisse wie das Komen Race for the Cure® sind auch in Deutschland bekannt. Unterstützt wird die Komen-Stiftung durch namhafte Konzerne, wie zum Beispiel jüngst durch das Deutsche Post World Net. www.komen.de.

Im virtuellen **Unternehmerinnenforum** finden Sie eine kostenlose Datenbank für Unternehmerinnen aller Branchen, Informationen über Tagungen oder Projekte sowie über Interessengemeinschaften und Netzwerke. Besonders interessant ist die sogenannte Kooperationsbörse, in der Sie nach Geschäftspartnerinnen, neuen Geschäftsräumen oder Ähnlichem suchen können. www.u-netz.de.

Der **Verband berufstätiger Mütter e.V. (vbm)** vertritt die Interessen berufstätiger Mütter und setzt sich für die Schaffung von Rahmenbedingungen ein, die die Vereinbarkeit von Mutterschaft und Beruf möglich machen. Im Vordergrund stehen Beratungs- und Aufklärungsarbeit. www.berufstaetige-muetter.de.

Der **Verband deutscher Unternehmerinnen e. V. (VDU)** strebt die aktive Einflussnahme bei wichtigen wirtschaftlichen und gesellschaftspolitischen Fragen an. Arbeitskreise, Seminare und Weiterbildung runden das Angebot ab. Besonders interessant ist die Publikation des Verbandes mit dem Titel *Die Unternehmerin*. Außerdem sei die jährliche Teilnahme am Weltkongress des Internationalen Unternehmerinnenverbandes FCEM erwähnt. www.vdu.de.

Die **Vereinigung Clubfreier Golfspieler e. V.** meldet, dass 40 Prozent aller Golfspieler mittlerweile weiblich sind. Sie ist ein vom Deutschen Golfverband anerkannter Verein für clubfreies Golfspielen und bietet durch preiswerte Jahresbeiträge einem breiten Publikum die Möglichkeit, Golf zu spielen. www.vcg.de.

Women On Their Way gibt Reisetipps in den USA und ist speziell für weibliche Geschäftsreisende konzipiert. www.womenontheirway.com.

Register

Abfindungen 99
Ablage 89 f.
Aids-Stiftung 240
Alter 189-191, 198, *siehe auch* Altersdiskriminierung
Andersen, Hans Christian 126 f., 129, 146, 151, 199, 201
Anerkennung 130, 261
Ängste 145, 232, 258, 278
Arbeitslosigkeit 15, 99-125, 165
- Arbeitslosengeld 102
Arbeitsplatzabbau 99
Arbeitsüberlastung 16, 85, 93, 98, 199
Arbeitszeiten, flexible 30, 216
Auseinandersetzung 64 f., 78, 80
Äußeres Erscheinungsbild 48-60
- Accessoires 53, 56
- Frisur 52, 56
- Kleidung 50 f., **53–60**, 118, 220
- persönlicher Stil 53, 55, 57, 60
- Make-up 52 f.
- Schmuck 53

Basile, Giambattista 175
Beaumont, Leprince Jeanne-Marie de 251 f.
Beförderung 30, 183 f., 197, 205, 230, 263
Beschwerde 37 f., 181
Bettelheim, Bruno 227
Bewerbung
- Anschreiben 109 f.
- Erstkontakt 117
- Initiativbewerbung 111 f.
- Lebenslauf 105, **108 f.**
- Vorstellungsgespräch 117–120, 125
Binnenunternehmertum 158 f.
Budget 186, 206
Büroräumlichkeiten 187 f.

Caumont de la Force, Charlotte-Rose de 227
Cause Related Marketing (CRM) **238–241**, 244
Chancengleichheit 192, *siehe auch* Gleichberechtigung
Chef *siehe* Vorgesetzter
Coach 28, 81
Cosmetic, Toiletry and Fragrance Association (CTFA) 238

Delegieren 201-205, 224
Diskriminierung 16, 180 f., 184, 187, 190 f.
- Altersdiskriminierung 16, 188 f.
- Diskriminierungsverbot 181
Disney, Walt 21 f., 47, 74, 177, 188, 252, 254
Dokumentation 63, 72, 183

Eakin, Emily 242
Ehrenamt 105, **114f.**, 234-236, *siehe auch* gemeinnützige Organisation
Ehrgeiz 72, 77, 129, 137, 145, 171
Eigeninitiative 15, 38, 151-174
Eltern 135-137
E-Mails 87 f.
Engagement
- berufliches 37 f., 101, 137, 142, 154, 157, 210, 236–241, 250
- gesellschaftliches 16, 114, 136, 143, 194 f., 198, 226, **233–241**, 244, 250, 255
Entlassung 99, 101, 104, 106, 125, 132, 163, 172, *siehe auch* Arbeitslosigkeit
Entscheidungen treffen 17, **256–262**, 277
Erotische Spannung 49, 186
Ersparnisse 102 f., 125, 248, 273

Familie 35, 91, 103, 134 f., 138
- Familie-Beruf-Balance 16, 143, 211–213, 224
- Kinder 91 f., 94, 113, 211, 221
- Kompromisse 210 f., 224
- Mutter sein 213, 224
- Schuldgefühle 211, 213 f., 224
Feedback 185, 260, 262, 264, 269
Festanstellung 155, 157, 214
Fortbildung 116, 125, 149, 156, 183
Fox, Jeffrey 269
Firmengründung 154 f., 191, **270 f.**
Frauenemanzipation 132
Frauensolidarität 245, 250
Führungsqualitäten 229, 254–262, 272, 277
Führungsstil 38, 259

Gebrüder Grimm 11, 21, 36, 42, 47, 69, 74 f., 100, 176, 227
Geduld 80
Gefallen wollen 207
Gehalt 181 f.
Gehaltserhöhung 30, 38, 182, 197, 263
Gehör verschaffen, sich 16, 226, **244–247**
Gemeinschaftlichkeit 226, *siehe auch* Zusammenarbeit
Geschäftsreisen 219–221, 225
Gesundheit **93–95**, 125, 224
Gleichberechtigung 121, *siehe auch* Chancengleichheit
Gleichgesinnte 15, 138–141, *siehe auch* Verbündete
Golden Low, Juliette 242

Haldane, Bernard 113
Harrison, Lou 227
Hartmann, Heidi 184
Headhunter 102, 110 f., 180
Herausforderung 122, 125, 183, 207, 258, 260, 263, 271 f.
Home-Office 210, **217–219**
Humor 79 f., 132

Ideale 27, 151, 221, 234 f., 237
Integration 16, 175–199
Integrität 15, 151, 163, 230
Internet 87 f., 143
Intrapreneurship *siehe* Binnenunternehmertum
Intuition 77, 266 f., 278

Job-Arrangements, alternative 214–219, 224
Job-Sharing 215
Jobsuche 15, **99–125**
  – Organisationshilfe 107

Kaufentscheidung 239
Klatsch 140
Konfrontation *siehe* Auseinandersetzung
Konkurrenzdenken 20, 61
Kontakte pflegen 101 f., 113–115
Kontakte verwalten 153
Kontrolle behalten 16, 199–225
Körpersprache 120
Kritik 29, 67, 77, 145, 186, 256, 258 f., 278
Kritikfähigkeit 27, 39, 144, 259 f.
Kulturelle Unterschiede 193 f.

Lang, Andrew 251
Lebenslauf *siehe* Bewerbung
Leistungskurve 92
Lob 130, 139 f., 149, 263
Lorbeeren ernten 64, 205, 270
Loyalität 14 f., 47, 151, 164, 239, 259
  – Grenzen 165-171

McLeod, Bethune 243
Meeting 79, 88 f., 131, 186
Mentee 28, 40, 170
Mentor 14, **27–41**, 76, 80, 170 f., 190
  – Fünf-Minuten-Mentor 34 f.
Mentoring
  – Mentoren-Netzwerk 32
  – Mentoring-Programm 32
  – Mini-Mentoring 34 f., 37
  – Peer-Mentoring 33 f.
Mitgefühl 73, 259, 278
Motivation
  – unternehmerische 154–158
  – Andere motivieren 205, 262 f.

Neid 48, 60, 72, 134
Nein sagen 90 f., 206, 208 f., 224
Networking 112–117, 125, 142 f., 153, 226, 250

Online-Ausschreibung 112
Online-Jobbörsen 125
Opferrolle 61, 66
Optimismus 104 f., 122
Organisationen
  – berufsrelevante 101, **115**, 142
  – gemeinnützige 16, 142 f., 226, 244, *siehe auch* Ehrenamt
Outsourcing 99

Pause 95
Pederson, Rena 235
Perrault, Charles 18, 20, 22, 27, 36, 42, 74f., 79, 176, 178, 188
Personal 186f., 206
Personalabteilung 66f., 80, 84, 169, 181, 193
Personalreferent 76, 80, 111
Peters, Tom 26
Pinchot, Gifford 158
Potenzial
- ausschöpfen 16, 175-199
- erkennen 17, 262–269, 278
- Entwicklungspotenzial 121
Power-Frau 207
Präsentation 155, 185
Prioritäten 14, **84–86**, 91, 271
Problemlösungsstrategie 69, 141, 255
Prokofjew, Sergei Sergejewitsch 22

Rache 41f., 65, 69
Respekt 12, 16, 40, 154, 167, 181, 194, 233, 259
Risikobereitschaft 17, 121, 137, 155, 207, 251, 269–274, 278
Risikomanagement 159
Risikotoleranz 154
Robinson, Lynn 267
Rückschläge 40, 81, 154, 235, 256
Rücksichtslosigkeit 163

Schüchternheit 113
Schwächen 128, 183
Selbstvermarktung 26, 106, 108, 125, **130f.**, 271
Selbstvertrauen 50, 55, 59, 129, 190, 263
Selbstwertgefühl 98, 105, 128f., 143, 149
Sexismus 16, 61
Sexton, Anne 227
Sexuelle Belästigung 82-84
Siebert, Muriel 236
Sondheim, Stephen 76
Sorgfaltspflicht 169
Sport 93f., 105
Stärken 15, 118, **129f.**, 149, 183
Stil- und Einkaufsberater 51
Stolz 133, 231
Strategisches Denken 78

Tätigkeitsprofil 108
Teamfähigkeit 47, 133
Teamgeist 161, 163
Teamwork 206, 233, 250, *siehe auch* Zusammenarbeit
Teilzeitbeschäftigung 215, 218
Telefonkonferenz 218
Thurber, James 76
Timing 40, 160, 184, 198
Tschaikowski, Peter Iljitsch 177

Überlastung *siehe* Arbeitsüberlastung
Überlebensstrategie 62–69
Uneigennützigkeit 162
Unmoralische Aufgaben 168, 174
Unterbrechung, private 91f.
Unternehmertum, soziales 242, 244, *siehe auch* gesellschaftliches Engagement
Unterstützung 138f., 141–144, 149f., 160

Verbündete 14, **47–73**, 79, 143, 149, 267 f., *siehe auch* Gleichgesinnte
Verantwortung übernehmen 25, 56, 115, 121 f., 153, 156, 164, 183, 236, 240, 256, 263, 277
Verhandeln 201
Verhandlungsprinzipien 209
Versetzung 81
Verwandlung **22–27**, 130, 224
Villeneuve, Gabrielle de 251 f.
Vorgesetzter 31 f., 47, 76, 140, 166, 229
– böser **60–69**
Vorstellungsgespräch *siehe* Bewerbung
Weinen 39, 259
Widersacher 76–82
Wild, Henriette Dorothea 100
Wohltätigkeitsveranstaltung 236 f.
Woman Work! 238
Workaholic 225

Ziele 15, 86, 111, 156, 173
Zielstrebigkeit 157
Zuhören 64, 246, 264
Zukunftsvision 23 f., 26, 46, 261
Zusammenarbeit 230–233, 250, *siehe auch* Gemeinschaftlichkeit
Zustimmung, notorische 140